普通高等教育"十三五"规划教材

工　程　图　学

主　　编　成凤文

副主编　张明莉　杨永明

参　　编　郭　亮　王凤美　肖　斌

　　　　　徐瑾丽　王月梅

主　　审　崔振勇

机　械　工　业　出　版　社

本书是根据教育部高等学校工程图学课程教学指导分委员会2015年制订的《普通高等学校工程图学课程教学基本要求》，结合本课程教学改革成果，参考其他院校教材，紧扣应用型人才培养目标和工程认证要求，在继承本校编写的相关教材精神的基础上，经提炼、创新编写而成的。

全书共十章，主要内容包括：制图的基本知识、正投影法基础、基本立体的三视图、立体表面交线、轴测图、组合体的视图与形体构思、机件的常用表达方法、标准件与常用件的表达方法、零件图、装配图。张明莉主编，成凤文、杨永明副主编的《工程图学习题集》与本书配套出版，可供选用。

本书可作为普通高等工科院校机械类或近机械类专业工程图学课程的教材（参考学时为60~100学时），也可作为其他相关专业或工程技术人员的参考用书。

图书在版编目（CIP）数据

工程图学/成凤文主编. —北京：机械工业出版社，2019.8（2024.6重印）
普通高等教育"十三五"规划教材
ISBN 978-7-111-62866-8

Ⅰ.①工⋯ Ⅱ.①成⋯ Ⅲ.①工程制图-高等学校-教材 Ⅳ.①TB23

中国版本图书馆CIP数据核字（2019）第131799号

机械工业出版社（北京市百万庄大街22号 邮政编码100037）
策划编辑：丁昕祯 责任编辑：丁昕祯 王勇哲 刘丽敏
责任校对：刘雅娜 封面设计：张 静
责任印制：郜 敏
中煤（北京）印务有限公司印刷
2024年6月第1版第6次印刷
184mm×260mm·21印张·516千字
标准书号：ISBN 978-7-111-62866-8
定价：54.80元

电话服务 网络服务
客服电话：010-88361066 机 工 官 网：www.cmpbook.com
010-88379833 机 工 官 博：weibo.com/cmp1952
010-68326294 金 书 网：www.golden-book.com
封底无防伪标均为盗版 机工教育服务网：www.cmpedu.com

前　言

　　随着网络技术的发展，人们的思维方式和学习方式发生了重大改变。面对新的形势，我们积极借助当代科学技术，对教育观念、教学体系、教学内容及教学方法进行改革，紧扣应用型人才培养目标，适应工程认证的需要，努力实现以学生为中心的理念，明确教书育人、助学成才的教学目标，从多角度、多侧面、多形式阐述和展示教学内容，激发学生的学习热情，为学生提供多元化的网络教学资源，实现个性化教育和全面互动。2013 年，我校的"工程图学"课程改革项目获得河北省教学成果二等奖；2017 年，我校的"工程图学"在线课程获批河北省高校精品在线开放课程立项。

　　为使更多的学生共享改革成果，根据教育部高等学校工程图学课程教学指导分委员会2015 年制订的《普通高等院校工程图学课程教学基本要求》，我们编写了本书。本书可供普通高等工科院校机械类或近机械类各专业使用（参考学时为 60～100 学时），也可供其他相关专业和工程技术人员参考。

　　本书主要特色如下：

　　1）以面向应用型人才培养为目标，点、线、面等画法几何基本投影理论以"必需、够用"为度，确定相关内容。

　　2）充分体现理论联系实际的思想，在介绍各种画法及表达方法时，都安排了一定量分析详尽的应用例题，以帮助学生掌握三维立体与二维图形之间的对应关系规律。

　　3）零件图相关章节的内容根据四类典型零件的表达需要重新整合，并按照每种典型零件的功能要求、加工制造、表达方法、尺寸标注等方面的特点介绍有关内容，使教学内容更具条理性，并紧密联系实际。

　　4）突出了零件图、装配图的测绘内容，详细介绍了测绘整个过程中视图、尺寸、技术要求的处理方法，强化了对学生实践能力的培养。

　　5）计算机绘图内容采用任务驱动方式，通过图形（图样）实例讲解各种命令的使用方法和技巧。介绍了 AutoCAD 软件绘制二维图样的方法，并详细讲解了 SolidWorks 三维造型技术及自动生成二维图形的过程，使学生掌握先进的设计方法。

　　6）采用现行国家标准。

　　本书由北华航天工业学院成凤文任主编，张明莉、杨永明任副主编，并由河北省工程图学学会秘书长崔振勇教授主审。崔教授提出了许多宝贵的意见和建议，对本书的编写帮助很大，在此表示衷心感谢。

　　参加本书编写的还有北华航天工业学院的郭亮、王凤美、肖斌、徐瑾丽、王月梅。具体分工如下：王月梅编写第一章、附录 B，王凤美编写第二、八章，郭亮编写第三、四章，肖斌编写第五章、附录 A，张明莉编写第六、七章，杨永明编写计算机绘图部分，成凤文编写第九、十章，徐瑾丽编写附录 C~F。

本书在编写过程中参阅了其他院校的教材，在此向相关作者表示感谢。

由于编者水平有限，书中缺点、错误之处在所难免，恳请广大读者批评指正。

编 者

目 录

前言

绪论 ……………………………………… 1

第一章 制图的基本知识 ……………… 5
第一节 技术制图国家标准 ……………… 5
第二节 常用绘图工具及其使用 ………… 17
第三节 几何作图 ………………………… 20
第四节 平面图形的分析与画法 ………… 25
第五节 绘图的基本方法 ………………… 27
第六节 用 AutoCAD 绘制平面图形 …… 31

第二章 正投影法基础 ………………… 36
第一节 投影法 …………………………… 36
第二节 点的投影 ………………………… 37
第三节 直线的投影 ……………………… 41
第四节 平面的投影 ……………………… 44
第五节 投影变换 ………………………… 48

第三章 基本立体的三视图 …………… 54
第一节 物体的三视图 …………………… 54
第二节 平面立体 ………………………… 56
第三节 回转体 …………………………… 60
第四节 用 SolidWorks 进行基本立体三维
　　　 实体建模 ……………………… 66

第四章 立体表面交线 ………………… 72
第一节 截交线 …………………………… 72
第二节 回转体的相贯线 ………………… 83
第三节 用 SolidWorks 进行截切体、相贯体
　　　 三维实体建模 ………………… 91

第五章 轴测图 ………………………… 95
第一节 轴测图的基本知识 ……………… 95
第二节 正等轴测图 ……………………… 97
第三节 斜二等轴测图简介 ……………… 104
第四节 轴测剖视图简介 ………………… 105

第六章 组合体的视图与形体构思 …… 107
第一节 组合体的构成形式 ……………… 107
第二节 组合体表面间的相对位置关系 … 108
第三节 组合体的三视图画法 …………… 111
第四节 组合体视图的识读 ……………… 116
第五节 形体构思 ………………………… 125
第六节 组合体的尺寸标注 ……………… 128
第七节 用 SolidWorks 进行组合体三维
　　　 建模并生成三视图 …………… 131

第七章 机件的常用表达方法 ………… 137
第一节 视图 ……………………………… 137
第二节 剖视图 …………………………… 142
第三节 断面图 …………………………… 154
第四节 其他表达方法 …………………… 157
第五节 表达方法应用举例 ……………… 162
第六节 第三角画法简介 ………………… 164
第七节 用 SolidWorks 绘制剖视图 …… 166

第八章 标准件与常用件的表达方法 … 170
第一节 螺纹 ……………………………… 171
第二节 螺纹连接件 ……………………… 178
第三节 键、销、滚动轴承 ……………… 182
第四节 齿轮 ……………………………… 187
第五节 弹簧 ……………………………… 194
第六节 SolidWorks 标准件图库的使用 … 197

第九章 零件图 ………………………… 200
第一节 概述 ……………………………… 200
第二节 轴类零件图 ……………………… 201
第三节 轮盘类零件图 …………………… 207
第四节 叉架类零件图 …………………… 211
第五节 箱体类零件图 …………………… 215
第六节 表面粗糙度 ……………………… 217
第七节 极限与配合 ……………………… 222

第八节　几何公差简介 …………………… 229
第九节　零件测绘 ………………………… 232
第十节　读零件图 ………………………… 236
第十一节　用 AutoCAD 绘制零件图 …… 240
第十二节　用 SolidWorks 绘制零件图 …… 250

第十章　装配图 ………………………… 260
第一节　装配图的作用和内容 …………… 260
第二节　装配图采用的表达方法 ………… 263
第三节　装配图的尺寸标注和技术要求 … 265
第四节　装配图的零、部件序号和
　　　　明细栏 …………………………… 266
第五节　装配结构简介 …………………… 267

第六节　装配体测绘和装配图画法 ……… 270
第七节　读装配图和拆画零件图 ………… 276
第八节　SolidWorks 三维装配体造型和
　　　　二维装配图绘制 ………………… 282

附录 ……………………………………… 293
附录 A　螺纹结构及参数 ………………… 293
附录 B　常用标准件 ……………………… 297
附录 C　常用标准数据和标准结构 ……… 308
附录 D　极限与配合 ……………………… 311
附录 E　常用滚动轴承 …………………… 320
附录 F　常用材料 ………………………… 324

参考文献 ………………………………… 327

绪 论

<<<<<<<<

一、工程图学课程的内容和地位

工程图学是研究工程与产品信息表达、交流及传递的学科。工程图样是工程和产品信息的载体。

在工程设计中，工程图样作为构思、设计与制造中工程和产品信息的定义、表达和传递的主要媒介，被称作工程界表达和交流的语言；在科学研究中，图形能够直观地表达试验数据、反映科学规律，对于人们把握事物的内在联系、掌握问题的变化趋势，具有重要的意义；在表达、交流信息和形象思维的过程中，图形凭借其形象性、直观性和简洁性，成为人们认识规律、探索未知的重要工具。

工程图样是工程技术部门的重要技术文件，每位工程技术人员都必须具备绘制和阅读工程图样的能力。工程图样可以用二维图形表达，也可以用三维图形表达；可以通过手工绘制，也可以由计算机生成。

图 0-1 所示为机用虎钳装配体分解图，图 0-2 所示为其装配图，图 0-3 所示为螺杆零件图。

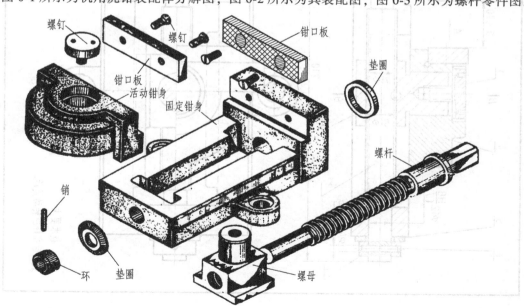

图 0-1　机用虎钳装配体分解图

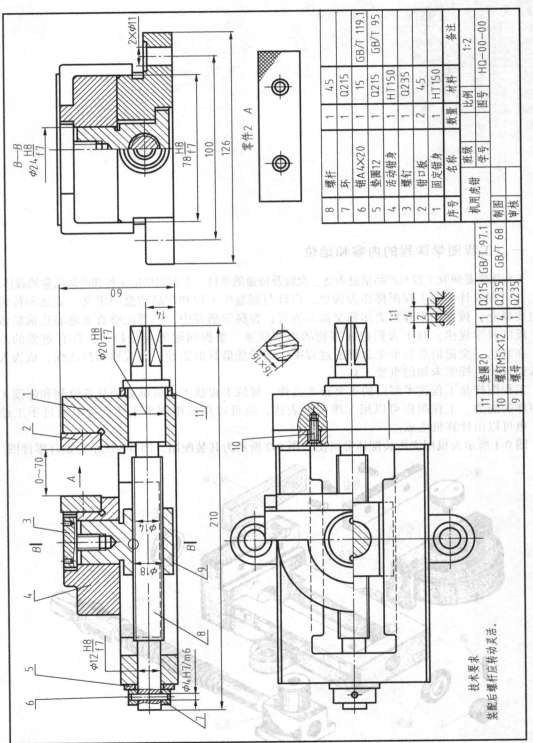

图 0-2 机用虎钳装配图

技术要求
装配后螺杆应转动灵活。

序号	名称	数量	材料	备注
8	螺杆	1	45	
7	环	1	Q215	
6	销A4×20	1	15	GB/T 119.1
5	垫圈12	1	Q215	GB/T 95
4	活动钳身	1	HT150	
3	螺钉	1	Q235	
2	钳口板	2	45	
1	固定钳身	1	HT150	

11	垫圈20	1	Q215	GB/T 97.1
10	螺钉M5×12	4	Q235	GB/T 68
9	螺母	1	Q235	

机用虎钳 班级 学号
制图   比例 1:2
审核   图号 HQ-00-00

零件2 A

B—B
$\phi24\frac{H8}{f7}$

$78\frac{H8}{f7}$

100
126

$\phi20\frac{H8}{f7}$

16×16

60
14
0~70
210

A
B
B

$\phi14$
$\phi18$

$\phi12\frac{H8}{f7}$
$\phi_4\frac{H7}{m6}$

2×$\phi11$

显然图 0-2 和图 0-3 中包含了大量装配和零件制造信息，无法用语言来描述，必须画出相应的图样才能表达设计思想。

工程图学课程理论严谨，实践性强，与工程实践有着密切联系，对培养学生掌握科学思维方法、增强工程和创新意识有重要作用，是普通高等工科院校各专业重要的技术基础课。

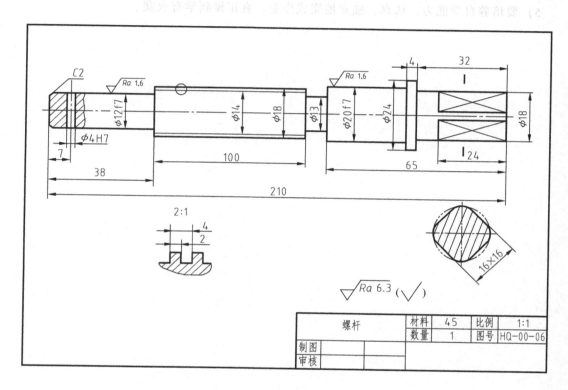

图 0-3　螺杆零件图

二、工程图学课程的主要任务

1）培养根据投影理论使用二维图形表达三维空间形体的能力。
2）培养仪器绘制、徒手绘画和阅读工程图样的能力。
3）培养对空间形体的形象思维能力。
4）培养创造性构型设计的能力。
5）培养使用计算机绘图软件绘制工程图样和进行三维造型设计的能力。
6）培养工程意识、标准化意识和创新意识。
7）培养严谨细致的工作作风和认真负责的工作态度。

三、工程图学课程的主要学习方法

1）工程图学课程是一门理论性和实践性都很强的技术基础课。在学习中，要注意学习和掌握基本投影理论，运用形体分析法和线面分析法等方法，提高分析、解决问题的能力。

要通过观察自然界中的物体、教学模型等实物，不断地进行由物画图、由图想物，分析和总结空间中形体与图样上图形之间的对应关系，不断培养和发展空间想象能力。

2）要学会查阅国家标准，并严格按照国家标准规定去绘制图样。

3）注意训练徒手绘图的能力，以提高快速表达能力。

4）加强上机实践，不断总结绘图经验，提高计算机绘图的能力。

5）要培养自学能力，认真、独立地完成作业，真正做到学有收获。

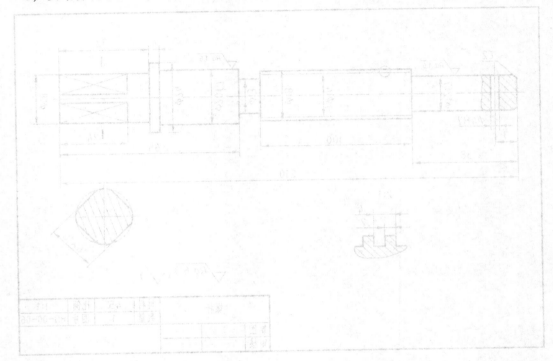

第一章

制图的基本知识

工程图样是现代化工业生产中的重要技术文件之一，是表达设计思想和进行技术交流的语言。为适应生产需要和技术交流，国家制定了关于制图的各项标准，规定了绘制机械图样及其他工程图样必须共同遵守的规则。

本章主要介绍技术制图国家标准的基础部分，以及绘制工程图样的一些基本技能。

第一节　技术制图国家标准

本节仅就图纸幅面及格式、比例、字体、图线、尺寸标注等内容的现行国家标准进行介绍，其他标准将在本书以后各章中说明。

一、图纸幅面和格式

图纸幅面和格式由国家标准《技术制图　图纸幅面及格式》（GB/T 14689—2008）规定。

1. 图纸幅面

绘制工程图样时应优先采用表1-1中规定的基本幅面，如图1-1中的粗实线所示。

表1-1　基本幅面尺寸　　　　　　（单位：mm）

幅面代号	A0	A1	A2	A3	A4
$B×L$	841×1189	594×841	420×594	297×420	210×297
a	25				
c	10			5	
e	20		10		

必要时也可按图1-1所示的加长幅面，图中细实线为加长幅面的第二选择，虚线为加长幅面的第三选择。

2. 图框格式及标题栏

（1）图框格式

图框格式分为不留装订边和留装订边两种，同一产品图样只能采用一种格式。图框线用

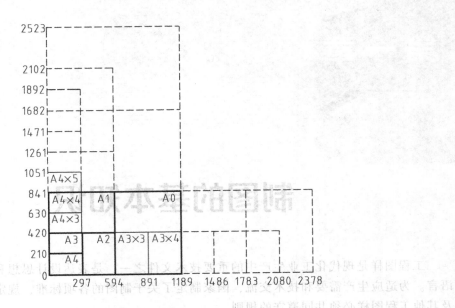

图 1-1 图纸幅面

粗实线绘制。

不留装订边的图框格式如图 1-2 所示，留装订边的图框格式如图 1-3 所示，其尺寸按表 1-1 中的规定选取。

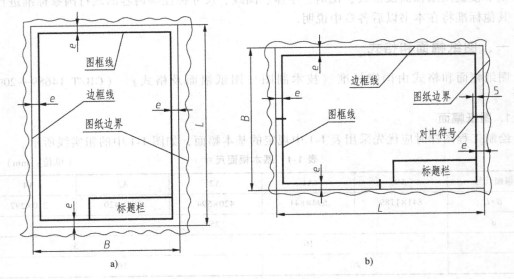

图 1-2 不留装订边的图框格式

（2）标题栏

标题栏位于图纸的右下角，每张图纸都必须画出标题栏。

推荐学生作业用的标题栏格式如图 1-4 所示，外框线为粗实线，内格线为细实线。图 1-4a 所示为零件图及基本练习用标题栏格式，图 1-4b 所示为装配图用标题栏、明细栏格式。

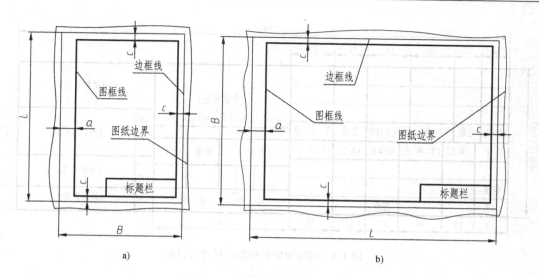

图 1-3 留装订边的图框格式

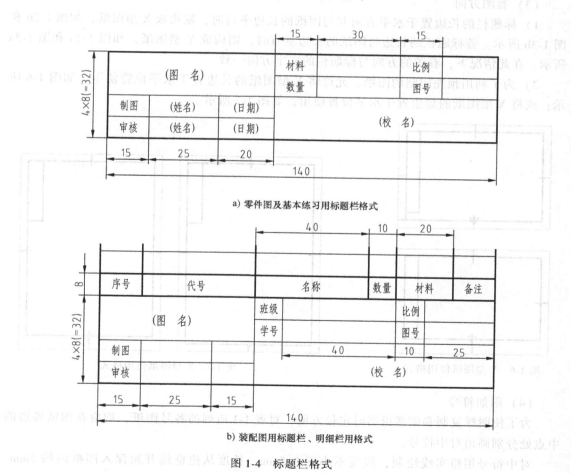

a) 零件图及基本练习用标题栏格式

b) 装配图用标题栏、明细栏用格式

图 1-4 标题栏格式

国标规定的标题栏的尺寸与格式（GB/T 10609.1—2008），如图 1-5 所示。

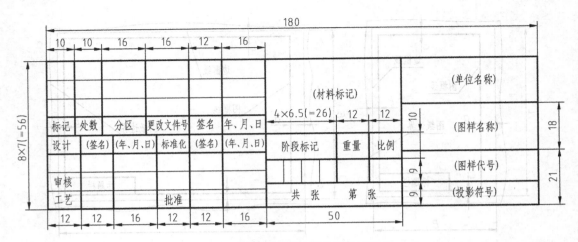

图 1-5 国标规定的标题栏尺寸与格式

（3）看图方向

1）标题栏的长边置于水平方向并与图纸的长边平行时，则构成 X 型图纸，如图 1-2b 和图 1-3b 所示。若标题栏的长边与图纸的长边垂直时，则构成 Y 型图纸，如图 1-2a 和图 1-3a 所示。在此情况下，看图的方向与标题栏的文字方向一致。

2）为了利用预先印制的图纸，允许将 Y 型图纸的长边置于水平位置使用，如图 1-6 所示；或将 X 型图纸的短边置于水平位置使用，如图 1-7 所示。

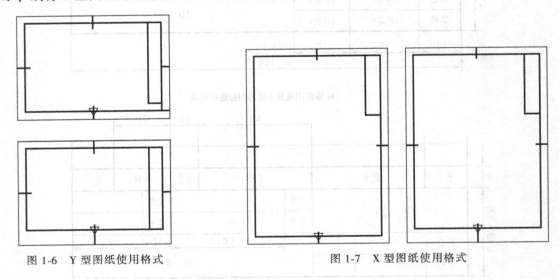

图 1-6　Y 型图纸使用格式　　　　　　　图 1-7　X 型图纸使用格式

（4）附加符号

为了使图样复制和缩微摄影时定位方便，对表 1-1 所列的各号图纸，均应在图纸各边的中点处分别画出对中符号。

对中符号用粗实线绘制，线宽不小于 0.5mm，长度从边框线开始深入图框内约 5mm，如图 1-6、图 1-7 所示。对中符号的位置误差应不大于 0.5mm。

对中符号处在标题栏范围内时，则伸入标题栏的部分不画，如图 1-6 所示。

（5）方向符号

在按图 1-6 和图 1-7 所示格式使用图纸时，需要明确绘图与看图时的方向，应在图纸的下边对中符号处画出方向符号，如图 1-6、图 1-7 所示。

方向符号是用细实线绘制的等边三角形，其大小和所处位置如图 1-8 所示。

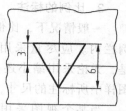

图 1-8　方向符号的画法

二、比例

1. 比例的概念

图样中的图形与其实物相应要素的线性尺寸之比，称为比例。

比值为 1 的比例为原值比例，即 1∶1；比值大于 1 的比例为放大比例，如 2∶1、5∶1等；比值小于 1 的比例为缩小比例，如 1∶2、1∶10 等。图 1-9 所示为不同比例绘制同一个机件的图形。

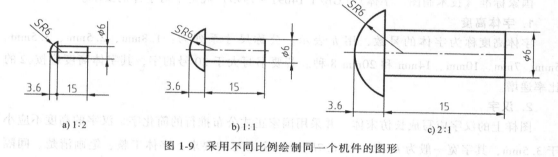

a) 1∶2　　　　　　　b) 1∶1　　　　　　　c) 2∶1

图 1-9　采用不同比例绘制同一个机件的图形

2. 比例的种类与选择

国家标准《技术制图　比例》（GB/T 14690—1993）中，对比例的选用作出了规定，绘制技术图样时应优先从表 1-2 规定的系列中选用适当的比例，必要时也可选用表 1-3 规定的比例。

表 1-2　绘图比例（一）

种　　类	比　　例		
原值比例	1∶1		
放大比例	5∶1　　　　　　2∶1		
	$(5 \times 10^n)∶1$　　$(2 \times 10^n)∶1$　　$(1 \times 10^n)∶1$		
缩小比例	1∶2　　　　1∶5　　　　1∶10		
	$1∶(2 \times 10^n)$　　$1∶(5 \times 10^n)$　　$1∶(1 \times 10^n)$		

注：n 为正整数。

表 1-3　绘图比例（二）

种　　类	比　　例				
放大比例	4∶1　　　　2.5∶1				
	$(4 \times 10^n)∶1$　　$(2.5 \times 10^n)∶1$				
缩小比例	1∶1.5　　　1∶2.5　　　1∶3　　　1∶4　　　1∶6				
	$1∶(1.5 \times 10^n)$　$1∶(2.5 \times 10^n)$　$1∶(3 \times 10^n)$　$1∶(4 \times 10^n)$　$1∶(6 \times 10^n)$				

注：n 为正整数。

3. 比例的标注

一般情况下，比例应填写在标题栏中的比例栏内。应尽量采用原值比例。需要注意的是，无论采用缩小还是放大的比例绘制图样，图样中所标注的尺寸，均为机件的实际尺寸。

当某个视图采用不同于标题栏内的比例时，可在视图名称的下方以分数形式注出比例，如图 1-10 所示。

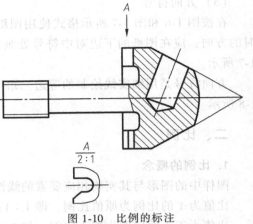

图 1-10　比例的标注

三、字体

在机械图样中，除了表示机件形状的图形之外，还具有用汉字、字母、数字来标注的尺寸和说明机件在设计、制造、装配时的技术要求等内容。

国家标准《技术制图　字体》（GB/T 14691—1993）规定了对字体的要求。

1. 字体高度

字体高度称为字体的号数，用 h 表示。公称尺寸系列为：1.8mm、2.5mm、3.5mm、5mm、7mm、10mm、14mm 和 20mm 8 种。若要书写大于 20 号的字，其字体高度应按 $\sqrt{2}$ 的比率递增。

2. 汉字

图样上的汉字应写成长仿宋体，并采用国家正式公布推行的简化字。汉字的高度不应小于 3.5mm，其字宽一般为 $h/\sqrt{2}$ （约 0.7h）。汉字书写的要求：字体工整、笔画清楚、间隔均匀、排列整齐。长仿宋体汉字示例如图 1-11 所示。

字体工整　笔画清楚　间隔均匀　排列整齐

技术制图机械电子汽车航空船舶土木建筑矿山井坑港口纺织服装

图 1-11　长仿宋体汉字示例

3. 字母和数字

字母和数字的字体分为 A 型字体和 B 型字体。A 型字体的笔画宽度（d）为字高（h）的十四分之一，B 型字体的笔画宽度（d）为字高（h）的十分之一。但在同一张图样上，只允许选用一种形式的字体。

字母和数字可写成斜体或直体。斜体字的字头向右倾斜，与水平基准线成 75°。图样上字母和数字一般采用斜体字。字母和数字示例如图 1-12 所示。

用作指数、分数、极限偏差、注脚等的数字及字母，一般应采用小一号的字体，如图 1-13 所示。

图样中的数字符号、物理量符号、计量单位符号以及其他符号、代号，应分别符合国家有关标准规定。量的符号是斜体，单位的符号是直体，如 m/kg。

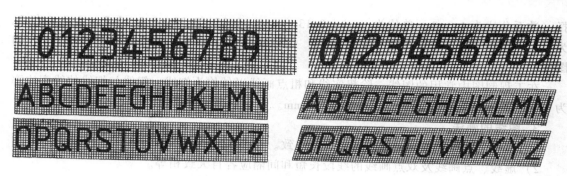

图 1-12　字母和数字示例（一）

$$10^3 \quad S^{-1} \quad D_1 \quad Td$$

$$\phi20^{+0.010}_{-0.023} \quad 7^{+1^\circ}_{-2^\circ} \quad \frac{3}{5}$$

图 1-13　字母和数字示例（二）

四、图线

国家标准（GB/T 17450—1998）规定了图线的画法。

1. 图线的型式

国家标准中规定了 15 种基本线型，以及多种基本线型的变形和图线的组合。在表 1-4 中仅列出了工程制图中常用的四种基本线型、一种基本线型的变形（波浪线）和一种图线组合（双折线）。

表 1-4　图线

代码 NO.	名　称		线　型	一般应用
01	实线	粗实线	——————	可见轮廓线、相贯线、螺纹牙顶线、齿顶线等
		细实线	——————	过渡线、尺寸线、尺寸界线、剖面线、弯折线、螺纹牙底线、齿根线、指引线、辅助线等
02	虚线	细虚线	– – – – –	不可见轮廓线
		粗虚线	▬ ▬ ▬ ▬	允许表面处理的表示线
04	点画线	细点画线	—·—·—·—	轴线、对称中心线、齿轮分度圆线等
		粗点画线	▬·▬·▬	限定范围表示线
05		细双点画线	—··—··—	轨迹线、相邻辅助零件的轮廓线、极限位置的轮廓线、剖切面前的结构轮廓线等
基本线型的变形		波浪线	〜〜〜	断裂处的边界线；剖视图与视图的分界线
图线的组合		双折线	—〜—〜—	断裂处的边界线；视图与部视图的分界线

2. 图线的尺寸

国家标准规定，所有线型的图线宽度（d）应按图样的类型和尺寸大小在下列数系中选择（数系公比为 $1:\sqrt{2}$，单位为 mm）：0.13、0.18、0.25、0.35、0.5、0.7、1、1.4 和 2。为了保证图样清晰、易读及便于缩微复制，应尽量避免在图样中出现宽度小于 0.18mm 的图线。

在工程制图中常用的图线，除粗实线和粗点画线以外均为细线，粗线与细线的线宽比率为 2:1，图样中的粗实线线宽一般采用 0.7mm。

3. 图线的画法

1）在同一图样中，同类图线的宽度应一致。

2）虚线、点画线及双点画线的线段长短和间隔应各自大致相等。

3）当不同图线互相重叠时，只需画出其中一种，优先顺序为：可见轮廓线→不可见轮廓线→对称中心线→尺寸界线。

4）除非另有规定，两条平行线间最小间隙不得小于 0.7mm。

5）当虚线与虚线（或其他图线）相交时，应以线段相交，当虚线是粗实线的延长线时，其连接处应留空隙，如图 1-14a 所示。

6）点画线应以线段相交，点画线的首末两端应是线段而不是点，并应超出图形 3~5mm，如图 1-14b 所示。

7）在较小的图形上绘制点画线或双点画线有困难时，可用细实线代替，如图 1-14b 所示。

8）图线与图线相切，应以切点相切，相切处应保持相切两线中较宽的图线的宽度，不得相割或相离。

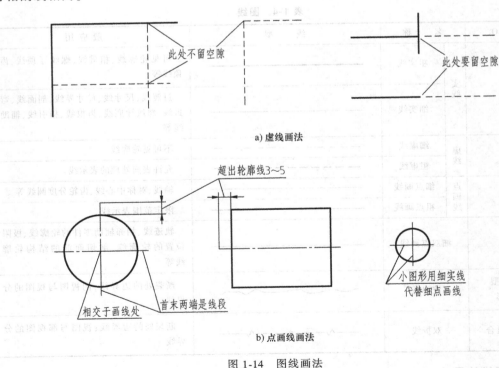

a) 虚线画法

b) 点画线画法

图 1-14　图线画法

各种图线的应用举例如图 1-15 所示。

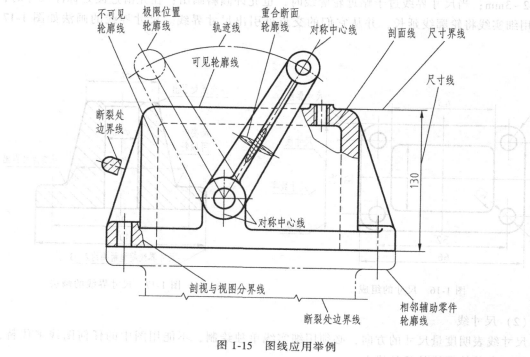

图 1-15　图线应用举例

五、尺寸注法

图样中除了画出物体的形状以外，还必须遵守国家标准的规定，准确、详尽、清晰地标注尺寸，以确定物体的大小。

国家标准《机械制图　尺寸注法》（GB/T 4458.4—2003）、《技术制图　简化表示法第 2 部分：尺寸注法》（GB/T 16675.2—2012）规定了尺寸标注的方法。

1. 基本规则

1）机件的真实大小应以图样上所注的尺寸数值为依据，与图形的比例大小及绘图的准确度无关。

2）图中所标注的尺寸，为该图样所示机件的最后完工尺寸，否则应另加说明。

3）图样中的尺寸，一般以毫米为单位，此时不需标注计量单位的代号或名称。若采用其他单位，则必须注明相应计量单位的代号或名称。

4）机件的每一个尺寸，一般只标注一次，并应标注在最能清晰反映该结构形状的图上。

2. 常用的尺寸注法

一个完整的尺寸包括尺寸界线、尺寸线（含箭头或斜线）和尺寸数字三个基本要素，如图 1-16 所示。

（1）尺寸界线

尺寸界线表明所注尺寸的范围，用细实线绘制，并应由图形的轮廓线、轴线或对称中心线引出，也可直接利用这些线作为尺寸界线。尺寸界线一般应与尺寸线垂直，且超过尺寸箭头约 2~3mm；当尺寸界线过于贴近轮廓线时，也允许倾斜画出；在光滑过渡处标注尺寸时，必须用细实线将轮廓线延长，并从它们的交点处引出尺寸界线。尺寸界线的画法如图 1-17 所示。

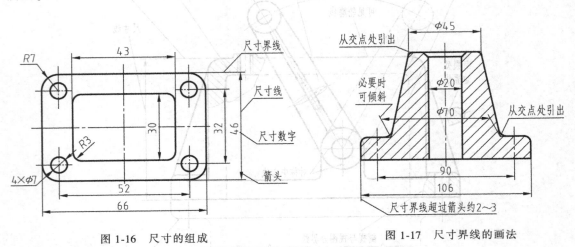

图 1-16　尺寸的组成　　　　　　　　图 1-17　尺寸界线的画法

（2）尺寸线

尺寸线表明度量尺寸的方向，必须用细实线单独绘制，不能用图中的任何图线来代替，也不得画在其他图线的延长线上。

线性尺寸的尺寸线应与所标注的线段平行，其间隔（或平行的尺寸线之间）距离尽量保持一致。

尺寸线的终端有箭头或斜线（当尺寸线与尺寸界线互相垂直时才用）两种形式，用来表明度量尺寸的起讫，但在同一张图样上只能采用同一种尺寸终端形式，如图 1-18 所示。工程图样上多采用箭头。在同一张图样中，箭头的大小应一致，其尖端应指向并止于尺寸界线。

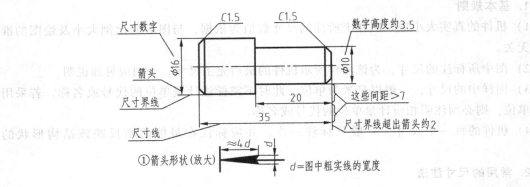

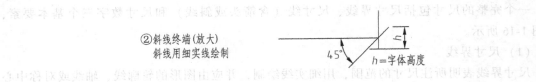

图 1-18　尺寸线的画法

（3）尺寸数字

尺寸数字用来表示机件的实际大小，一律用标准字体书写，在同一张图样上尺寸数字的字高应保持一致。水平方向的尺寸数字字头向上，垂直方向的尺寸数字字头向左，倾斜方向的尺寸数字字头偏向如图 1-19 所示，注意不要在图示 30°角范围内标注尺寸。有时也可将倾斜尺寸改标成水平或垂直尺寸，如图 1-19 所示右上方的两个 16 尺寸改成了水平尺寸。

尺寸数字不允许被任何图线通过，尺寸数字与图线垂叠时，需将图线断开，如图 1-20 所示。当图中没有足够空间标注尺寸时，可引出标注。直径或半径的尺寸数字应在数字前加"ϕ"或"R"。标注球面的直径或半径时，应在"ϕ"或"R"符号前加注符号"S"。角度尺寸的数字必须水平书写。常见尺寸注法见表 1-5。

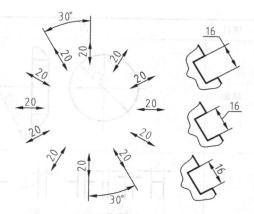

图 1-19　各种位置的尺寸数字方向

 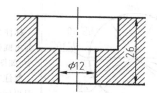 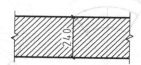

图 1-20　尺寸数字不可被穿过

表 1-5　常见尺寸注法

项目	图　例	尺寸标注方法
圆		标注整圆或大于半圆的圆弧直径尺寸时，应以圆周为尺寸界线，尺寸线通过圆心，并在尺寸数字前加注直径符号
圆弧		标注小于或等于半圆的圆弧半径尺寸时，尺寸线应从圆心引向圆弧，只画一个箭头，并在尺寸数字前加注半径符号
	a)　　　　　b)	当圆弧半径过大或在图纸范围内无法标出圆心位置时，可按图 a 所示的折线形式标出；当不需标出圆心位置时，则尺寸线只画靠近箭头的一段，如图 b 所示

（续）

项目	图　例	尺寸标注方法
球面	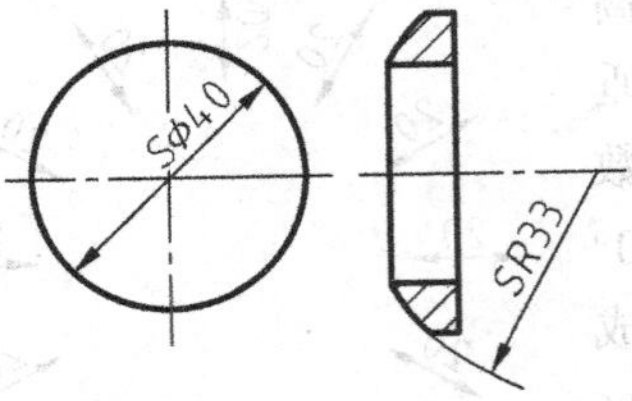Sφ40 SR33	标注球面直径或半径尺寸时，应在尺寸数字前加注符号"*Sφ*"或"*SR*"
小尺寸	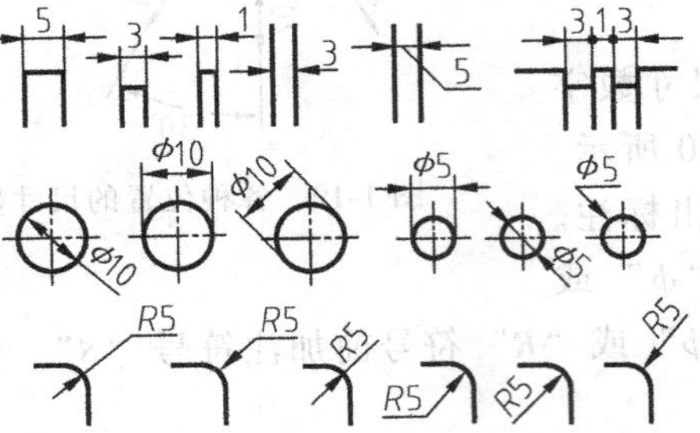5 3 1 3 5 3 1 3 φ10 φ10 φ10 φ5 φ5 φ5 R5 R5 R5 R5 R5 R5	在尺寸界线之间没有足够位置画箭头或注写尺寸数字的小尺寸，可按图示方式进行标注；标注连续尺寸时，可用小圆点代替箭头
角度	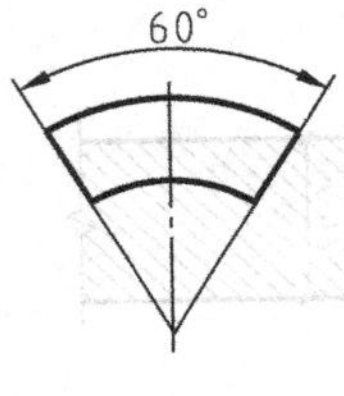60°a) 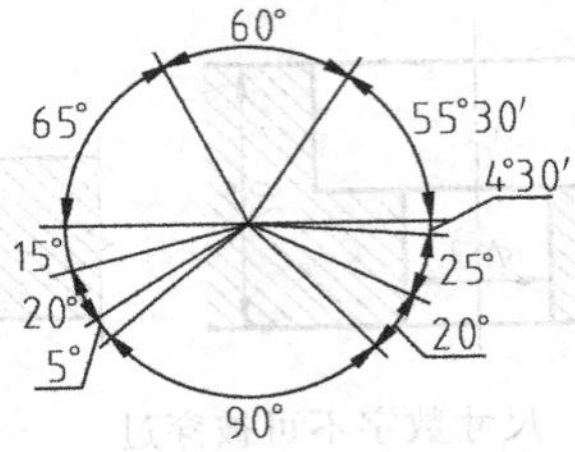60° 65° 55°30′ 4°30′ 15° 25° 20° 20° 5° 90°b)	标注角度的尺寸界线应沿径向引出，尺寸线画出圆弧，其圆心为该角的顶点，半径取适当大小，如图 a 所示；角度数字一律写成水平方向，一般注写在尺寸线的中断处上方或外边，也可引出标注，如图 b 所示
相同的成组要素	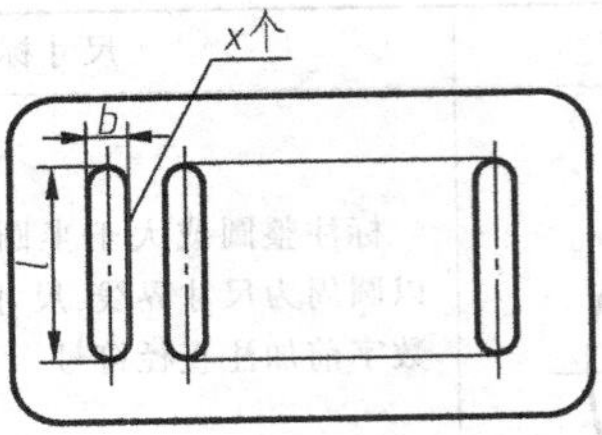x个 b l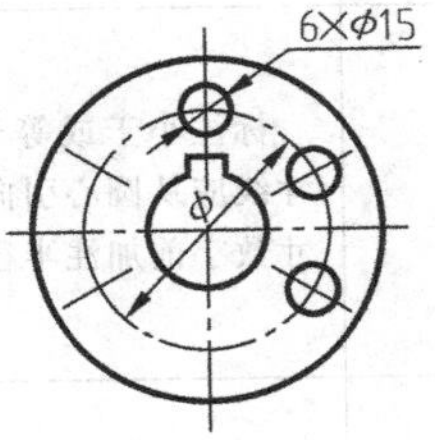6×φ15 φ	在同一图形中，对于尺寸相同的孔、槽等成组要素，可仅在一个要素上注出其尺寸并标注数量
	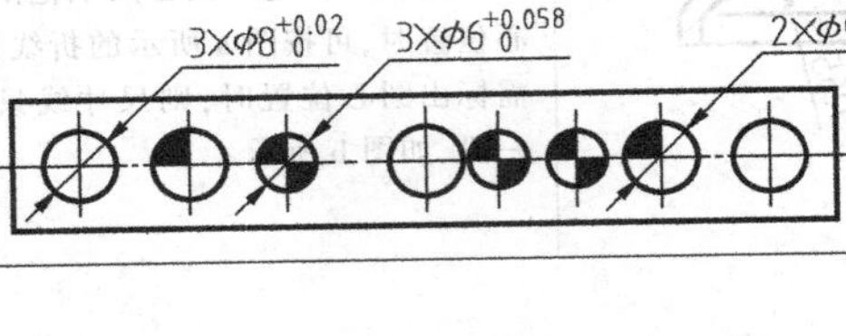$3\times\phi8^{+0.02}_{0}$ $3\times\phi6^{+0.058}_{0}$ 2×φ9	在同一图形中具有几种尺寸数值相近而又重要的要素（如孔等）时，可采用标记（如涂色等）的方法（如图所示），也可采用标注字母或列表的方法来区别

（续）

项 目	图 例	尺寸标注方法
对称机件	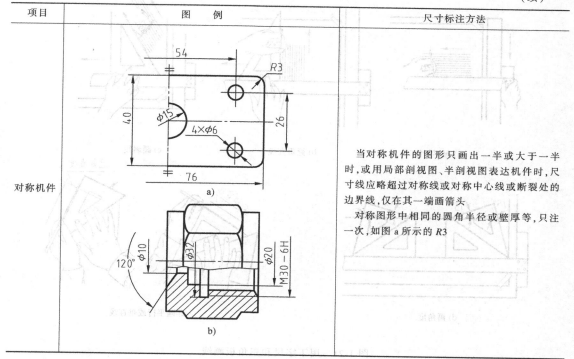	当对称机件的图形只画出一半或大于一半时，或用局部剖视图、半剖视图表达机件时，尺寸线应略超过对称线或对称中心线或断裂处的边界线，仅在其一端画箭头 对称图形中相同的圆角半径或壁厚等，只注一次，如图 a 所示的 *R3*

第二节 常用绘图工具及其使用

常用的绘图工具有图板、丁字尺、三角板和绘图仪器等。正确、熟练地使用绘图工具，掌握正确的绘图方法，既能保证绘图质量，又能提高绘图速度。本节介绍一些常用的绘图工具及使用方法。

一、图板、丁字尺、三角板

1. 图板

图板一般用胶合板制成，用于铺放和固定图纸，其左边作为导边，必须平直。画图时，将图纸用胶带固定在图板适当位置。根据图幅大小，常用的图板规格有 0 号、1 号和 2 号三种。

2. 丁字尺

丁字尺有木质和有机玻璃两种，它由尺头和带有刻度的尺身组成，主要用于画水平线。使用时尺头内侧边紧贴图板的左边（导边），上下移动丁字尺，可画出一系列不同位置的水平线。

3. 三角板

三角板有 45°/90°角和 30°/60°/90°角的两种。将三角板与丁字尺配合使用，可画出一系列不同位置的垂直线以及 15°、30°、45°、60°和 75°的倾斜线；将两块三角板配合使用，可任画已知直线的平行线或垂直线。三角板的使用方法如图 1-21 所示。

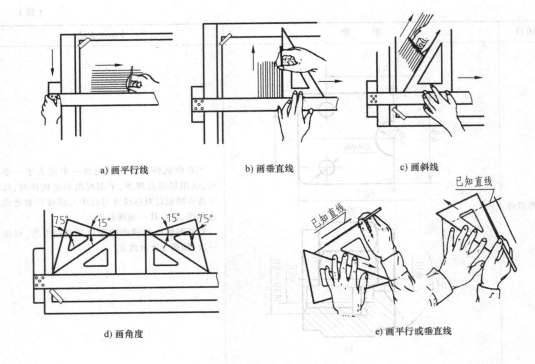

a) 画平行线　　　　b) 画垂直线　　　　c) 画斜线

d) 画角度　　　　　　　e) 画平行或垂直线

图 1-21　用丁字尺和三角板画线

二、圆规、分规、比例尺

1. 圆规

圆规是用来画圆或圆弧的工具。圆规固定腿上的钢针有两种不同形状的尖端：带台阶的尖端是画圆或圆弧时定心用的；带锥形的尖端可作分规使用。活动腿上有肘形关节，可装换铅芯插脚、鸭嘴插脚及作分规用的锥形钢针插脚；画大圆时，可接上延长杆后使用。画圆或圆弧时，要保证针尖和笔尖均垂直于纸面，如图 1-22 所示。

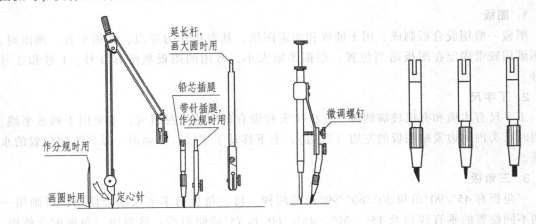

图 1-22　圆规及使用

2. 分规

分规是用来量取线段和等分线段的工具。分规的两腿端部有钢针,当两腿合拢时,两针尖应重合于一点,如图 1-23c 所示。

3. 比例尺 (三棱尺)

比例尺的三个棱面上有六种不同比例的刻度,主要用来量取相应比例的尺寸,如图 1-23a 所示。使用时,尺寸可以从比例尺上直接量取,或者用分规在比例尺上量取后移到图线上,如图 1-23e 所示。

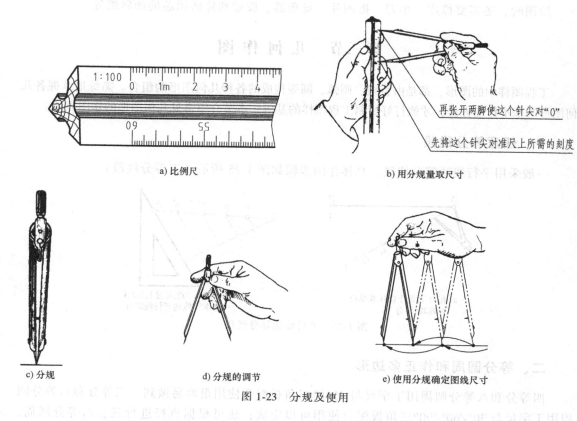

a) 比例尺

再张开两脚使这个针尖对"0"

先将这个针尖对准尺上所需的刻度

b) 用分规量取尺寸

c) 分规 d) 分规的调节 e) 使用分规确定图线尺寸

图 1-23 分规及使用

三、其他绘图工具

1. 铅笔

常用铅笔型号从硬到软有 2H、H、HB、B 和 2B。绘制图样时,一般用 2H 或 H 的铅笔画底稿线和加深细线;用 HB 或 H 铅笔写字、画箭头;用 HB 或 B 铅笔画粗线;用 B 或 2B 铅笔加深粗线圆或圆弧。

画底稿线、细线和写字用的铅笔,铅芯应削成锥形尖端;画粗线时,铅芯宜削成呈梯形棱柱状的头部,因其磨损较缓,线型易于一致。铅笔削法如图 1-24 所示。

画细线圆时,将铅芯磨成凿形;画粗线圆时,将铅芯磨成带方形截面的头部。

2. 模板

为提高绘图效率可使用各种模板,如用曲线板、多用模板及自制专用模板绘制曲线、圆、六角螺母等。

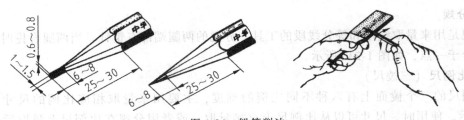

图 1-24　铅笔削法

绘图时，还需要橡皮、小刀、擦图片、量角器、胶带和修磨铅芯的细砂纸等。

第三节　几何作图

工程图样中的图形，都是由直线、圆弧、圆等构成的各种几何图形的组合。熟练地掌握各几何图形的基本作图方法，才能打好绘制工程图样的基础。本节介绍常见几何图形的作图方法。

一、任意等分线段

一般采用平行线法等分线段，具体作图步骤如图 1-25 所示（五等分线段）。

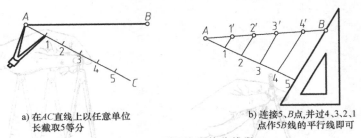

a) 在AC直线上以任意单位　　　　b) 连接5、B点，并过4、3、2、1
　长截取5等分　　　　　　　　　点作5B线的平行线即可

图 1-25　平行线法等分线段

二、等分圆周和作正多边形

四等分和八等分圆周用丁字尺与45°的三角板配合使用很容易做到。三等分和六等分圆周用丁字尺与30°/60°/90°三角板配合使用可以完成；还可根据直径进行三、六等分圆周，如图 1-26 和图 1-27 所示。

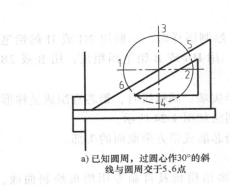

a) 已知圆周，过圆心作30°的斜线与圆周交于5、6点

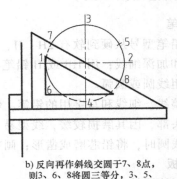

b) 反向再作斜线交于7、8点，则3、6、8将圆三等分，3、5、8、4、6、7将圆六等分

图 1-26　三等分、六等分圆周（一）

a) 已知半径 R 的圆及其互相垂直的两条直径

b) 以4点为圆心、R为半径画圆弧交圆于5、6点,则3、5、6点将圆三等分

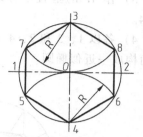
c) 以3点为圆心、R为半径再画弧,交圆于7、8,则圆被 3、8、6、4、5、7六等分

图 1-27　三等分、六等分圆周 （二）

五等分圆周与作圆的内接正五边形，如图 1-28 所示。

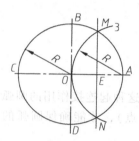
a) 以点A为圆心,OA为半径画弧,得点M、N,与OA交于点E

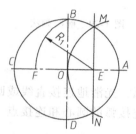
b) 以EB为半径,点E为圆心画弧,在OC上得交点F

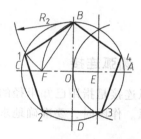
c) 以点B为起点,BF弦长将圆周五等分得点1、2、3、4,依次连各点得圆的内接正五边形

图 1-28　五等分圆周与作圆的内接正五边形

三、椭圆画法

已知长轴 AB、短轴 CD，作椭圆的方法如下所述。

1. 心圆法 （准确画法）

作图步骤如图 1-29a 所示：

1）分别以长轴、短轴为直径作两同心圆。

2）过圆心 O 作一系列放射线，分别与大圆和小圆相交，得若干交点。

3）过大圆上的各交点引竖直线，过小圆上的各交点引水平线，对应同一条放射线的竖直线和水平线分别交于一点，由此可得一系列交点。

4）连接该系列交点及 A、B、C、D 各点即完成椭圆作图。

2. 四心法 （近似画法）

作图步骤如图 1-29b 所示：

1）过 O 分别作长轴 AB 及短轴 CD。

2）连接 A、C，以 O 为圆心，OA 为半径作圆弧与 OC 的延长线交于点 E，再以 C 为圆心，CE 为半径作圆弧与 AC 交于点 F，即 $CF = OA - OC$。

3) 作 AF 的垂直平分线交长轴、短轴于两点 1、2，并求出 1、2 对圆心 O 的对称点 3、4。

4) 各以 1、3 和 2、4 为圆心，1A 和 2C 为半径画圆弧，使四段圆弧相切于 K、L、M、N 而构成一近似椭圆。

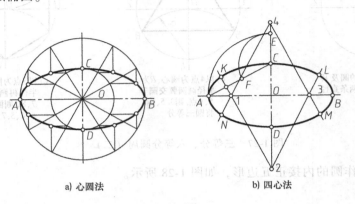

a) 心圆法　　　　　　　　　　　　b) 四心法

图 1-29　椭圆画法

四、圆弧连接

圆弧连接是指用已知半径的圆弧，光滑地连接直线或圆弧。这种起连接作用的圆弧，称为连接弧。作图时，要准确地求出连接弧的圆心和连接点（即切点），才能确保圆弧的光滑连接。

1. 用圆弧连接两直线

（1）用圆弧连接正交两直线

用圆弧连接正交两直线，其作图步骤如图 1-30 所示。

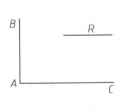
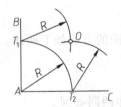
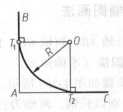

a) 已知半径 R 及正交
　直线 AB、AC

b) 以 A 为圆心，R 为半径画圆弧
　交 AB、AC 于 T_1、T_2（切点），
　以 T_1、T_2 为圆心，R 为
　半径画弧交于 O

c) 以 O 为圆心、R 为半径画圆弧
　即为所求

图 1-30　用圆弧连接正交两直线

（2）用圆弧连接斜交两直线

用圆弧连接斜交两直线，其作图步骤如图 1-31 所示。

2. 用圆弧连接已知两圆弧

（1）外连接（即外切）

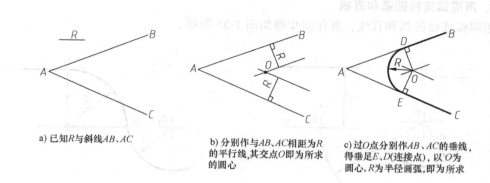

a) 已知R与斜线AB、AC

b) 分别作与AB、AC相距为R的平行线,其交点O即为所求的圆心

c) 过O点分别作AB、AC的垂线,得垂足E、D(连接点),以O为圆心,R为半径画弧,即为所求

图 1-31　用圆弧连接斜交两直线

已知两圆弧的圆心和半径分别为 O_1、O_2 和 R_1、R_2,用半径 R 的圆弧外接,其作图步骤如图 1-32 所示。

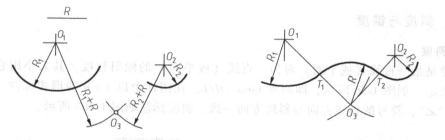

a) 以R+R₁、R+R₂为半径,以O₁、O₂为圆心画弧交于O₃

b) 连O₁O₃、O₂O₃,分别与已知弧交T₁、T₂(切点),以O₃为圆心,R为半径画弧即为所求

图 1-32　外切

（2）内连接（即内切）

用半径为 R 的圆弧内切于已知两圆弧,其作图步骤如图 1-33 所示。

（3）内外连接（即内外切）

连接圆弧与第一个圆弧内切,与第二个圆弧外切,为内外连接,其作图如图 1-34 所示。

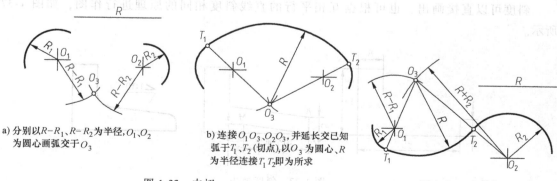

a) 分别以R-R₁、R-R₂为半径,O₁、O₂为圆心画弧交于O₃

b) 连接O₁O₃、O₂O₃,并延长交已知弧于T₁、T₂(切点),以O₃为圆心、R为半径连接T₁T₂即为所求

图 1-33　内切

图 1-34　内外切

3. 用圆弧连接圆弧和直线

用圆弧连接圆弧和直线，其作图步骤如图 1-35 所示。

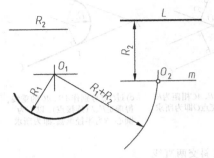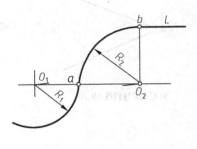

a) 作距离已知直线L为R_2的平行直线，
与以O_1为圆心、R_1+R_2为半径的圆弧
相交于O_2

b) 求出连接点ab，以O_2为圆
心、R_2为半径画弧，即为所求

图 1-35   用圆弧连接圆弧和直线

五、斜度与锥度

1. 斜度

斜度是指一直线（或平面）对另一直线（或平面）的倾斜程度。其大小用它们夹角的正切值表示，如图 1-36 所示，即斜度 $\tan\alpha = H/L$。在图样中以 1：n 的形式标注，在前面加注符号 "∠"，符号的斜线方向与斜度方向一致。斜度标注如图 1-36b 所示。

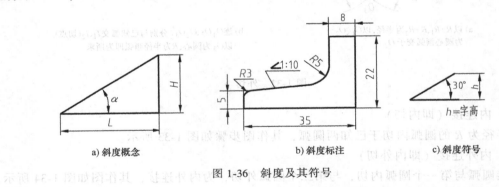

a) 斜度概念   b) 斜度标注   c) 斜度符号

图 1-36   斜度及其符号

斜度可以直接画出，也可根据互相平行的直线斜度相同的原理进行作图，如图 1-37 所示。

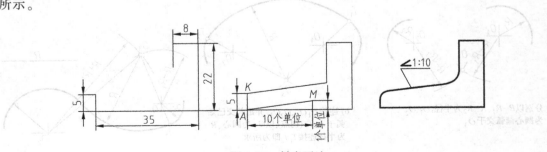

图 1-37   斜度画法

其作图步骤为：

1）按已知尺寸画图。

2）作 *AM* 为 1∶10 的斜度。

3）画圆弧并描深，过 *K* 作直线平行 *AM*。

2. 锥度

锥度是指正圆锥底圆直径与其高度之比，正圆锥台的锥度则为两底圆直径之差与其高度之比，如图 1-38a 所示。锥度的大小为半锥角正切值的两倍，锥度 $= D/L = (D-d)/l = 2\tan\alpha$。在图样上以 1∶n 的形式标注锥度，并在前面加注锥度符号，符号画法如图 1-38b 所示。符号的尖端指向应与锥度方向一致，如图 1-39 所示。

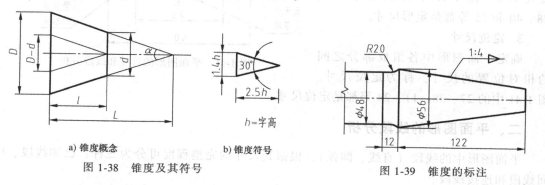

a）锥度概念　　　　　b）锥度符号

图 1-38　锥度及其符号

图 1-39　锥度的标注

锥度的作图方法，如图 1-40 所示。

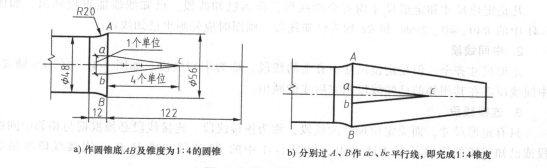

a）作圆锥底 *AB* 及锥度为 1∶4 的圆锥　　　b）分别过 *A*、*B* 作 *ac*、*bc* 平行线，即完成 1∶4 锥度

图 1-40　锥度的作图方法

第四节　平面图形的分析与画法

平面图形由几何图形和一些线段组成。分析平面图形是根据图形及其尺寸标注，分析几何图形和线段的形状、大小和它们之间的相对位置，解决画图的程序问题。本节介绍如何应用几何作图知识，画出机械零件轮廓的平面图形。

一、平面图形的尺寸分析

1. 尺寸基准

标注尺寸的起点称为尺寸基准。在平面图形中，应有水平方向（或称 X 方向）和竖直方向（或称 Y 方向）的尺寸基准。实际应用中，通常以图形的对称线、主要轮廓线和大直径圆的中心线为尺寸基准，如图1-41所示。

2. 定形尺寸

确定平面图形各组成部分的形状大小的尺寸，称为定形尺寸。如圆的直径、圆弧的半径、线段的长度和角度大小等。图 1-41 中的 $2 \times \phi 8$、$R49$、$R8$、40 和 25 等都是定形尺寸。

3. 定位尺寸

确定平面图形中各组成部分之间的相对位置的尺寸，称为定位尺寸。图 1-41 中的 27、38、11、24 等都是定位尺寸。

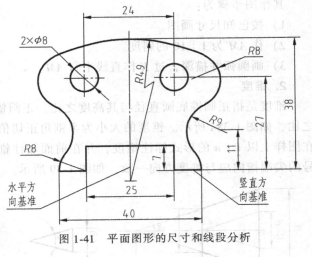

图 1-41　平面图形的尺寸和线段分析

二、平面图形的线段分析

平面图形中的线段（直线、圆弧），根据其尺寸的完整程度可分为三种：已知线段、中间线段和连接线段。

1. 已知线段

凡是定位尺寸和定形尺寸均齐全的线段，称为已知线段。已知线段能直接画出，如图 1-41 中的 $R49$、40、$2 \times \phi 8$ 和 $R8$ 均为已知线段。画图时应先画出已知线段。

2. 中间线段

定形尺寸齐全，但是定位尺寸不齐全的线段，称为中间线段。如图 1-41 中的 $R9$ 圆弧。中间线段需在其相邻的已知线段画完后才能画出。

3. 连接线段

只有定形尺寸，而无定位尺寸的线段，称为连接线段。连接线段必须根据与相邻中间线段或已知线段的连接关系才能画出，如图 1-41 中的 $R8$ 连接 $R49$ 和 $R9$，连接线段须最后画出。

三、平面图形的画图步骤

1. 准备工作

1）分析图形。

2）选定比例、图幅，并固定图纸。

3）备齐绘图工具。

2. 画底稿

画底稿的顺序是：先画图框、标题栏，后画图形。画图形时，首先要根据尺寸布置好图形位置，画出基准线、轴线、对称中心线，然后再画图形，并遵循先主体后细部的原则。

3. 按线型要求描深底稿

描深前要仔细校对底稿，修正错误，擦去多余线条。描深不同类型的图线，应选用不同型号的铅笔。

描深一般可按下列顺序进行：先粗后细；先实后虚；先圆后直；先上后下；先左后右；先小后大；最后加深斜线、图框和标题栏。

平面图形的画图步骤，如图1-42所示。

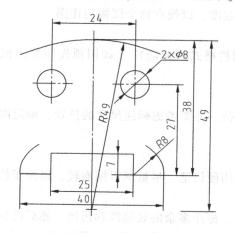

a) 画已知的圆和线段　　　　　　　　　　b) 画中间弧

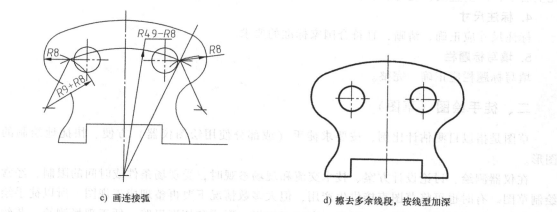

c) 画连接弧　　　　　　　　　　d) 擦去多余线段，按线型加深

图1-42　平面图形的画图步骤

第五节　绘图的基本方法

一、仪器绘图的方法和步骤

1. 绘图前的准备工作

绘图前要准备好绘图工具和仪器，按不同线型要求削好铅笔和圆规中的铅芯，并擦净各种用品，放置在便于绘图操作的位置。

2. 画底稿

（1）选择绘图比例和图纸幅面

根据所绘图形的大小和复杂程度，按国家标准的有关规定，选取合适的绘图比例和图纸幅面。

（2）固定图纸

将选好的图纸用胶带纸固定在图板上。固定时，用丁字尺工作边校正图纸位置，并使图纸的下边与图板下边的距离要大于一个丁字尺的宽度，以便在整个图幅内作图。

（3）画图框及标题栏

按国家标准的规定画出图框，按推荐的标题栏格式画标题栏（如用预先印好图框及标题栏的图纸，该步骤省略）。

（4）布置图形、画图形基准线

图形布置应尽量匀称、居中，不宜偏置、过挤，并要考虑标注尺寸的位置，确定图形的基准线。

（5）绘制底稿线

先画主要轮廓线，再画细节部分。画底稿线用硬铅笔，尽量画得细而轻，以便于修改。

3. 铅笔加深图线

加深图线前，要仔细检查底稿图，纠正错误，擦净多余的底稿线和污迹，然后按标准线型加深图线。加深图线的顺序为：不同线宽，先粗后细；直线圆弧，先圆后直；画水平线，先上后下；画垂直线，先左后右；画同心圆，先小后大；最后加深斜线、虚线和点画线。

4. 标注尺寸

标注尺寸应正确、清晰，且符合国家标准的要求。

5. 填写标题栏

填写标题栏应正确、完整。

二、徒手绘图（草图）

草图是指以目测估计比例，按要求徒手（或部分使用绘图仪器）方便、快捷地绘制的图形。

在仪器测绘、讨论设计方案、技术交流和现场参观时，受现场条件或时间的限制，经常绘制草图。有时也可将草图直接供生产用，但大多数情况下要再整理成正规图。所以徒手绘制草图可以加速新产品的设计、开发，有助于组织、形成和拓展思路，便于现场测绘，节约作图时间等。

因此，对于工程技术人员来说，除了要学会用尺规、仪器绘图和使用计算机绘图之外，还必须具备徒手绘制草图的能力。

徒手绘制草图的要求有：

1）画线要稳，图线要清晰。

2）目测尺寸尽量准确，各部分比例均匀。

3）绘图速度要快。

4）标注尺寸无误，字体工整。

1. 徒手绘图的方法

根据徒手绘制草图的要求，选用合适的铅笔，按照正确的方法可以绘制出满意的草图。徒手绘图所使用的铅笔可以有多种，铅芯磨成圆锥形，画中心线和尺寸线的磨得较尖，画可见轮廓线的磨得较钝。橡皮不应太硬，以免擦伤作图纸。所使用的作图纸无特别要求，为方便，常使用有浅色方格和菱形格的作图纸。

一个物体的图形无论怎样复杂，总是由直线、圆、圆弧和曲线所组成。因此要画好草图，必须掌握徒手画各种线条的手法。

（1）握笔的方法

手握笔的位置要比尺规作图高些，以利于运笔和观察目标。笔杆与纸面成 45°～60° 角，执笔稳而有力。

（2）直线的画法

徒手绘图时，手指应握在铅笔上离笔尖约 35mm 处，手腕和小手指对纸面的压力不要太大。在画直线时，手腕不要转动，使铅笔与所画的线始终保持约 90°，眼睛看着画线的终点，轻轻移动手腕和手臂，使笔尖向着要画的方向作直线运动，画水平线时以图 1-43a 所示的画线方向最为顺手，这时图纸可以斜放。画竖直线时，应自上而下运笔，如图 1-43b 所示。画长斜线时，为了运笔方便，可以将图纸旋转一适当角度，以利于运笔画线，如图 1-43c 所示。

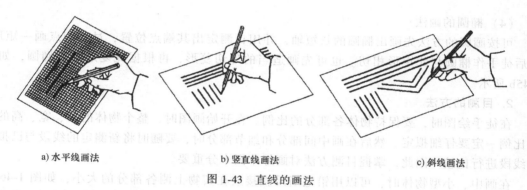

a) 水平线画法　　　　　b) 竖直线画法　　　　　c) 斜线画法

图 1-43　直线的画法

（3）圆及圆角的画法

徒手画圆时，应先定圆心及画中心线，再根据半径大小通过目测在中心线上定出四点，然后过这四点画圆，如图 1-44a 所示。当圆的直径较大时，可过圆心增画两条 45° 的斜线，在线上再定四个点，然后过这八点画圆，如图 1-44b 所示。当圆的直径很大时，可取一纸片标出半径长度，利用它从圆心出发定出许多圆周上的点，然后通过这些点画圆。或用手作圆规，以小手指的指尖或关节作圆心，使铅笔与它的距离等于所需的半径，用另一只手小心地慢慢转图纸，即可得到所需的圆。

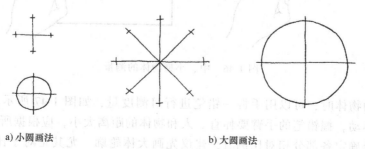

a) 小圆画法　　　　　　b) 大圆画法

图 1-44　圆的画法

　　画圆角时，先通过目测在分角线上选取圆心位置，使它与角的两边距离等于圆角的半径大小。过圆心向两边引垂直线定出圆弧的起点和终点，并在分角线上也画出一圆周点，然后徒手作圆弧把这三点连接起来。用类似方法也可画圆弧连接，如图1-45a、c所示。

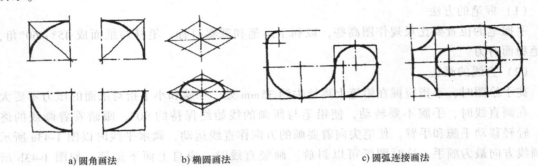

a) 圆角画法　　　　　　b) 椭圆画法　　　　　　c) 圆弧连接画法

图 1-45　圆角、椭圆和圆弧连接的画法

（4）椭圆的画法

　　可按画圆的方法先画出椭圆的长短轴，并用目测定出其端点位置，过这四点画一矩形，然后徒手作椭圆与此矩形相切。也可先画适当的外切菱形，再根据此菱形画出椭圆，如图1-45b所示。

2. 目测的方法

　　在徒手绘图时，要保持物体各部分的比例。在开始画图时，整个物体的长、宽、高的相对比例一定要仔细拟定。然后在画中间部分和细节部分时，要随时将新测定的线段与已拟定的线段进行比较。因此，掌握目测方法对画好草图十分重要。

　　在画中、小型物体时，可以用铅笔当尺直接放在实物上测各部分的大小，如图1-46所示，然后按测量的大体尺寸画出草图。也可用此方法估计出各部分的相对比例，然后按此相对比例画出缩小的草图。

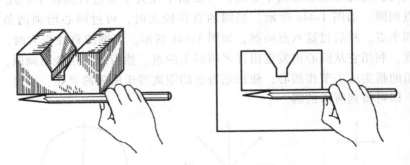

图 1-46　中、小型物体的测量

　　在画较大的物体时，可以用手握一铅笔进行目测度量，如图1-47所示。在目测时，人的位置应保持不动，握铅笔的手臂要伸直。人和物体的距离大小，应根据所需图形的大小来确定。在绘制及确定各部分相对比例时，建议先画大体轮廓，尤其是对于比较复杂的物体，更应如此。

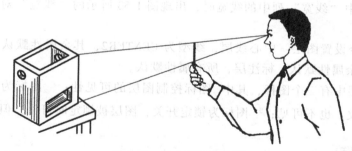

图 1-47　较大物体的目测

第六节　用 AutoCAD 绘制平面图形

计算机辅助设计（Computer Aided Design，CAD）技术萌芽于 20 世纪 50 年代，并随着计算机硬件技术的发展而迅猛发展。目前，CAD 技术已经广泛应用于建筑、机械、测绘、电子等领域。本节将以 AutoCAD2016 中文版为基础，讲解计算机绘图的基本概念和基本绘图方法。

一、初始绘图环境

进入 AutoCAD2016 绘图环境后，需要首先设置绘图单位，其步骤如下所述。

1. 绘图单位

绘图单位用来度量两个坐标点之间的距离。AutoCAD 提供了各种绘图单位以适用各行业的需要（如英寸、英尺、毫米等），"图形单位"对话框如图 1-48 所示。

1）利用下拉菜单"格式"→"单位…"。

2）键盘输入 units。

2. 绘图边界的设置

设置完绘图单位后，进行绘图边界的设置。

1）利用下拉菜单"格式"→"图形范围"。

2）键盘输入 limits。

命令：_limits

指定左下角点或 [开（ON）/关（OFF）] <0.0,0.0>：

指定右上角点 <100.0,75.0>：

3. 设置图层、颜色和线型

在命令行中输入 layer，回车或单击"图层"工具栏中"图层特性管理器"按钮，打开如图 1-49 所示的对话框。单击"新建"按钮便可建立新的图层。

图 1-48　"图形单位"对话框

在图 1-49 中，单击"颜色"列中的颜色块，可在出现的"选择颜色"对话框中选择一种颜色，如图 1-50 所示。

在图 1-49 中，单击"线型"列中的线型时，出现"选择线型"对话框，如图 1-51 所示。若该对话框中的列表中没有所需线型，可按"加载"按钮，打开"加载或重载线型"对话框加载所需的线型，如图 1-52 所示。

单击图 1-49 中"线宽"列中的线宽时，出现图 1-53 所示的"线宽"对话框，可修改图层中的线宽。

利用图层命令设置图层：中心线层，线型为 CENTER2，其余属性默认；粗实线层，线宽为 0.3mm，其余属性默认；标注层，所有属性默认。

注意：在图层中有三个图标，其中💡图标控制图层的可见性；⚪图标为冻结开关，图层被冻结时不可修改，也不可见；🔒图标为锁定开关，图层被锁定时可见，但不可修改。

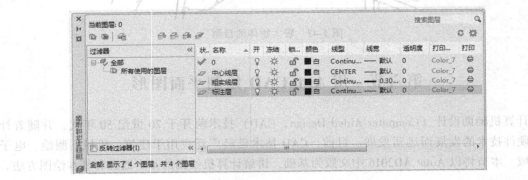

图 1-49　"图层特性管理器"对话框

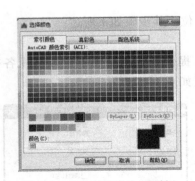

图 1-50　"选择颜色"对话框

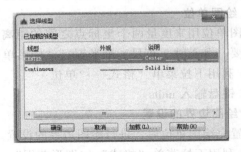

图 1-51　"选择线型"对话框

图 1-52　"加载或重载线型"对话框

图 1-53　"线宽"对话框

二、绘制平面图形

以如图 1-54 所示图形为例说明平面图形绘制方法。

1. 选择粗实线层

单击图层工具栏的"图层控制"下拉按钮，然后选择"粗实线"图层，如图 1-55 所示，作为当前层。

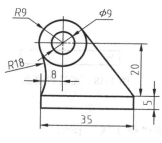

图 1-54　平面图形

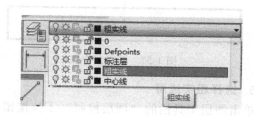

图 1-55　选择粗实线层

2. 绘制矩形

下拉菜单"绘图"→"矩形"。

命令：_rectang

指定第一个角点或［倒角（C）/标高（E）/圆角（F）/厚度（T）/宽度（W）］：(在屏幕左下角单击)

指定另一个角点或［面积（A）/尺寸（D）/旋转（R）］：@ 35,5

3. 选择中心线层

单击图层工具栏的"图层控制"下拉按钮，选择"中心线"图层。

4. 绘制中心线

（1）绘制水平中心线

下拉菜单"绘图"→"直线"

命令：_line

指定第一个点：(在绘图区，按住"Ctrl"键同时单击鼠标右键打开对象捕捉快捷菜单，如图 1-56 所示，选择"自（F）")

_from 基点：(将鼠标指针移动至矩形上边中间位置，则显示捕捉到"中点"标记，如图 1-57 所示，单击，鼠标竖直向上移动)<偏移>：20(键盘输入)

指定下一点或［放弃（U）］：@ -20,0(键盘输入)

指定下一点或［放弃（U）］：↵(回车)

（2）绘制竖直中心线

命令：_line

指定第一个点：(在绘图区，按住"Ctrl"键同时单击鼠标右键，打开对象捕捉快捷菜单，选择"自（F）")

_from 基点：(将鼠标指针移动制矩形上边左端点位置，则显示捕捉到"端点"标记，如图 1-58所示，单击)

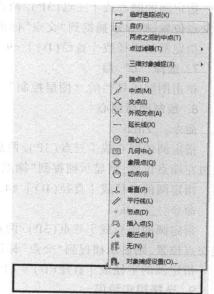

图 1-56　捕捉快捷菜单

<偏移>: @8,9(键盘输入)

指定下一点或［放弃(U)］: ↵(回车)

图1-57 捕捉到中点

图1-58 捕捉到端点

5. 选择粗实线层

单击图层工具栏的"图层控制"下拉按钮,然后选择"粗实线"图层。

6. 绘制同心圆

命令: _circle

指定圆的圆心或［三点(3P)/两点(2P)/切点、切点、半径(T)］:
(将鼠标指针移至中心线交点位置,则显示捕捉到"交点"标记,如图
1-59所示,单击)

指定圆的半径或［直径(D)］: 9(键盘输入)↵(回车)↵(再回
车)

图1-59 捕捉到交点

命令: _circle

指定圆的圆心或［三点(3P)/两点(2P)/切点、切点、半径(T)］:(将鼠标指针移至中心
线交点位置,则显示捕捉到"交点"标记,单击)

指定圆的半径或［直径(D)］ <9.0>: 4.5(键盘输入)↵(回车)

7. 选择"0"层

单击图层工具栏的"图层控制"下拉按钮,然后选择"0"图层。

8. 绘制圆弧圆心

命令: _circle

指定圆的圆心或［三点(3P)/两点(2P)/切点、切点、半径(T)］:(将鼠标指针移至矩形
上边左端点位置,则显示捕捉到"端点"标记,如图所示,单击)

指定圆的半径或［直径(D)］ <4.5>: 18

命令: _circle

指定圆的圆心或［三点(3P)/两点(2P)/切点、切点、半径(T)］:(将鼠标指针移至中心
线交点位置,则显示捕捉到"交点"标记,单击)

指定圆的半径或［直径(D)］ <18.0>: 27

9. 选择粗实线层

单击图层工具栏的"图层控制"下拉按钮,选择"粗实线"图层。

10. 绘制圆弧

命令: _circle

指定圆的圆心或［三点(3P)/两点(2P)/切点、切点、半径(T)］:(将鼠标指针移至两个
细实线圆交点位置,则显示捕捉到"交点"标记,单击)

指定圆的半径或［直径(D)］ <27.0>: 18(如图1-60所示)

11. 删除细实线圆

在没有执行命令的情况下，选中需要删除的两个细实线圆，然后按键盘上的"Delete"键，删除对象。

12. 修剪圆上多余部分圆弧

命令：_ trim

当前设置：投影＝UCS，边＝无

选择剪切边：

选择对象或 <全部选择>：（将鼠标指针移至图形右下角位置，单击）

指定对角点：（将鼠标指针移至图形左上角位置如图1-61所示，单击）（系统提示：找到6个）

选择对象：↙（回车）

选择要修剪的对象，或按住 Shift 键选择要延伸的对象，或〔栏选（F）/窗交（C）/投影（P）/边（E）/删除（R）/放弃（U）〕：（保留切点与端点之间部分圆弧，选择其余部分圆弧，如图1-62所示）

选择要修剪的对象，或按住 Shift 键选择要延伸的对象，或〔栏选（F）/窗交（C）/投影（P）/边（E）/删除（R）/放弃（U）〕：↙（回车）

修剪完成如图1-63所示。

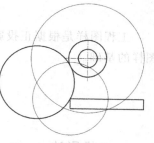

图1-60 绘制粗实线圆

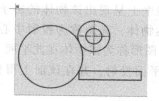

图1-61 选择对象

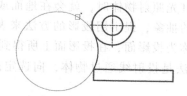

图1-62 选择要修剪的对象

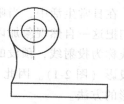

图1-63 修剪完成

13. 绘制切线

下拉菜单"绘图"→"直线"。

命令：_line

指定第一个点：（将鼠标指针移动至矩形上边右端点位置，则显示捕捉到"端点"标记，单击）

指定下一点或〔放弃（U）〕：（将鼠标指针移动至大圆上，则显示捕捉到"切点"标记，如图1-64所示，单击）

指定下一点或〔放弃（U）〕：↙（回车）

至此，完成平面图形的绘制，保存文件。

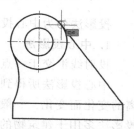

图1-64 捕捉切点

第二章

◄◄◄◄◄◄◄

正投影法基础

工程图样是根据正投影法绘制的。学习和掌握正投影法的基本知识，是阅读和绘制工程图样的基础。

第一节 投 影 法

一、投影法

在日常生活中，当阳光或灯光照射物体时，就会在地面或墙壁上呈现出该物体的影子。人们把这一自然现象加以科学的抽象，提出用投影的方法来表达物体。光源称为投射中心，光线称为投射线，预设的平面称为投影面，在投影面上所得到的图形称为该物体在此平面上的投影（图2-1）。因此，投影法是投射线通过物体，向选定的平面投射，并在该面上得到图形的方法。

二、投影法分类

投影法分为中心投影法和平行投影法两类。

1. 中心投影法

投射线汇交于一点的投影法称为中心投影法（图2-1）。

中心投影法所得到物体的投影的大小随着物体与投影面距离的变化而变化，一般不能反映物体的实际大小，因此，中心投影法多用于建筑物的直观图。

2. 平行投影法

投射线互相平行的投影法称为平行投影法（图2-2）。平行投影法又分为斜投影法和正投影法。

（1）斜投影法 投射线倾斜于投影面的投影方法称为斜投影法，由斜投影法得到的投影，称为斜投影，如图2-2a所示。

（2）正投影法 投射线垂直于投影面的投影方法称为正投影法，由正投影法得到的投

图2-1 中心投影法

影，称为正投影，如图 2-2b 所示。

由于正投影能够真实地表达空间物体的形状和大小，因此，在工程技术上使用的图样多采用正投影法绘制。为了叙述简便，本书把"正投影"简称为投影。

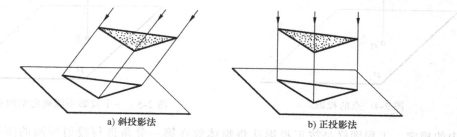

a) 斜投影法   b) 正投影法

图 2-2 平行投影法

三、正投影的投影特性

1. 真实性

当平面图形或直线平行于投影面时，其投影反映实形或实长，如图 2-3a 所示。

2. 积聚性

当平面图形或直线垂直于投影面时，其投影积聚成一直线或一点，如图 2-3b 所示。

3. 类似性

当平面图形或直线倾斜于投影面时，平面图形的投影成类似形，线段的投影长度比实长短，如图 2-3c 所示。在类似形中，平面图形投影前后线段的平行性质不变，各边在投影中的连线顺序保持不变。

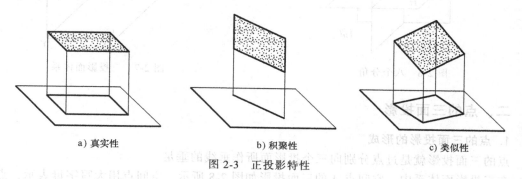

a) 真实性   b) 积聚性   c) 类似性

图 2-3 正投影特性

第二节 点 的 投 影

点的投影仍然是点，而且是唯一的。如图 2-4 所示的点 A 在 P 面上的投影为 a，但根据点的一个投影是不能确定其空间位置的，如图 2-5 所示的投影 b 不能唯一确定空间一点 B 与其对应。要确定空间点的位置，应增加投影面，建立如下所述的三投影面体系。

一、三投影面体系

如图 2-6 所示，相互垂直的三个投影面将空间分成八个分角，根据国家标准《技术制

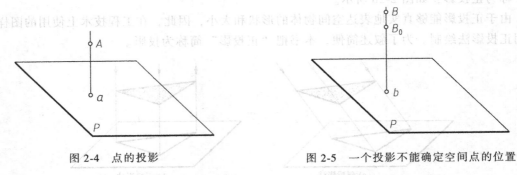

图 2-4　点的投影　　　　　　　　　　图 2-5　一个投影不能确定空间点的位置

图》中的规定，工程图样是按正投影法将物体放在第一分角进行投射所画的图形，因此本书仅讨论第一分角的投影画法。

如图 2-7 所示，三投影面体系由相互垂直的三个投影面，即正立投影面（简称正面或 V 面）、水平投影面（简称水平面或 H 面）、侧立投影面（简称侧面或 W 面）组成。两投影面的交线为投影轴，V 面与 H 面的交线为 OX 轴，H 面与 W 面的交线为 OY 轴，W 面与 V 面的交线为 OZ 轴。三个投影轴交于点 O。

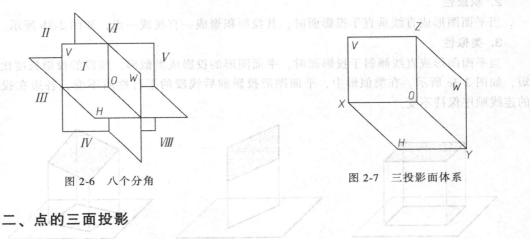

图 2-6　八个分角　　　　　　　　　　图 2-7　三投影面体系

二、点的三面投影

1. 点的三面投影的形成

点的三面投影就是过点分别向三个投影面所作垂线的垂足。

在三投影面体系中，空间点 A 的三面投影如图 2-8 所示。空间点用大写字母表示，点的水平投影用相应的小写字母 a 表示，点的正面投影和侧面投影分别用相应的小写字母加一撇 a' 和加两撇 a'' 表示。

为了使 A 的三个投影 a、a'、a'' 画在同一平面上，规定 V 面不动，将 H 面绕 OX 轴向下旋转 90°，将 W 面绕 OZ 轴向右旋转 90°，使三个投影面展成同一个平面，如图 2-8b 所示。由于投影面可以无限扩展，投影面的边框线则不必画出，如图 2-8c 所示为三投影面体系中点 A 的投影图。

2. 点的直角坐标和投影规律

若将三投影面体系看作直角坐标系，则投影轴、投影面、点 O 分别是坐标轴、坐标面、原点。由图 2-9 可以看出，点 A 的直角坐标（x_A、y_A、z_A），即为点 A 到三个投影面的距离，

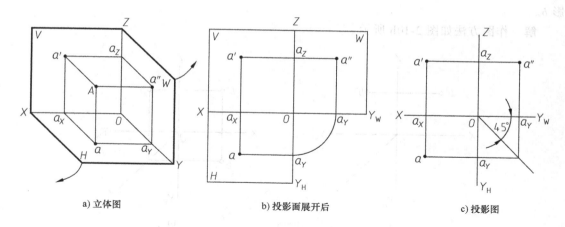

a) 立体图　　　　b) 投影面展开后　　　　c) 投影图

图 2-8　点的三面投影

它们与点 A 的投影 a、a'、a'' 的关系如下

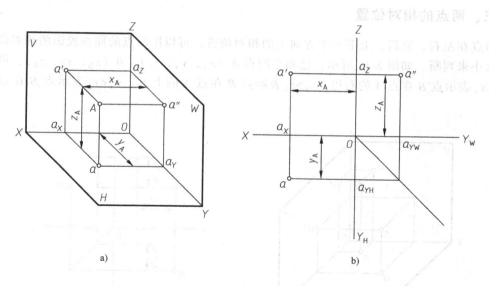

a)　　　　　　　　　b)

图 2-9　点的投影和坐标关系

x 坐标 $x_A(Oa_X) = a'a_Z = aa_Y =$ 点 A 到 W 面的距离 Aa''

y 坐标 $y_A(Oa_Y) = aa_X = a''a_Z =$ 点 A 到 V 面的距离 Aa'

z 坐标 $z_A(Oa_Z) = a'a_X = a''a_Y =$ 点 A 到 H 面的距离 Aa

点在三投影面体系中的投影规律如下

1）$a'a \perp OX$，即点的正面投影和水平投影的连线垂直于 OX 轴。

2）$a'a'' \perp OZ$，即点的正面投影和侧面投影的连线垂直于 OZ 轴。

3）$aa_X = a''a_Z$，即点的水平投影到 OX 轴的距离等于点的侧面投影到 OZ 轴的距离。为了表示这种关系，作图时可用圆规直接量取宽度，也可以自点 O 作 $45°$ 辅助线，以实现二者相等的关系，如图 2-9b 所示。

例 2-1　如图 2-10a 所示，已知点 B 的 V 面投影 b' 和 W 面投影 b''，求作点 B 的 H 面投

影 b。

解　作图方法如图 2-10b 所示。

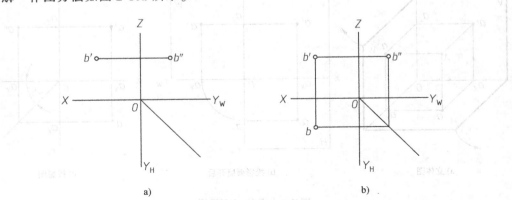

图 2-10　求作点的第三投影

三、两点的相对位置

两点在左右、前后、上下三个方向上的相对位置，可以用两点的同面投影的相对位置和坐标大小来判断。如图 2-11 所示，已知空间点 A (x_A, y_A, z_A)、B (x_B, y_B, z_B)，可以看出 $x_B < x_A$ 表示点 B 在点 A 的右边，$z_B > z_A$ 表示点 B 在点 A 的上方，$y_B < y_A$ 表示点 B 在点 A 的后方。

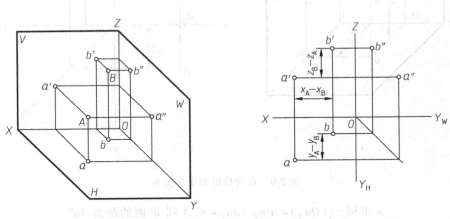

图 2-11　两点的相对位置

四、重影点

当空间两点处于某一投影面的同一条垂线上时，它们在该投影面上的投影重合为一点，则此两点称为该投影面的重影点。

如图 2-12 所示，点 A 与点 B 的正面投影 a'、b' 重合，由于 $y_A > y_B$，表示点 A 位于点 B 的前方，故点 B 被点 A 遮挡，b' 不可见，不可见点加括号用 (b') 表示，以示区别。同理，若在 H 面上重影，则 z 坐标值大的点其 H 面投影为可见点。在 W 面上重影，则 x 坐标大的点其 W 面投影为可见点。

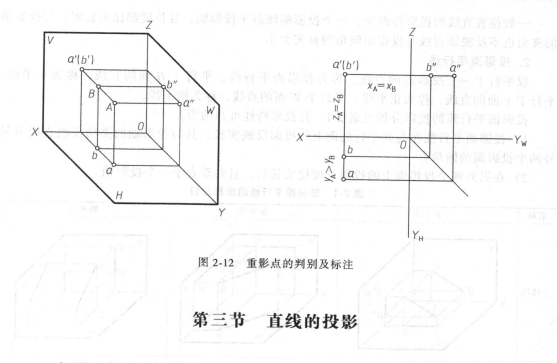

图 2-12　重影点的判别及标注

第三节　直线的投影

一、各种位置直线的投影特性

从正投影的基本特性分析中可知，直线对一个投影面有倾斜、平行、垂直三种相对位置。因而，直线在三投影面体系中，对投影面的相对位置可分为一般位置直线、投影面平行线和投影面垂直线三类，其中后两类又称特殊位置直线。

1. 一般位置直线

与三个投影面都倾斜的直线称为一般位置直线。如图 2-13 所示，直线 AB 与 H、V、W 三个投影面的倾角分别用 α、β、γ 表示，则

$$ab = AB\cos\alpha,\ a'b' = AB\cos\beta,\ a''b'' = AB\cos\gamma$$

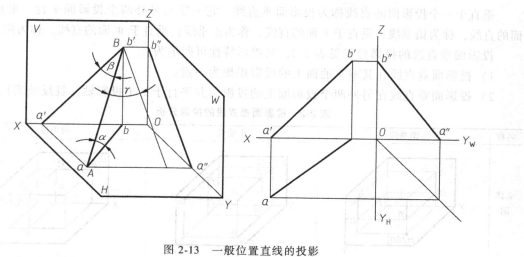

图 2-13　一般位置直线的投影

一般位置直线的投影特性为：三个投影都倾斜于投影轴，且长度都比实长短，与投影轴的夹角也不反映该直线对投影面倾角的真实大小。

2. 投影面平行线

仅平行于一个投影面的直线，称为投影面平行线。平行于 H 面的直线，称为水平线；平行于 V 面的直线，称为正平线；平行于 W 面的直线，称为侧平线。

投影面平行线的投影分析见表 2-1，其投影特性可归纳为：

1）投影面平行线在与其平行的面上的投影反映实长，其与投影轴的夹角反映直线对另外两个投影面的倾角。

2）在另外两个投影面上的投影长度比实长短，且共垂直于一个投影轴。

表 2-1　投影面平行线的投影分析

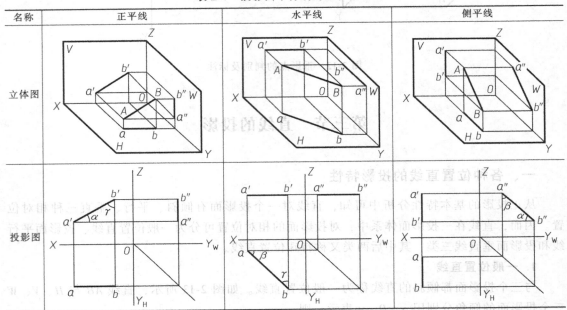

名称	正平线	水平线	侧平线
立体图			
投影图			

3. 投影面垂直线

垂直于一个投影面的直线称为投影面垂直线，它一定与另外两个投影面平行。垂直于 H 面的直线，称为铅垂线；垂直于 V 面的直线，称为正垂线；垂直于 W 面的直线，称为侧垂线。

投影面垂直线的投影分析见表 2-2，其投影特性可归纳为：

1）投影面垂直线在其垂直的面上的投影积聚为一点。

2）投影面垂直线在另外两个投影面上的投影，共平行于一个投影轴，且反映实长。

表 2-2　投影面垂直线的投影分析

名称	铅垂线	正垂线	侧垂线
立体图			

（续）

名称	铅垂线	正垂线	侧垂线
投影图	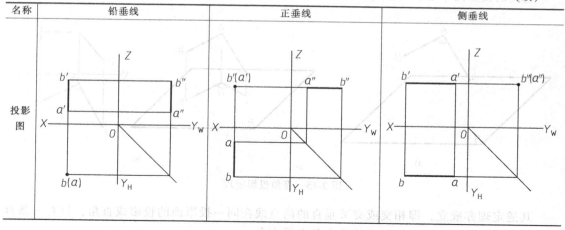		

二、直线上的点

若点在直线上，则该点的投影必在该直线的同面投影上，且符合点的投影规律。点分线段长度之比等于其投影长度之比。如图 2-14 所示，点 C 将线段 AB 分为 AC、BC 两段，则 $AC:BC=ac:bc=a'c':b'c'=a''c'':b''c''$。

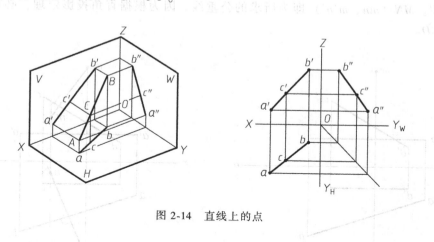

图 2-14　直线上的点

三、直角投影定理

如果角的两边同时平行于某个投影面，则两边在该面投影的夹角反映该角的真实角度；如果角的两边均倾斜于某一投影面，则投影不能反映夹角的真实大小。

直角投影定理　如果相交垂直或交叉垂直的两直线，其中一条平行于某一投影面，则它们在该投影面的投影仍为直角。

现证明（图 2-15a、b）如下：

已知 $AB \perp AC$，$AB /\!/ H$ 面，AC 不平行于 H 面。求证 $ab \perp ac$。

证明：因为 $AB \perp AC$，$AB \perp Aa$，所以 $AB \perp$ 平面 $AacC$。

又因为 $ab /\!/ AB$，故 $ab \perp$ 平面 $AacC$，所以 $ab \perp ac$，亦即 $\angle bac = 90°$。

它们的投影图中 $a'b'//OX$ 轴（AB 为水平线），$\angle bac = 90°$。

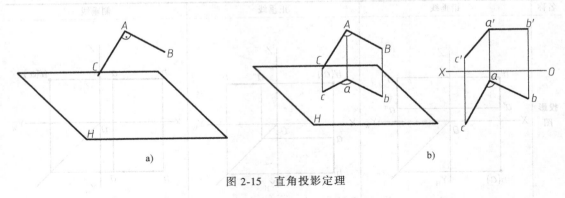

图 2-15　直角投影定理

其逆定理亦成立，即相交或交叉垂直的两直线在同一投影面的投影成直角，且有一条直线平行于该投影面，则空间两直线的夹角必是直角。

例 2-2　已知水平线 AB 及正平线 CD，试过定点 M 作它们的公垂线，如图 2-16a 所示。

解　分析：根据直角投影定理，在直线平行的投影面上作其垂线，那么垂线和该直线在空间亦垂直。

作图：如图 2-16b 所示，过点 M 的水平投影 m 作 $mn \perp ab$，过点 M 的正面投影 m' 作 $m'n' \perp c'd'$。MN（mn、$m'n'$）即为所求的公垂线。因为根据直角投影定理，必有 $MN \perp AB$ 及 $MN \perp CD$。

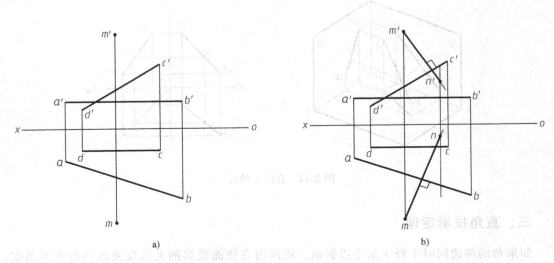

图 2-16　例 2-2 图

第四节　平面的投影

一、平面的表示法

平面通常用确定该平面的点、直线或平面图形等几何元素的投影表示，如图 2-17 所示。

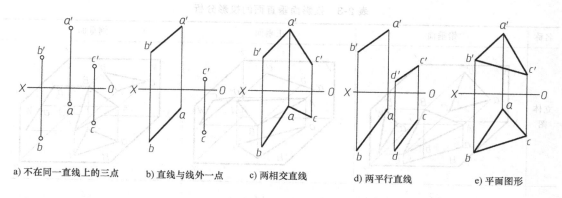

a) 不在同一直线上的三点　　b) 直线与线外一点　　c) 两相交直线　　d) 两平行直线　　e) 平面图形

图 2-17　用几何元素表示平面

二、各种位置平面的投影特性

从正投影的基本特性分析中可知，平面对一个投影面有倾斜、平行、垂直三种相对位置。因而，平面在三投影面体系中，对投影面的相对位置可分为一般位置平面、投影面垂直面和投影面平行面三类，其中后两类又称特殊位置平面。

1. 一般位置平面

一般位置平面对三个投影面都倾斜，因此它的三面投影均为面积缩小的类似形，如图 2-18 所示。

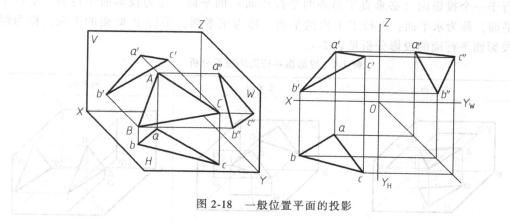

图 2-18　一般位置平面的投影

2. 投影面垂直面

仅垂直于一个投影面，对其他两个投影面都倾斜的平面，称为投影面垂直面。仅垂直于 H 面的平面，称为铅垂面；仅垂直于 V 面的平面，称为正垂面；仅垂直于 W 面的平面，称为侧垂面。投影面垂直面的投影分析见表 2-3。

投影面垂直面的投影特性可归纳为：

1）投影面垂直面在其垂直的面上的投影积聚成与投影轴倾斜的直线段，该直线段与两投影轴的夹角反映该平面对相应两投影面的倾角。

2）在另外两个投影面上的投影为类似形。

表 2-3　投影面垂直面的投影分析

名称	铅垂面	正垂面	侧垂面
立体图	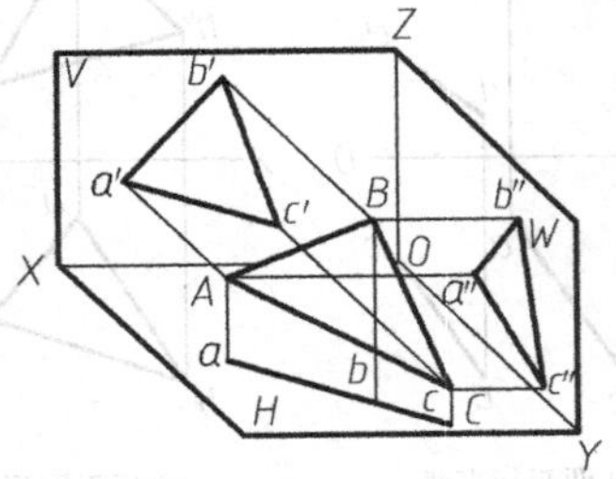	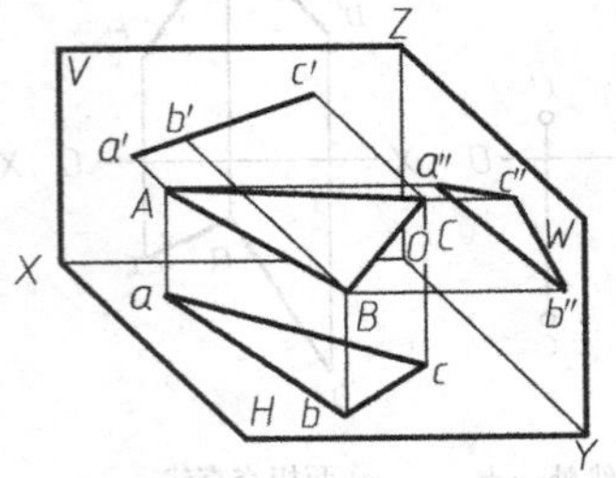	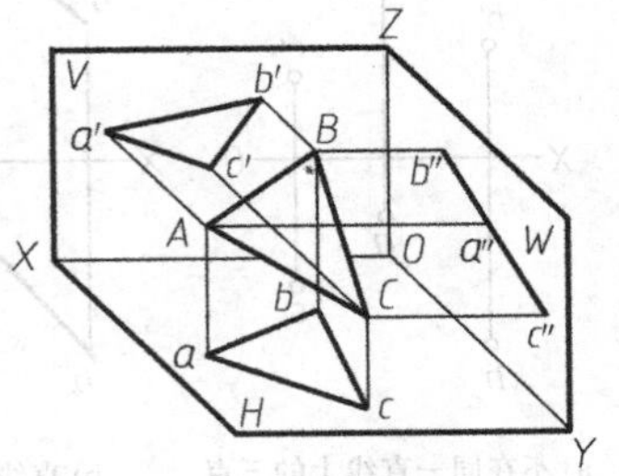
投影图	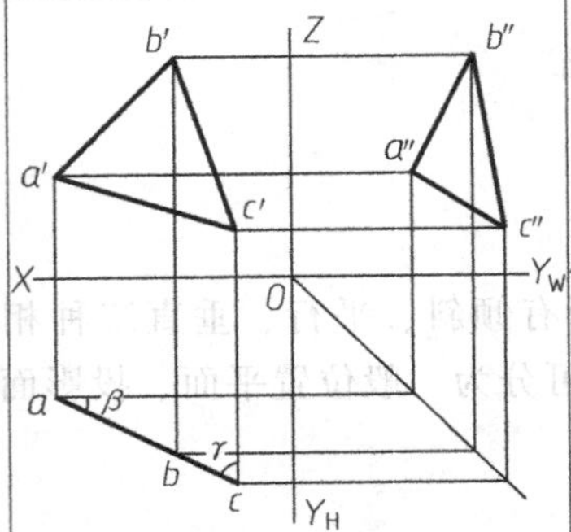	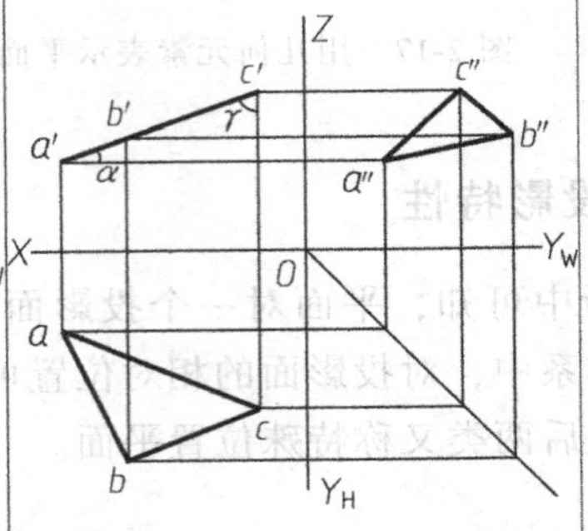	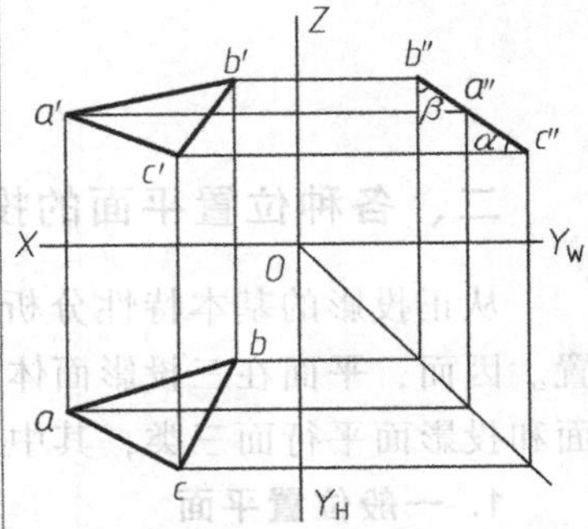

3. 投影面平行面

平行于一个投影面（必垂直于另外两个投影面）的平面，称为投影面平行面。平行于 H 面的平面，称为水平面；平行于 V 面的平面，称为正平面；平行于 W 面的平面，称为侧平面。投影面平行面的投影分析见表 2-4。

表 2-4　投影面平行面的投影分析

名称	水平面	正平面	侧平面
立体图	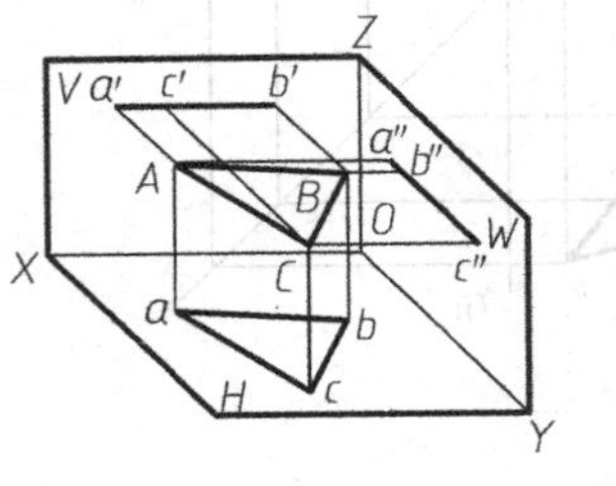	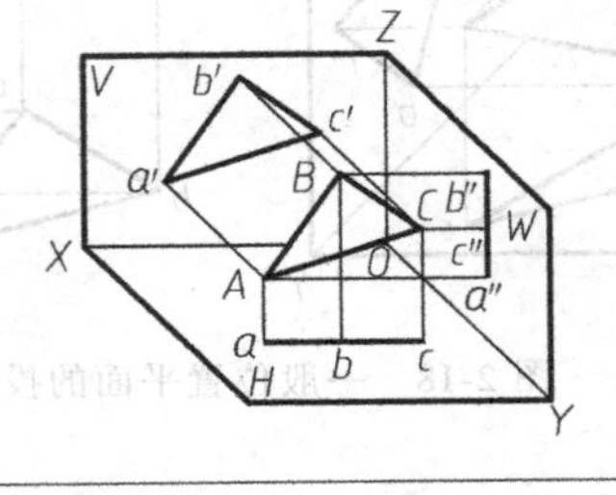	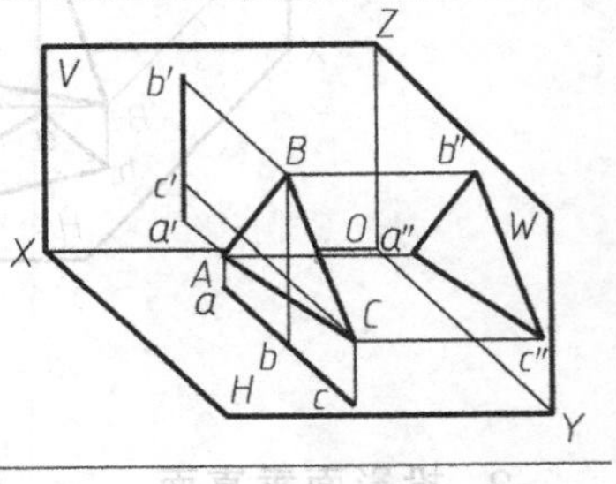
投影图	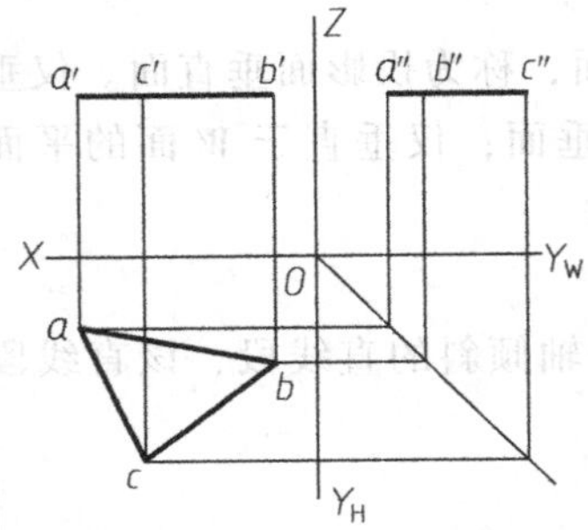	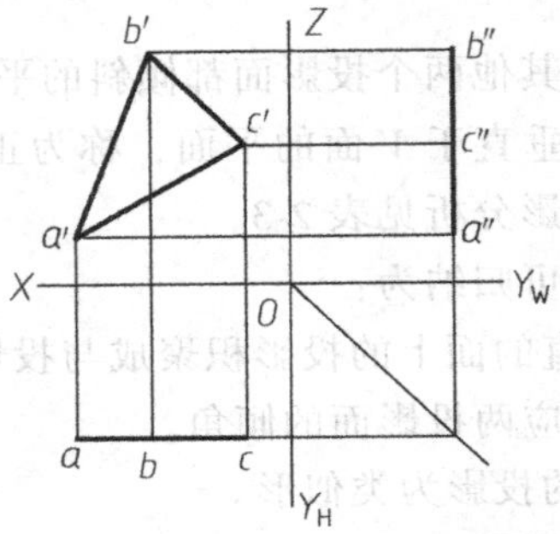	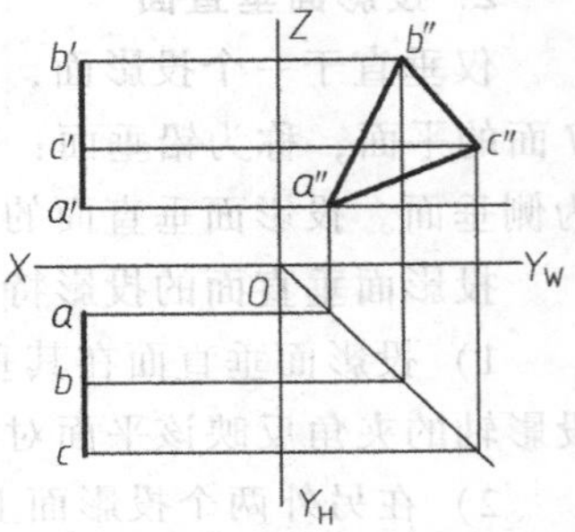

投影面平行面的投影特性可归纳为：

1）投影面平行面在与其平行的面上的投影反映实形。

2）投影面平行面在另外两个投影面上的投影积聚成直线，且分别平行于与其平行投影面相应的投影轴。

三、平面上的点和直线

点和直线在平面上的几何条件是：

1）点在平面上，则点必在这个平面的一条直线上。

2）直线在平面上，则该直线必定通过平面上的两个点；或通过这个平面上的一个点，且平行于这个平面上的另一条直线。

如图 2-19 所示，点 D 和直线 DE 位于相交两直线 AB、BC 所确定的平面 ABC 上。

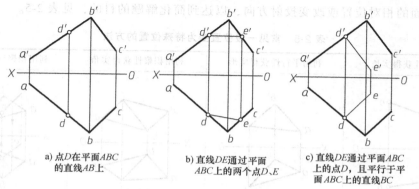

a) 点 D 在平面 ABC 的直线 AB 上

b) 直线 DE 通过平面 ABC 上的两个点 D、E

c) 直线 DE 通过平面 ABC 上的点 D，且平行于平面 ABC 上的直线 BC

图 2-19　平面上的点和直线

例 2-3　完成如图 2-20a 所示平面四边形 $ABCD$ 的水平投影。

解　分析：

已知平面四边形 $ABCD$ 中的三点 A、B、D 的 V 面和 H 面投影，利用平面上取点、取线的方法，即可完成平面四边形的水平投影。

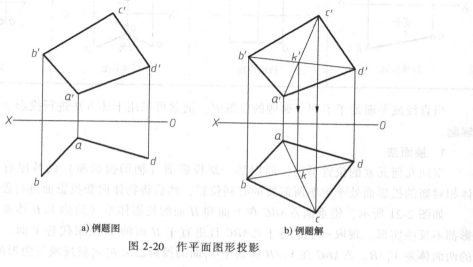

a) 例题图

b) 例题解

图 2-20　作平面图形投影

作图：

1）连接 $a'c'$、$b'd'$ 得交点 k'。

2）连接 bd，在 bd 上求出 k，连接 ak 并延长；过 c' 作 OX 轴的垂线交于 ak 的延长线可求出 c，再连接 bc、dc 即为所求。

第五节 投影变换

由前面几节可知，当空间的直线和平面对投影面处于一般位置时，则它们的投影都不反映真实大小，也不具有积聚性。当它们处于特殊位置时，则它们的投影有的反映真实大小，有的具有积聚性。因此，当要解决一般位置几何元素的度量或定位问题时，若能把它们由一般位置转变成为特殊位置，问题往往就容易获得解决。投影变换正是研究如何改变空间几何元素对投影面的相对位置或改变投射方向，以达到简化解题的目的，见表 2-5。

表 2-5　常见一般位置变为特殊位置的方法

利用平行性获得实长	利用平行性获得实形	利用积聚性获得实角	利用积聚性获得交集
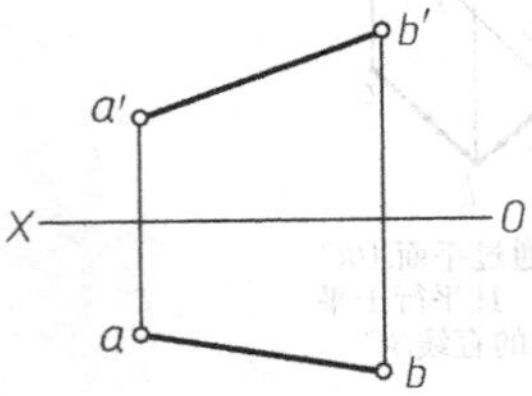 一般位置	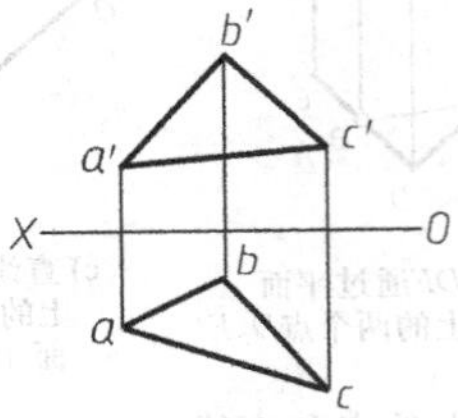 一般位置	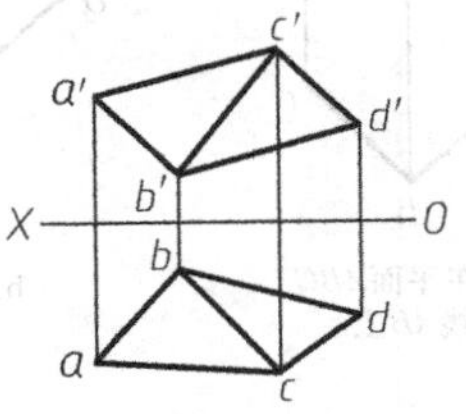 一般位置	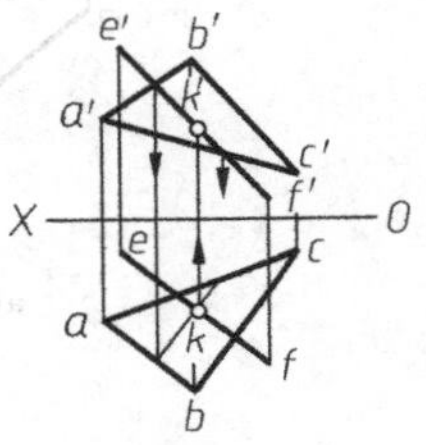 一般位置
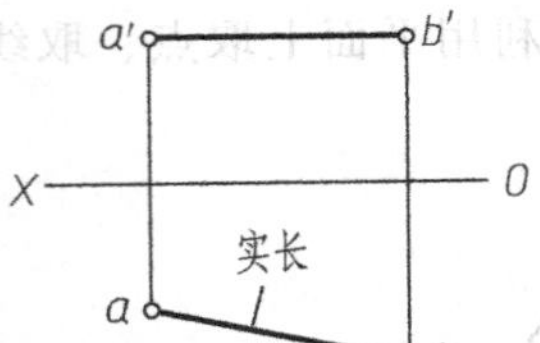 特殊位置	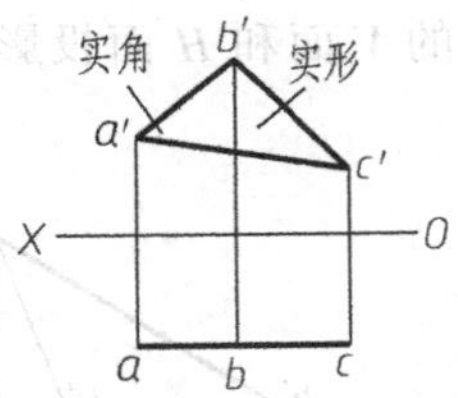 特殊位置	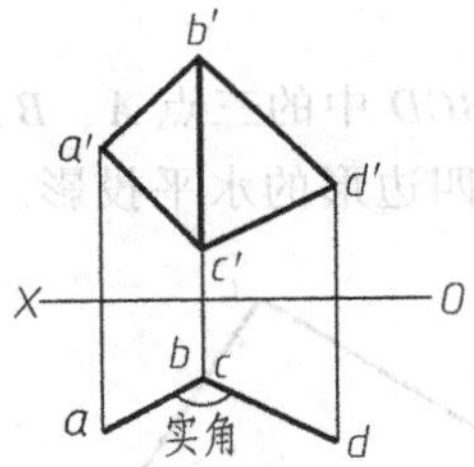 特殊位置	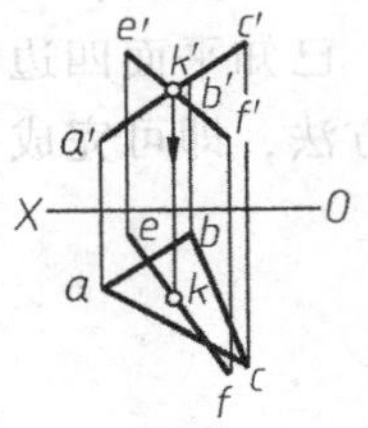 特殊位置

当直线或平面处于不利于解题的位置时，通常可采用下述方法进行投影变换，以有利于解题。

1. 换面法

空间几何元素的位置不动，而用某一新投影面（辅助投影面）代替原有投影面，使物体相对新的投影面处于解题所需要的有利位置，然后将物体向新投影面进行投射。

如图 2-21 所示，铅垂面 $\triangle ABC$ 在 V 面和 H 面的投影体系（简称 V/H 体系）中的两个投影都不反映实形。现取一个平行于 $\triangle ABC$ 且垂直于 H 面的 V_1 面来代替 V 面，则构成一个新的两面体系 V_1/H。$\triangle ABC$ 在 V_1/H 体系中 V_1 面的投影 $\triangle a_1' b_1' c_1'$ 就反映三角形的实形。

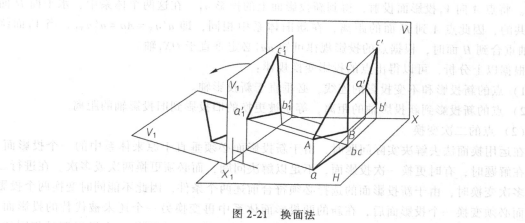

图 2-21 换面法

新投影面的选择必须符合以下两个基本条件：

1）新投影面必须与空间几何元素处于有利于解题的位置。

2）新投影面必须垂直于一个不变的投影面。

2. 旋转法

投影面的位置保持不变，将几何元素绕某一轴旋转到相对于投影面处于有利于解题的位置。如图 2-22 所示，△ABC 中直线 AB 为铅垂线，若以直线 AB 为轴使△ABC 旋转到平行于 V 面的位置，则它在 V 面上的新投影△a'b'c'₁ 即反映△ABC 的实形。

图 2-22 旋转法

一、换面法的基本知识

1. 点的投影变换规律

（1）点的一次变换

点是最基本的元素。因此，必须首先掌握点的投影变换规律及其作图。

图 2-23 表示点 A 在 V/H 体系中，正面投影为 a'，水平投影为 a。现在令 H 面不动，取一铅垂面 V_1（V_1 面 $\perp$ H 面）来代替正投影面 V（更换水平投影面亦可），形成新投影面体系

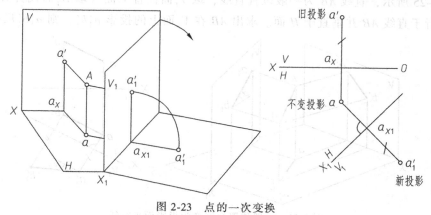

图 2-23 点的一次变换

V_1/H。将点 A 向 V_1 投影面投射，得到新投影面上的投影 a_1'。在这两个体系中，水平面 H 面是公共的，因此此点 A 到 H 面的距离，在新旧体系中相同，即 $a'a_X = Aa = a_1'a_{X1}$。当 V_1 面绕 OX_1 轴重合到 H 面时，根据点的投影规律可知 aa_1' 必定垂直于 OX_1 轴。

根据以上分析，可以得出点的投影变换规律：

1）点的新投影和不变投影的连线，必垂直于新投影轴。

2）点的新投影到新投影轴的距离，等于被更换的旧投影到旧投影轴的距离。

（2）点的二次变换

在运用换面法去解决实际问题时，由于新投影面必须垂直于原来体系中的一个投影面，因此在解题时，有时更换一次投影面，不足以解决问题，而必须更换两次或多次。在进行二次或多次变换时，由于新投影面的选择必须符合前述两个条件，因此不能同时变换两个投影面，而必须变换一个投影面后，在新的两投影面体系中再变换另一个还未被代替的投影面。图 2-24 表示更换两次投影面时，求点的新投影的方法，其原理和更换一次投影面是相同的。先由 V_1 面代替 V 面，构成新体系 V_1/H；再以这个体系为基础，取 H_2 面代替 H 面，又构成新体系 V_1/H_2。

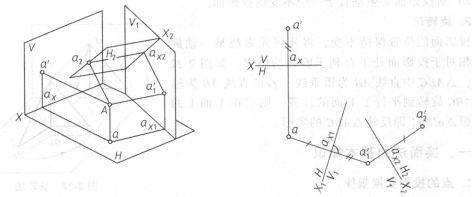

图 2-24　点的二次变换

2. 四个基本问题

（1）把一般位置直线变为投影面平行线

如图 2-25 所示，直线 AB 为一般位置直线，取 V_1 面代替 V 面（取 H_1 面代替 H 面亦可），使 V_1 面平行于直线 AB 并垂直于 H 面。求出 AB 在 V_1 面上的投影 $a_1'b_1'$，则 $a_1'b_1'$ 反映线段 AB

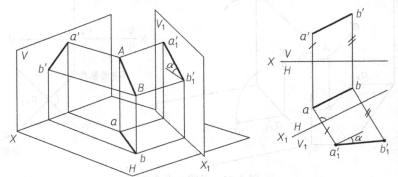

图 2-25　一般位置直线变为投影面平行线

的实长，并且 $a'_1b'_1$ 和 OX_1 轴的夹角 α 即为直线 AB 和 H 面的夹角。

把一般位置直线变为投影面平行线的投影图的作法。首先画出新投影轴 OX_1，OX_1 必须平行于 ab，但和 ab 间的距离可以任取。然后分别求出线段 AB 两端点的投影 a'_1 和 b'_1，线段 $a'_1b'_1$ 即为线段 AB 的新投影。

把一般位置直线变为投影面平行线多用于：

1）求一般位置直线的实长，及其与投影面的倾角。

2）作为把平面换成投影面垂直面的基础。

（2）把一般位置直线变为投影面垂直线

要把一般位置直线变为投影面垂直线，必须更换两次投影面。图 2-26 中 AB 为一般位置直线，第一次把一般位置直线变为投影面 V_1 的平行线，第二次再把投影面平行线变为投影面 H_2 的垂直线。

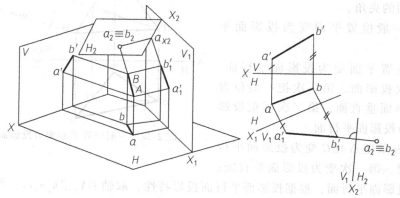

图 2-26　一般位置直线变为投影面垂直线

把一般位置直线变为投影面垂直线多用于：求距离、求相交两面的夹角等。

（3）把一般位置平面变为投影面垂直面

图 2-27 所示为把一般位置平面 $\triangle ABC$ 变为投影面垂直面。由立体几何知道，若平面上

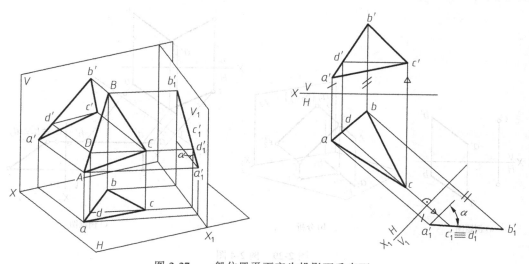

图 2-27　一般位置平面变为投影面垂直面

有一条直线垂直于另一平面，则两平面相互垂直。由图 2-27 可知，当直线为投影面的平行线时，一次换面能使它变为垂直线。所以，新投影面的选择，应使其垂直于 $\triangle ABC$ 上与保留投影面相平行的某一条直线。这样新投影面同时垂直于 $\triangle ABC$ 和保留投影面。故在 $\triangle ABC$ 所在的面上任取一条投影面平行线（水平线 CD）为辅助线，取与它垂直的 V_1 面为新投影面，$\triangle ABC$ 也就和 V_1 面垂直。

作图过程：首先在 $\triangle ABC$ 上取一条水平线 CD（cd，$c'd'$），然后使新投影轴 $OX_1 \perp cd$，这样 $\triangle ABC$ 在 V_1/H 体系中就成为投影面垂直面。求出 $\triangle ABC$ 三顶点的新投影 a_1'，b_1'，c_1'，则 a_1'、b_1'、c_1' 必在同一直线上。并且 $a_1'b_1'c_1'$ 和 OX_1 轴的夹角 α 即为 $\triangle ABC$ 对 H 面的夹角。

（4）把一般位置平面变为投影面平行面

把一般位置平面变为投影面平行面，需要更换两次投影面。第一次把一般位置平面变为投影面垂直面，第二次再把投影面垂直面变为投影面平行面。

图 2-28 表示把 $\triangle ABC$ 变为投影面平行面的作图过程。第一次变为投影面垂直面；

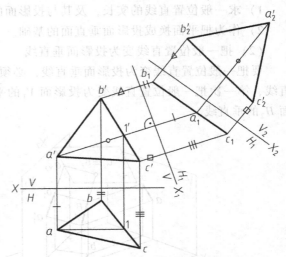

图 2-28　一般位置平面变为投影面平行面

第二次变为投影面平行面，根据投影面平行面投影特性，取轴 $OX_2 // b_1'a_1'c_1'$，作出 $\triangle ABC$ 三顶点在 V_2 面的新投影 $a_2'b_2'c_2'$，则 $\triangle a_2'b_2'c_2'$ 便反映了 $\triangle ABC$ 的实形。

二、换面法应用举例

例 2-4　如图 2-29a 所示，求点 C 到直线 AB 的距离，并求垂足 D。

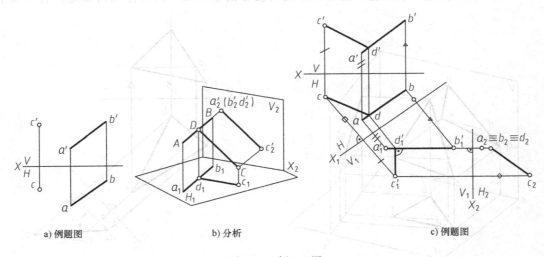

a) 例题图　　　　　b) 分析　　　　　c) 例题图

图 2-29　例 2-4 图

解　分析：求点 C 到直线 AB 的距离，就是求垂线 CD 的实长。要换面两次，第一次把直线 AB 变换成投影面的平行线，第二次把投影面平行线变换成投影面垂直线。当直线 AB 垂直于投影面时，CD 平行于投影面，其投影反映实长。

作图：如图 2-29c 所示，取轴 $OX_1 \parallel ab$，作出直线 AB 和点 C 在 V_1 面的新投影 $a_1' b_1'$ 和 c_1'，则 $a_1' b_1'$ 便反映直线 AB 的实长，过点 c_1' 作 $c_1' d_1' \perp a_1' b_1'$。取轴 $OX_2 \parallel c_1' d_1'$，作出直线 AB 和 CD 在 H_2 面的新投影，直线 AB 在 H_2 面上与点 D 积聚成一点，则 $c_2 d_2$ 反映线段 CD 的实长，故 $c_2 d_2$ 为点 C 到直线 AB 的距离。

例 2-5　如图 2-30a 所示，已知点 E 在平面 ABC 上，距离 A、B 两点均为 15mm，求点 E 的投影。

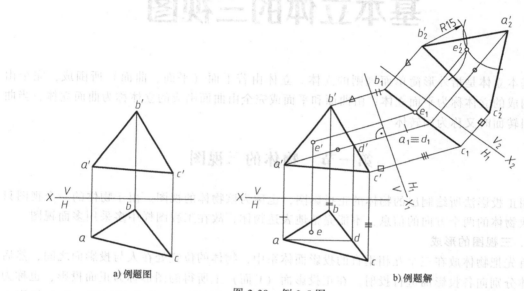

a) 例题图　　　　b) 例题解

图 2-30　例 2-5 图

解　分析：求点 E 的投影即为求 $\triangle ABC$ 的实形，本题必须更换两次投影面。第一次把 $\triangle ABC$ 变为投影面垂直面，第二次再把投影面垂直面变为投影面平行面。

作图：如图 2-30b 所示，首先在 $\triangle ABC$ 上取一条正平线 AD（ad，$a'd'$），然后使新投影轴 $OX_1 \perp a'd'$，这样 $\triangle ABC$ 在 V_1/H 体系中就成为投影面垂直面。求出 $\triangle ABC$ 三顶点的新投影 a_1、b_1、c_1，则 a_1、b_1、c_1 必在同一直线上。取轴 $OX_2 \parallel b_1 a_1 c_1$，作出 $\triangle ABC$ 三顶点在 V_2 面的新投影 $a_2' b_2' c_2'$，则 $\triangle a_2' b_2' c_2'$ 便反映 $\triangle ABC$ 的实形。分别以点 a_2'、b_2' 为圆心，15mm 为半径画圆，两圆在 $\triangle a_2' b_2' c_2'$ 面内的交点为 e_2'，然后反向求出点 E 在 V/H 体系中的投影 e、e' 即为所求。

基本立体的三视图

基本立体是指外形简单而规则的立体。立体由若干面（平面、曲面）所围成，完全由平面围成的立体称为平面立体；由曲面和平面或完全由曲面围成的立体称为曲面立体，当曲面为回转面时又称为回转体。

第一节　物体的三视图

用正投影法所绘制出的物体的正投影图，也称为该物体的视图。由于物体的一个视图只能反映物体的两个方向的信息，不能完整地表达物体，故在工程图样中多采用多面视图。

1. 三视图的形成

首先把物体放在三个互相垂直的投影面体系中，物体的位置处在人与投影面之间，然后将物体分别向各投影面进行投射。在正投影面（V 面）上所得的图形称为正面投影，也称为主视图；在水平投影面（H 面）上所得的图形称为水平投影，也称为俯视图；在侧投影面（W 面）上所得的图形称为侧面投影，也称为左视图，如图 3-1a 所示。

为了把三个视图画在一张图纸上，国家标准规定：V 面不动，将 H 面按图 3-1b 所示箭头方向，绕 OX 轴向下旋转 90°，将 W 面绕 OZ 轴向右旋转 90°，使它们都与 V 面重合，这样主视图、俯视图、左视图即可画在同一平面上（图 3-1c）。由于投影面的大小与视图无关，因此，在画三视图时，不画出投影面的边界，视图之间的距离可根据图纸幅面和视图的大小来确定（图 3-1d）。

2. 三视图之间的对应关系

三视图的位置关系为：俯视图在主视图的正下方，左视图在主视图的正右方。国家标准规定，按这样位置配置视图时，一律不标注视图的名称。

从图 3-1 可以看出：

1）主视图反映了物体上下、左右的位置关系，反映了物体的高度和长度。

2）俯视图反映了物体左右、前后的位置关系，反映了物体的长度和宽度。

3）左视图反映了物体上下、前后的位置关系，反映了物体的高度和宽度。

由此可得出投影规律：主视图与俯视图长对正；主视图与左视图高平齐；俯视图与左视图宽相等。

"长对正，高平齐，宽相等"是画图和看图必须遵循的投影规律，不仅整个视图的投影

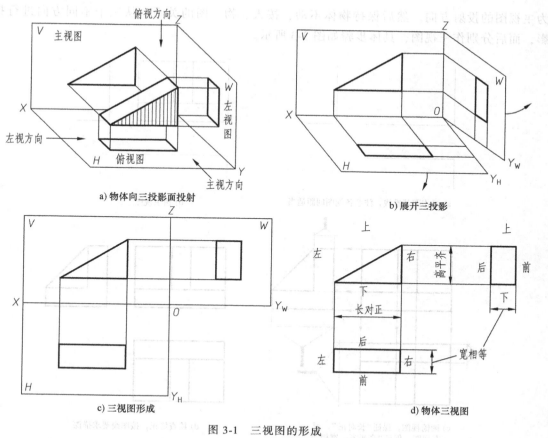

a) 物体向三投影面投射

b) 展开三投影

c) 三视图形成

d) 物体三视图

图 3-1 三视图的形成

要符合这一规律，而且物体局部结构的投影也必须符合这条规律，如图 3-1d 所示。

应该注意，俯视图和左视图都能反映物体的宽度，在这两个视图中，离主视图远的面是物体的前面，离主视图近的面是物体的后面。

3. 画物体三视图的步骤

首先将物体放在三投影面体系中（图 3-2），同时选择反映物体形状特征明显的方向作

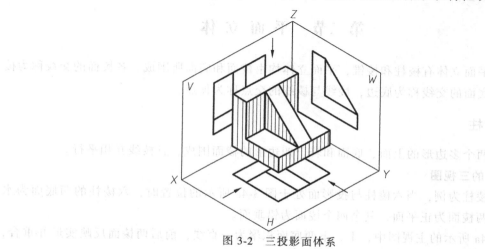

图 3-2 三投影面体系

为主视图的投射方向。然后保持物体不动，按人、物、图的关系，从三个不同方向进行投影，而后分别作三视图，具体步骤如图3-3所示。

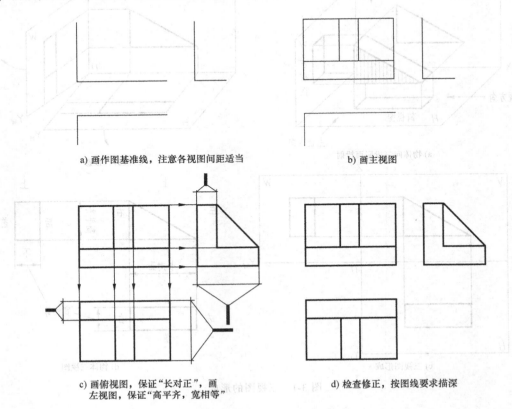

a) 画作图基准线，注意各视图间距适当　　　　b) 画主视图

c) 画俯视图，保证"长对正"，画　　　　d) 检查修正，按图线要求描深
　　左视图，保证"高平齐，宽相等"

图3-3　画物体三视图步骤

用三视图表示一个立体，就是将这些平面和曲面表达出来，然后根据可见性判别哪些线是可见的，哪些线是不可见的，可见的轮廓线用粗实线表示，不可见的轮廓线用虚线表示，即得到立体的三视图。

第二节　平面立体

常见的平面立体有棱柱和棱锥，平面立体均由棱面和底面所围成，各棱面的交线称为棱线，棱面与底面的交线称为底边，棱线与棱线的交点称为顶点。

一、棱柱

棱柱由两个多边形的上面、底面和若干四边形的棱面围成，且棱线互相平行。

1. 棱柱的三视图

以正六棱柱为例，当六棱柱与投影面处于图3-4a所示的位置时，六棱柱的两底面为水平面，前后两棱面为正平面，其余四个棱面为铅垂面。

如图3-4a所示的主视图中，上、下两底面积聚为一直线，前后两棱面反映实形并重合，其余四棱面的投影为类似形（矩形）；在俯视图中，上、下两底面反映实形并重合，各棱面积聚为六条直线并与六边形的六条边重合；在左视图中，上、下两底面和前后两棱面均分别积聚为直线，其余四棱面的投影为类似形（矩形）。

作图步骤（图 3-4b）：

1) 画反映两底面实形（正六边形）的水平投影。

2) 由棱柱的高度按三视图间的对应关系画其余两视图。

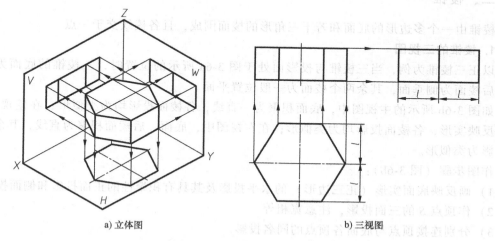

a) 立体图　　　　　　　　　　　　b) 三视图

图 3-4　正六棱柱的三视图

2. 棱柱表面上取点

判别点可见性原则：若点所在的面的投影可见（或有积聚性），则该点的投影也可见；反之，该点的投影不可见，投影标记加一括号。

在棱柱表面上取点时，可利用投影的积聚性进行作图。

例 3-1　如图 3-5a 所示，已知棱柱表面上 M、N 两点的正面投影，求其另两面投影并判断可见性。

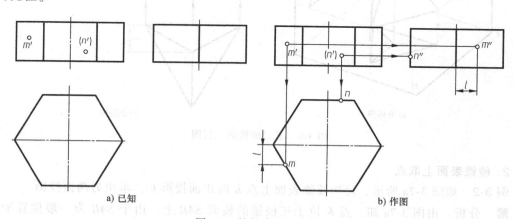

a) 已知　　　　　　　　　　　　b) 作图

图 3-5　棱柱表面上求点

解　分析：由图 3-5a 知，点 m' 是可见的，因此点 M 必定在左前棱面上，而该棱面为铅垂面，在水平面的投影积聚成一直线，点 M 的水平投影 m 必在该直线上。根据 m' 和 m 可求

出 m''。

作图：如图 3-5b 所示，由 m' 向水平面作投影连线与左棱面的水平投影相交求得 m，由 m、m' 根据点的投影规律求得 m''。

判断可见性：由于点 M 在左前棱面上，故 m'、m'' 均可见。

同理，根据点 N 的位置可求出 n'、n''。

二、棱锥

棱锥由一个多边形的底面和若干三角形的棱面围成，且各棱线交于一点。

1. 棱锥的三视图

以正三棱锥为例，当三棱锥与投影面处于图 3-6a 所示的位置时，三棱锥的底面为水平面，后棱面为侧垂面，其余两个棱面为一般位置平面。

如图 3-6b 所示的主视图中，底面积聚为一直线，各棱面投影均为类似形；在俯视图中，底面反映实形，各棱面投影均为类似形；在左视图中，底面、后棱面积聚为直线，其余两棱面投影为类似形。

作图步骤（图 3-6b）：

1）画反映底面实形（正三边形）的水平投影及其具有积聚性的正面投影和侧面投影。

2）作顶点 S 的三面投影，注意宽相等。

3）分别连接顶点与底面各顶点的同名投影。

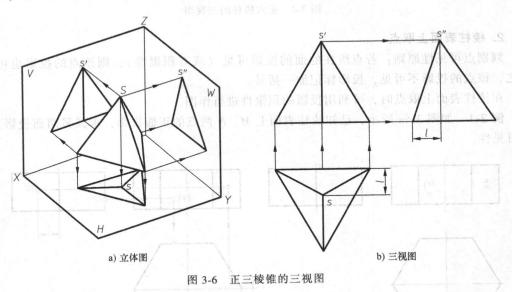

a) 立体图　　　　　　　　　　　　b) 三视图

图 3-6　正三棱锥的三视图

2. 棱锥表面上取点

例 3-2　如图 3-7a 所示，已知棱锥表面上点 K 的正面投影 k'，求出另两面投影。

解　分析：由图 3-7a 知，点 K 位于三棱锥的棱面 SAB 上。由于 SAB 为一般位置平面，它的三面投影没有积聚性，为此，需要在棱面上过已知点作一条辅助线，然后再在辅助线的投影上确定该点的各投影。

可采用两种方法作辅助线：

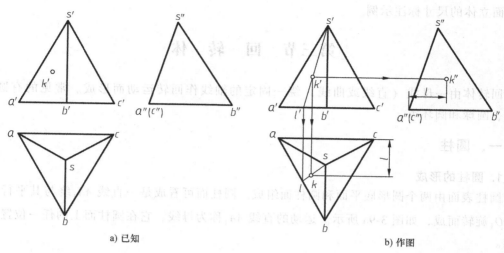

a) 已知   b) 作图

图 3-7 棱锥表面上求点

1）过平面内已知两点作直线。

2）过平面内一点作平面内已知直线的平行线。

作图：如图 3-7b 所示，过点 K 的正面投影 k'作辅助直线 S 1 的正面投影 s' 1'及水平投影 s 1，根据线上求点的原理，作点 K 的水平投影 k，根据点的投影规律得 k"。

判别可见性：由于点 K 所在的棱面的水平投影和侧面投影均是可见的，故 k、k"均可见。

利用过点 K 作 SAB 面内的平行线为辅助线求 K 点的各投影，读者可自行求作。

三、平面立体的尺寸标注

平面立体的尺寸标注一般要注出它的长、宽、高三个方向的尺寸，图 3-8 所示为几种常

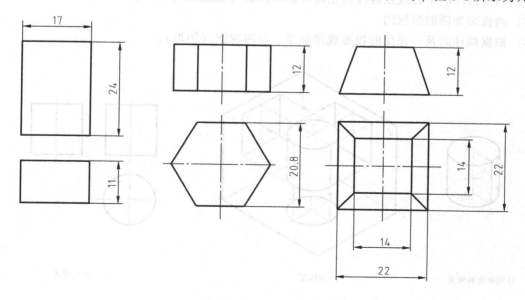

图 3-8 平面立体尺寸标注

见平面立体的尺寸标注示例。

第三节 回 转 体

回转体由一母线（直线或曲线）绕一固定的轴线作回转运动而形成。常见的有圆柱、圆锥、圆球和圆环等。

一、圆柱

1. 圆柱的形成

圆柱表面由两个圆形底平面和圆柱面组成。圆柱面可看成是一直线 AA_1 绕与其平行的轴线 OO_1 旋转而成，如图 3-9a 所示。运动的直线 AA_1 称为母线，它在圆柱面上的任一位置称为素线。

2. 圆柱的三视图

如图 3-9b 所示，当圆柱的轴线垂直于水平面时，其上、下底面为水平面，水平投影反映实形，其正面和侧面投影均积聚为一直线，圆柱面的每一条素线均为铅垂线，水平投影积聚为圆。

在圆柱主视图中，前、后两半圆柱面的投影重合为一矩形，矩形的两条竖线分别是圆柱面上最左、最右素线的投影，也是前、后两半圆柱面可见与不可见的分界线。在圆柱左视图中，左、右两半圆柱面的投影重合为一矩形，矩形的两条竖线分别是圆柱面上最前、最后素线的投影，也是左、右两半圆柱面可见与不可见的分界线。矩形的上、下两条水平线分别是圆柱顶面和底面的积聚性投影。

作图步骤（图 3-9c）：

1）画俯视图的中心线及轴线的正面和侧面投影（细点画线）。

2）画投影为圆的俯视图。

3）根据圆柱高及三视图的投影规律画主、左两视图（矩形）。

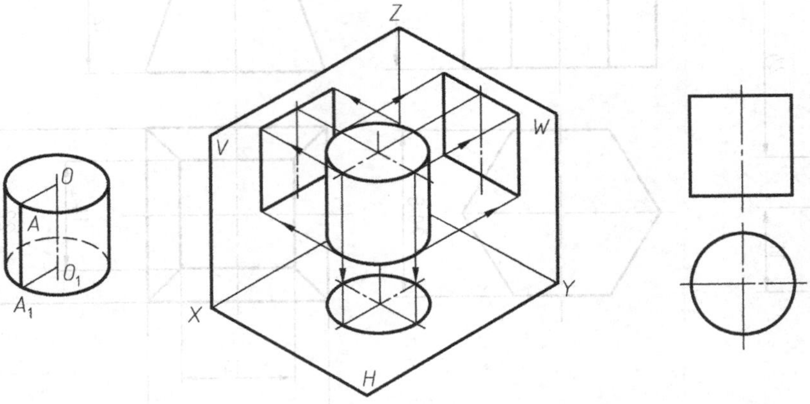

a) 圆柱面的形成　　　　　　b) 立体图　　　　　　c) 三视图

图 3-9　圆柱的形成及三视图

3. 圆柱表面上取点

例 3-3 如图 3-10a 所示，已知圆柱面上点 M 的正面投影 m' 和点 N 的侧面投影 n''，求出点 M、N 其余两面投影。

解 分析：由图 3-10a 知，点 M 在左前圆柱面上；点 N 在右后圆柱面上。利用圆柱面的水平投影的积聚性，先求出点 M、N 的水平投影 m、n，再根据点的投影规律求出其余投影。

作图：如图 3-10b 所示，由 m' 向水平面作投影连线与圆柱面的水平投影相交求得 m，再由 m、m' 根据点的投影规律求出 m''。利用积聚性和投影规律由 n'' 求出 n，再由 n''、n 求得 n'。

判别可见性：由上面分析的点 M 和点 N 的位置可判断，除 n' 不可见，其余均可见。

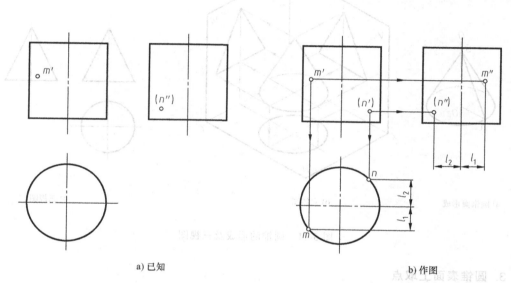

a) 已知　　　　　　　　　　　　　　　b) 作图

图 3-10　圆柱表面上求点

二、圆锥

1. 圆锥的形成

圆锥的表面由圆锥面和底面圆组成。圆锥面可看成是一直线 SA 绕与其相交的轴线 OO_1 旋转而成，如图 3-11a 所示。运动的直线 SA 称为母线，它在圆锥面的任一位置称为素线。

2. 圆锥的三视图

如图 3-11b 所示，当圆锥的轴线垂直于水平面时，其底面为水平面，水平投影反映实形，其正面和侧面投影均积聚为一直线。圆锥面的三面投影都没有积聚性。圆锥面的最左、最右素线为正平线，正面投影反映实长和与投影面的夹角；水平投影与圆的水平对称中心线重合；圆锥面的最前、最后素线为侧平线，侧面投影反映实长和与投影面的夹角，水平投影与圆的竖直对称中心线重合。

在圆锥主视图中，前、后两半圆锥面的投影重合为一等腰三角形，等腰三角形的两腰分别是圆锥面上最左、最右素线的投影，也是前、后两半圆锥面可见与不可见的分界线。在圆锥左视图中，左、右两半圆锥面的投影重合为一等腰三角形，等腰三角形的两腰分别是圆锥面上最前、最后素线的投影，也是左、右两半圆锥面可见与不可见的分界线。等腰三角形的水平线是圆锥底面具有积聚性的投影。

作图步骤（图 3-11c）：

1）画俯视图的中心线及轴线的正面和侧面投影（细点画线）。

2）画投影为圆的俯视图。

3）根据圆锥的高及顶点 S 的投影并按三视图的投影规律画其余两视图（等腰三角形）。

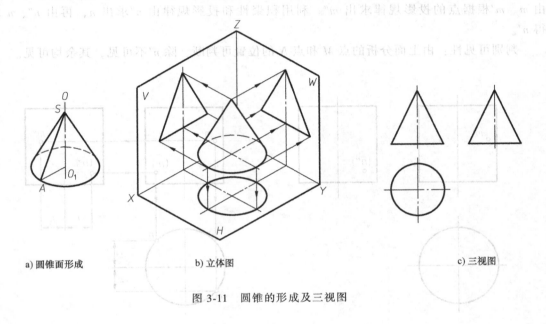

a) 圆锥面形成　　　　　　b) 立体图　　　　　　c) 三视图

图 3-11　圆锥的形成及三视图

3. 圆锥表面上取点

因圆锥曲面的三面投影均无积聚性，求圆锥面上点的投影需借助经过该点的辅助线。

例 3-4　如图 3-12a 所示，已知圆锥面上点 K 的正面投影 k'，求它的其余两面投影。

解　（1）辅助素线法

分析：如图 3-12b 所示，过锥顶 S 和点 K 在圆锥面上作一条素线 SA，以 SA 作为辅助线求点 K 的两面投影。

作图：如图 3-12c 所示。

1）连 $s'k'$ 并延长，与底圆的正面投影相交于点 a'。

2）求 SA 的水平投影 sa，并在其上确定点 K 的水平投影 k。

3）利用点的投影规律求得 k''。

（2）辅助圆法

分析：如图 3-12b 所示，过点 K 在圆锥面上作一平行于底面的圆，该圆的水平投影为底面投影的同心圆，正面投影和侧面投影积聚为直线。

作图：如图 3-12d 所示。

1）在正面投影中过 k' 作水平线 $b'c'$，即辅助圆的正面投影。

2）取 $b'c'$ 的一半长度为半径，作辅助圆的水平投影并在其上确定点 K 的水平投影 k。

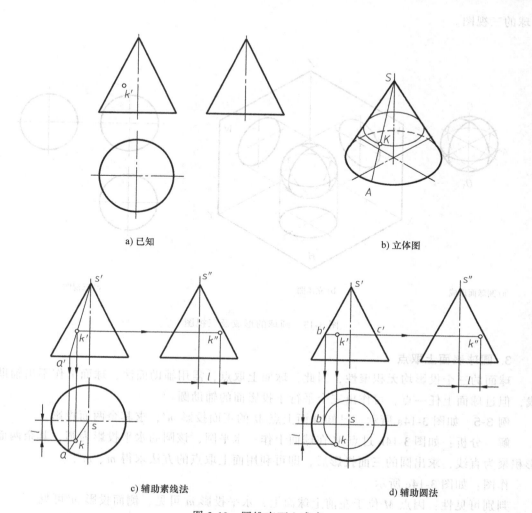

a) 已知

b) 立体图

c) 辅助素线法

d) 辅助圆法

图 3-12　圆锥表面上求点

3）利用点的投影规律求得 k''。

判别可见性：因点 K 位于左前半个圆锥曲面上，故 k 及 k'' 可见。

三、圆球

1. 圆球的形成

圆球的表面是球面。球面可看作一圆 A 绕通过圆心轴线 OO_1 旋转而成，此运动的圆 A 称为母线，母线在任意位置时称为素线。如图 3-13a 所示。

2. 圆球的三视图

如图 3-13b 所示，圆球的三视图分别是圆球上平行相应投影面的三个不同位置的最大轮廓圆的投影。主视图的轮廓圆是前、后两半球面可见与不可见的分界线；俯视图的轮廓圆是上、下两半球面可见与不可见的分界线；左视图的轮廓圆是左、右两半球面可见与不可见的分界线。

作图步骤：如图 3-13c 所示，作出圆的中心线，再画出三个直径与球直径相等的圆，即为球的三视图。

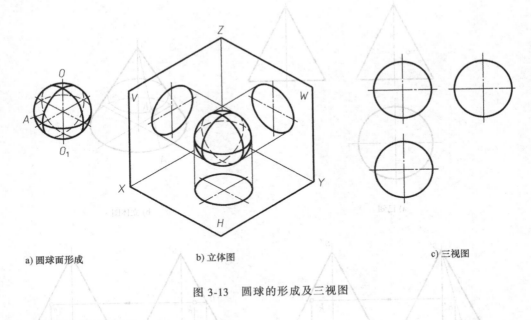

a) 圆球面形成　　　　b) 立体图　　　　c) 三视图

图 3-13　圆球的形成及三视图

3. 圆球表面上取点

球面的三个投影均无积聚性，因此，球面上取点，需用辅助面法，球面上作不出辅助直线，但过球面上任一点，可作出三个平行于投影面的辅助圆。

例 3-5　如图 3-14a 所示。已知球面上点 M 的正面投影 m'，求其余两面投影。

解　分析：如图 3-14b 过 M 在球面上作一水平圆，该圆的水平投影为圆，其余两面投影积聚为直线，求出圆的三面投影后，即可利用面上取点的方法求得 m、m''。

作图：如图 3-14c 所示。

判别可见性：因点 M 位于左前上球面上，水平投影 m 可见，侧面投影 m'' 可见。

该题也可用过点 M 作平行于正平面或侧面的辅助圆作图，请读者自行补作。

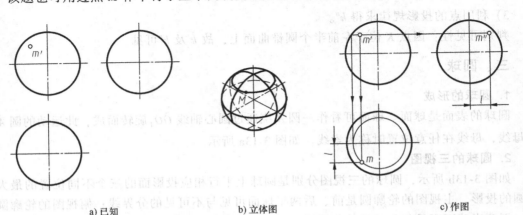

a) 已知　　　　b) 立体图　　　　c) 作图

图 3-14　圆球表面上求点

例 3-6 如图 3-15a 所示，已知立体的主视图和左视图，及该立体上点 M、N 的正面投影 m'、n'，求该立体俯视图及点 M、N 的其余两面投影。

解 分析：由图 3-15a 知，立体由六棱柱和圆柱组成，根据棱柱和圆柱的投影特点，即可画出俯视图。点 M 在六棱柱的后棱面上，点 N 在圆柱的前下面上，利用棱面和圆柱面的侧面投影的积聚性，先求出点 M、N 的侧面投影 m''、n''，再根据点的投影规律求出其余投影。

作图：

1）根据棱柱、圆柱三视图的投影规律画它们的俯视图，如图 3-15b 所示。

2）利用积聚性和投影规律分别由 m'、n' 求 m''、n''，再求其余投影并判别可见性，如图 3-15c 所示。

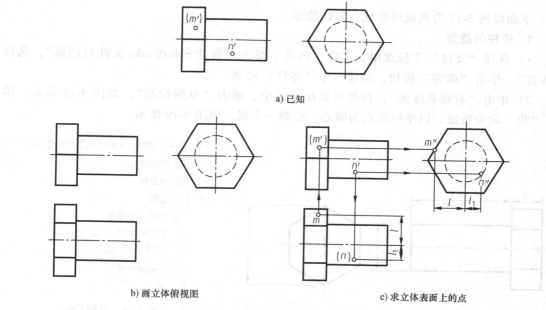

a) 已知

b) 画立体俯视图   c) 求立体表面上的点

图 3-15　立体三视图及其表面上求点

四、回转体的尺寸标注

对于回转体的尺寸标注，通常只要注出径向尺寸（直径尺寸数字前加符号"ϕ"）和轴向尺寸。图 3-16 是几种常见回转体的尺寸标注示例，图中，$S\phi$ 表示球体直径，SR 表示球

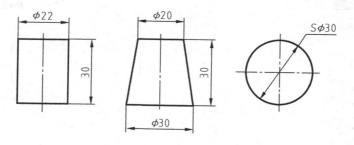

图 3-16　回转体尺寸标注

体半径。

第四节 用 SolidWorks 进行基本立体三维实体建模

SolidWorks 是一种先进的、智能化的参变量式 CAD 设计软件，在业界被称为"3D 机械设计方案的领先者"。它易学易用、界面友好、功能强大、性能超群，在机械设计、消费品设计等领域已经成为 3D 设计的主流软件。下面以 SolidWorks 2016 为基础说明常见基本体三维造型过程。

一、棱柱、圆柱造型

下面以图 3-17 为例说明棱柱、圆柱造型。

1. 棱柱的造型

1）选择"文件"下拉菜单，选择"新建"弹出"新建 SolidWorks 文件对话框"，选择"零件"，单击"确定"按钮，新建一个"零件"模型。

2）单击"右视基准面"，在弹出快捷菜单中，单击"草图绘制"，如图 3-18 所示。单击"圆"命令按钮，以坐标原点为圆心，绘制一个圆，如图 3-19 所示。

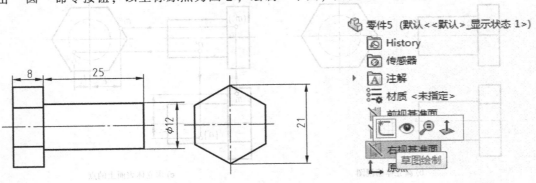

图 3-17 棱柱、圆柱造型

图 3-18 草图绘制

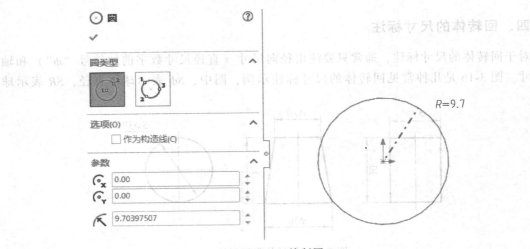

图 3-19 绘制圆

3）单击"智能尺寸"按钮，标注圆的直径为21mm。标注方法：激活"智能尺寸"命令后，单击圆，即可预览出标注箭头，往外移动光标，在合适位置单击放置尺寸，系统自动弹出修改对话框，在文本框输入"21mm"即可完成尺寸标注，如图3-20所示。

4）同样方法，再以ϕ21mm圆的上象限点为圆心，再绘制第二个ϕ21mm的圆。过系统坐标原点绘制第一个圆的水平中心线，如图3-21所示。

5）单击其中一个"圆"弹出快捷菜单，选择"构造几何线"，把圆变为构造线，如图3-22所示，同样方法把另外一个圆和直线变为构造线。选择"直线"命令绘制直线，如图3-23所示。选择"镜向实体"命令进行镜向，如图3-24所示。

6）单击"特征"-"拉伸凸台/基体"，如图3-25所示，完成高为8mm的六棱柱造型。

单击六棱柱的右表面为草图绘制基准面，单击"正视于"，如图3-26所示。单击右键，如图3-27所示，在弹出的快捷菜单中选择"草图绘制"。以原点为圆心绘制ϕ12mm的圆，如图3-28所示。单击"特征"-"拉伸凸台/基体"完成高为25mm的圆柱的造型，如图3-29所示。

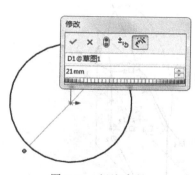

图3-20　标注直径

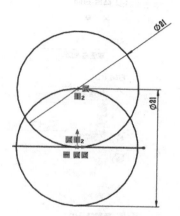

图3-21　绘制第二个圆和直线

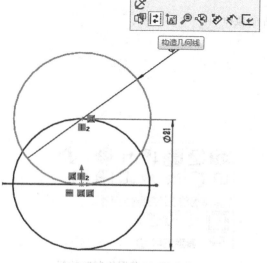

图3-22　构造线

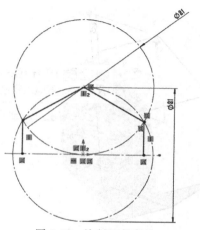

图3-23　绘制四条直线

3）单击"预览尺寸"按钮，所有圆的尺寸为15，基准线为竖直方向，绘制的间距为1．名令后，单击圆，调出随即出现的快捷菜单，选中适当位置单击鼠标左键，退出绘制模式。输出修改框出来。在文本框输入"21mm"得到完成方案。

4）同样方法，再以φ21mm圆向上复制得到位置。得到对应的圆，在案确定完成……后，单击……出现……如图3-21所示。

5）单击其中一个圆……弹出的快捷菜单……选中几何关系……将绘图3-22所示；同样方法选中另一个圆和直线为相切属性。在"草图"命令行中，如图3-24所示。选择……同样方法，……线性……如图3-25所示。

6）单击"镜像"按钮……选择"，如图3-25所示，……完成镜像……当前方案……单击确定单击……退出……按钮，弹出的菜单……单击……根据……圆素复制得到φ25mm的圆，如图3-28所示，单击"确定"按钮……拉伸φ25mm的圆柱的高度，如图3-29所示。

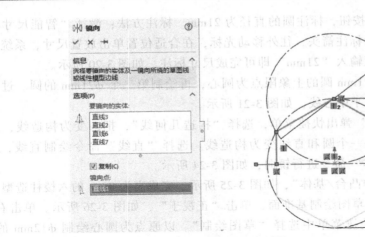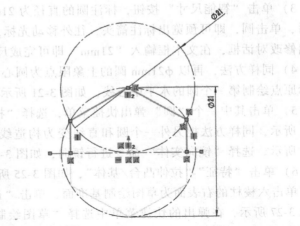

图 3-24 镜像

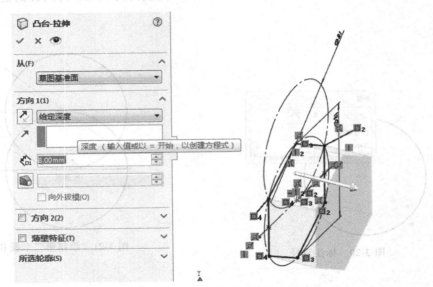

图 3-25 凸台-拉伸

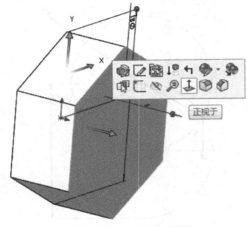

图 3-26 正视于基准面

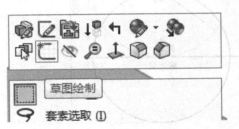

图 3-27 "草图绘制"按钮

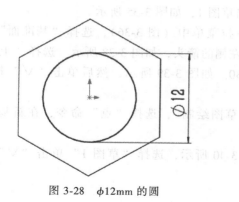

图 3-28 φ12mm 的圆

图 3-29 完成棱柱、圆柱造型

二、圆锥造型

1）选择"文件"下拉菜单，选择"新建"弹出"新建 SolidWorks 文件对话框"，选择"零件"，单击"确定"按钮，新建一个 part 模型。

2）单击"前视基准面"，单击"草图绘制"，选择"直线"命令，绘制如图 3-30 所示的直角三角形。

3）单击"特征"-"旋转凸台/基体"，选择三角形直角边为旋转轴，如图 3-31 所示，单击"√"，完成圆锥造型，如图 3-32 所示。

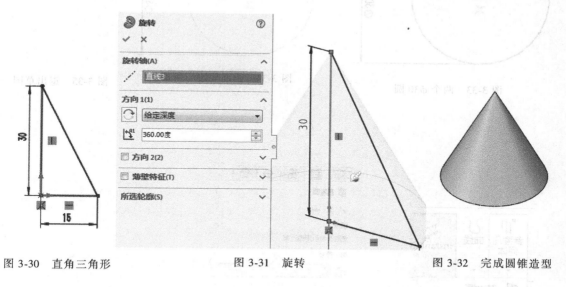

图 3-30 直角三角形 　　　　　图 3-31 旋转 　　　　　图 3-32 完成圆锥造型

三、棱锥造型

1）选择"文件"下拉菜单，选择"新建"弹出"新建 SolidWorks 文件对话框"，选择"零件"，单击"确定"按钮，新建一个 part 模型。

2）单击"上视基准面"，单击"草图绘制"，以系统坐标原点为圆心绘制 φ30mm 的圆，再以 φ30mm 圆的下象限点为圆心，再绘制第二个 φ30mm 圆，如图 3-33 所示。把两个圆变为构造线。选择"直线"命令，以第一个圆的上象限点及两个圆的交点为顶点，绘制如

图 3-34 所示等边三角形。单击右上角图标，退出草图 1，如图 3-35 所示。

3）在"特征"选项卡的"参考几何体"下拉菜单中（图 3-36），选择"基准面"，显示"基准面"面板，如图 3-37 所示。单击零件左侧的箭头，如图 3-38 所示。选择"上视基准面"作为"第一参考"，"偏移距离"输入 30。如图 3-39 所示，然后单击"√"按钮，完成新基准面的创建。

4）单击右键，在弹出的快捷菜单中选择"草图绘制"，选择"点"命令，在新基准面上的原点处绘制点。

3）单击"特征"-"放样凸台/基体"，如图 3-40 所示，选择"草图 1"单击"√"，完成棱锥造型，如图 3-41 所示。

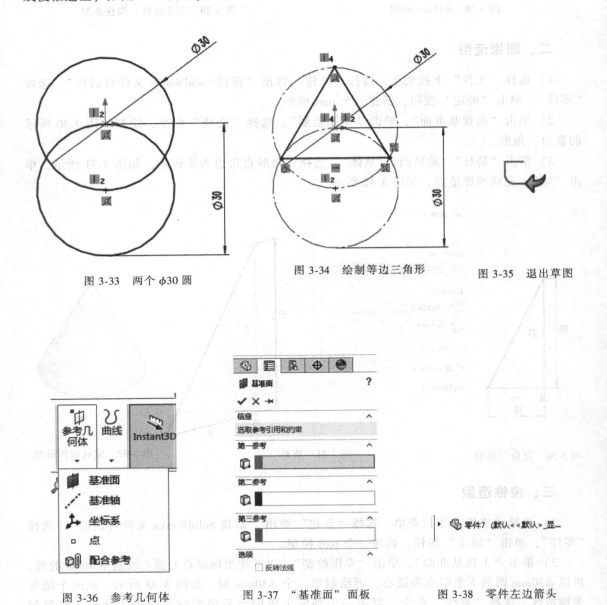

图 3-33　两个 φ30 圆　　　　图 3-34　绘制等边三角形　　　　图 3-35　退出草图

图 3-36　参考几何体　　　　图 3-37　"基准面"面板　　　　图 3-38　零件左边箭头

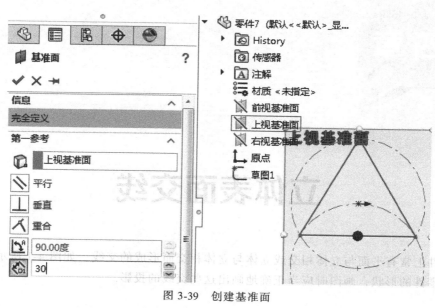

图 3-39 创建基准面

图 3-40 放样

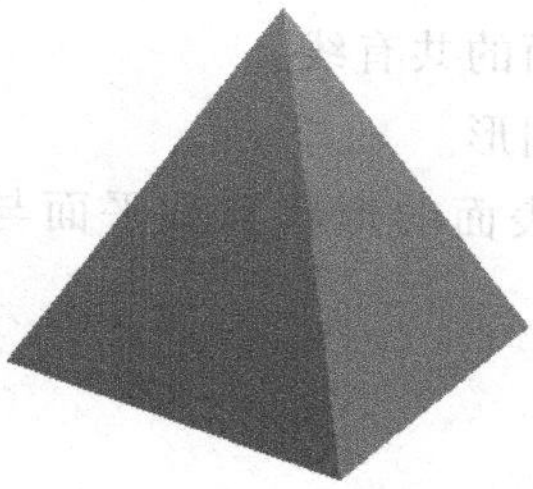

图 3-41 完成棱锥造型

立体表面交线

在零件上常有平面与立体相交或立体与立体相交而形成的交线，如图 4-1 所示。为了清楚地表达零件的形状，画图时应当正确地画出这些交线的投影。

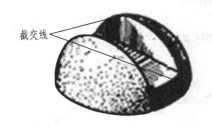 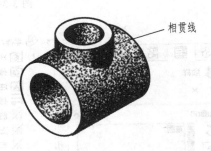

图 4-1　立体表面的交线

第一节　截　交　线

平面与立体相交，即立体被平面截切所产生的交线，称为截交线，该平面称为截平面，如图 4-2 所示。

一、截交线的性质

1）截交线是截平面与立体表面的共有线。

2）截交线是一个封闭的平面图形。

3）截交线的形状取决于立体表面的形状和截平面与立体的相对位置。

二、平面立体的截交线

平面立体的截交线是一封闭的平面折线（平面多边形），此多边形的各个顶点就是截平面与平面立体棱线的

图 4-2　截交线

交点，多边形的每一条边是截平面与平面立体棱面的交线。

例 4-1 如图 4-3a、b 所示，完成四棱锥被平面 P 截切后的俯、左视图。

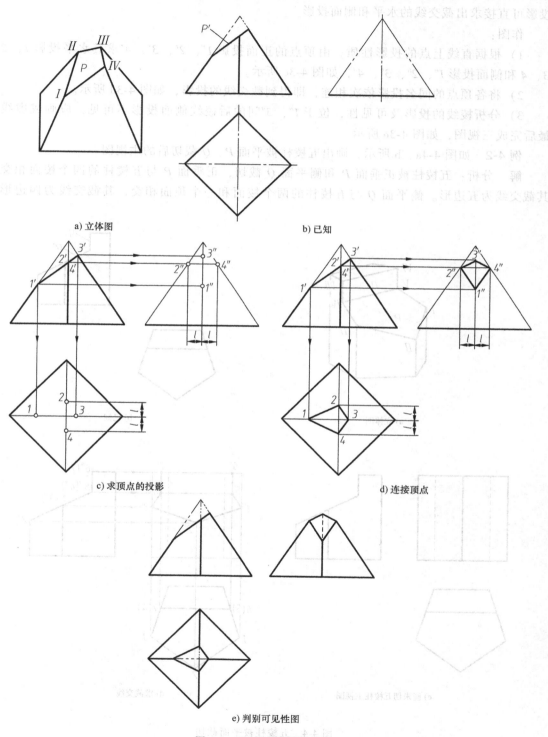

a) 立体图　　　　　　　　　　　　b) 已知

c) 求顶点的投影　　　　　　　　　　d) 连接顶点

e) 判别可见性图

图 4-3 四棱锥被平面截切

解 分析：四棱锥被 P 面截切后，截交线为四边形，四边形的四个顶点为截平面与四棱锥四条棱线的交点。由于截平面 P 是正垂面，截交线的正面投影积聚为一直线，由正面投影可直接求出截交线的水平和侧面投影。

作图：

1）根据直线上点的投影性质，由顶点的正面投影 1'、2'、3'、4' 求其水平投影 1、2、3、4 和侧面投影 1"、2"、3"、4"，如图 4-3c 所示。

2）将各顶点的同名投影依次相连，即得到截交线的投影，如图 4-3d 所示。

3）分析棱线的投影及可见性，位于 1"、3" 间的后棱线侧面投影不可见，应画成虚线，最后完成三视图，如图 4-3e 所示。

例 4-2 如图 4-4a、b 所示，画出五棱柱被平面 P、Q 截切后的主视图。

解 分析：五棱柱被正垂面 P 和侧平面 Q 截切，正垂面 P 与五棱柱的四个棱面相交，其截交线为五边形。侧平面 Q 与五棱柱的两个棱面和一个顶面相交，其截交线为四边形。

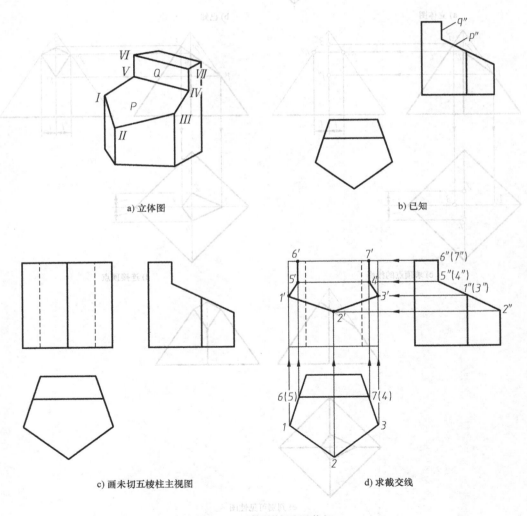

a) 立体图   b) 已知

c) 画未切五棱柱主视图   d) 求截交线

图 4-4　五棱柱被平面截切

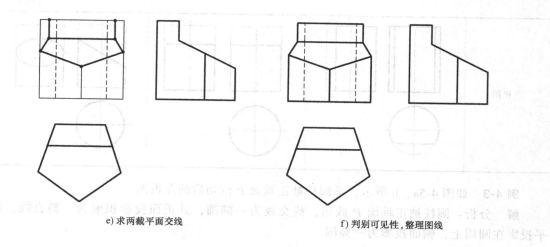

e) 求两截平面交线　　　　　　　　f) 判别可见性，整理图线

图 4-4　五棱柱被平面截切（续）

由于截平面 P、Q 的侧面投影及五棱柱各棱面的水平投影具有积聚性，根据截交线的共有性，因此截交线在俯视图和左视图上的投影为已知。

作图：

1）画完整五棱柱的主视图，如图 4-4c 所示。

2）分别求截平面 P、Q 与五棱柱的截交线（当立体局部被截切时，可假想立体整体被截切，求出截交线后再取局部）的主视图，如图 4-4d 所示。

3）求截平面 P 与截平面 Q 的交线，如图 4-4e 所示。

4）分析棱线的投影及可见性，完成主视图，如图 4-4f 所示。

三、回转体的截交线

1. 圆柱的截交线

根据截平面与圆柱轴线相对位置的不同，圆柱截交线有三种形状，见表 4-1。

表 4-1　圆柱的截交线

截平面的位置	平行于轴线	垂直于轴线	倾斜于轴线
截交线的形状	矩形	圆	椭圆
立体图			

（续）

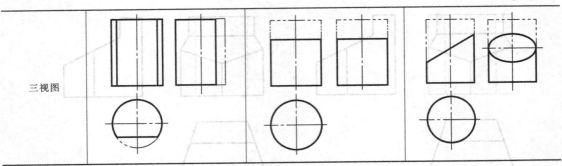

三视图

例 4-3 如图 4-5a、b 所示，求圆柱被正垂面 P 截切后的左视图。

解 分析：圆柱被正垂面 P 截切，截交线为一椭圆，其正面投影积聚为一斜直线，水平投影在圆周上，侧面投影为一椭圆。

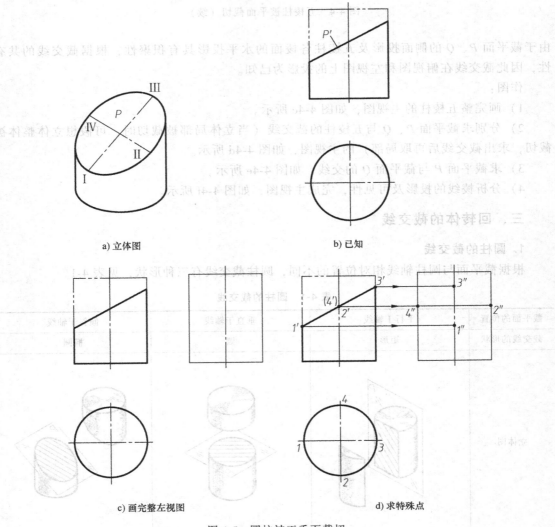

a) 立体图   b) 已知

c) 画完整左视图   d) 求特殊点

图 4-5 圆柱被正垂面截切

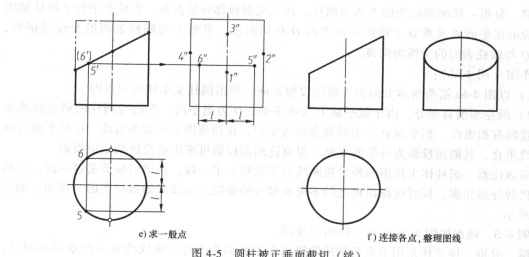

e) 求一般点　　　　　　　　　　f) 连接各点,整理图线

图 4-5　圆柱被正垂面截切（续）

作图：

1）画出完整圆柱体的左视图，如图 4-5c 所示。

2）求特殊点：如图 4-5d 所示的最左点 Ⅰ、最右点 Ⅱ、最前点 Ⅲ、最后点 Ⅳ，分别位于圆柱的最左、最右、最前、最后素线上，它们的正面投影为 1′、2′、3′、4′，水平投影为1、2、3、4，根据点的投影关系，可求出侧面投影 1″、2″、3″、4″。

3）求一般点：如图 4-5e 所示点 Ⅴ、Ⅵ在 H、V 面的投影分别为 5、6 和 5″、6″。同样根据点的投影关系，可求出侧面投影 5″、6″。

4）光滑连接 1″、2″、3″、4″、5″、6″。分析圆柱轮廓线是否被截切，整理轮廓线完成三视图，如图 4-5f 所示。

例 4-4　由联轴器接头的轴测图（图 4-6a），画出它的三视图（图 4-6b）。

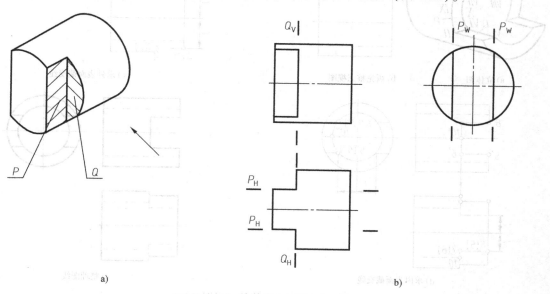

a)　　　　　　　　　　　　　　　b)

图 4-6　联轴器接头及其三视图画法

解 分析：联轴器接头的主体为圆柱，其上端削扁部分是由左、右两个平行于圆柱轴线的对称的正平面 P 及垂直于轴线的侧平面 Q 截切而成。平面 P 与圆柱表面的交线是矩形，平面 Q 与圆柱表面的交线为圆弧。

作图（图 4-6b）：

1）以图 4-6a 箭头所示方向为主视图投射方向，画出圆柱基本体的三视图。

2）画左端削扁部分。由于截平面 P 为正平面，Q 为侧平面，它们与圆柱的截交线的水平面投影有积聚性。截平面 P 产生的截交线为矩形，在俯视图上积聚为直线。Q 截平面与圆柱轴线垂直，其侧面投影为弓形的真形。根据这两面投影可求出截交线的正面投影。

应该注意，圆柱体主视图的外形轮廓线由于被切去了一段，作图后应擦去这一段，由截交线代替外形轮廓。同时应画出槽底的不可见部分的虚线，完成联轴器接头的三视图，如图 4-6b 所示。

例 4-5 画出如图 4-7a 所示立体的三视图。

解 分析：该立体是用垂直于轴线的侧平面 P 和两个平行于轴线的水平面 Q 切割圆筒，在圆筒的左方开出两个方槽，这两个方槽前后对称。侧平面 P 和水平面 Q 与圆筒内外表面都有交线，其中，侧平面 P 与圆筒内外表面交线都为圆弧，水平面 Q 与圆筒内外表面交线都为直线。

作图：

1）画完整圆筒的三视图，如图 4-7b 所示。

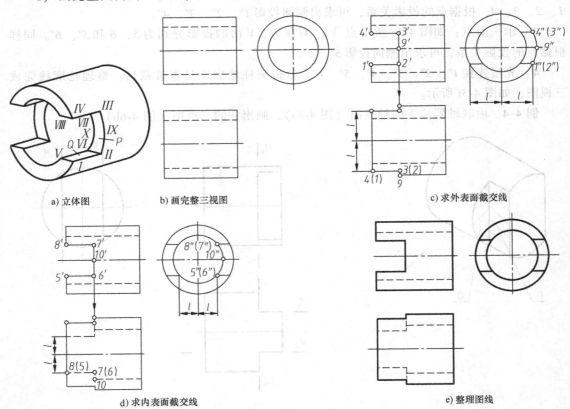

a) 立体图   b) 画完整三视图   c) 求外表面截交线

d) 求内表面截交线   e) 整理图线

图 4-7　例 4-5 立体的三视图画法

2）画外圆柱表面与侧平面 P 和水平面 Q 交线的三面投影，如图 4-7c 所示。

3）画内圆柱表面与侧平面 P 和水平面 Q 交线的三面投影，如图 4-7d 所示。

4）分析圆筒轮廓线是否被截切，整理图线，完成三视图，如图 4-7e 所示。

2. 圆锥的截交线

根据截平面与圆锥轴线相对位置的不同，圆锥的截交线有五种形状，见表 4-2。

表 4-2　圆锥的截交线

截平面的位置	垂直于轴线	倾斜于轴线	平行于任意素线	平行于锥轴	过锥顶
解交线的形状	圆	椭圆	抛物线	双曲线	三角形
立体图					
三视图					

例 4-6　如图 4-8a、b 所示，圆锥被正垂面截切，已知其主视图，完成俯视图并画出左视图。

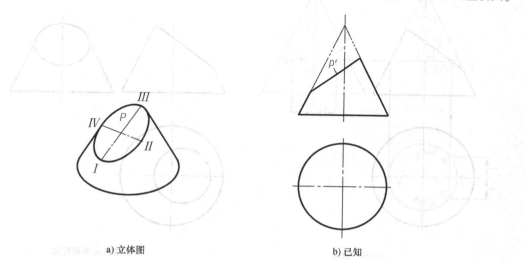

a) 立体图　　　　　　　　　　　　　b) 已知

图 4-8　圆锥被正垂面截切

解　分析：截平面与圆锥轴线斜交，且与圆锥的所有素线相交，故截交线为椭圆。截平面为正垂面，截交线的正面投影积聚为一斜线，水平投影和侧面投影均为椭圆，但不反映截交线的实形。

作图：

1）画完整圆锥左视图，如图 4-9a 所示。

2）求特殊点，Ⅰ、Ⅲ、Ⅴ、Ⅵ分别位于圆锥最左、最右、最前、最后素线上，三面投影可直接求得，Ⅱ、Ⅳ为椭圆短轴上的两个端点，正面投影位于斜线的中点，水平和侧

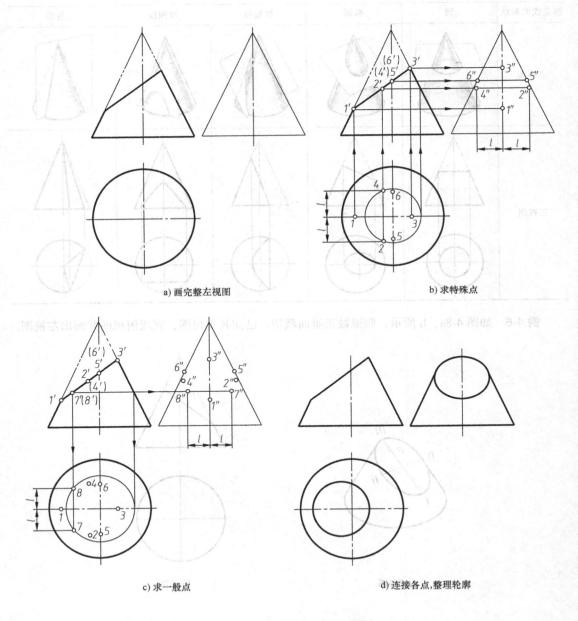

a) 画完整左视图　　　　　　　　　　　b) 求特殊点

c) 求一般点　　　　　　　　　　　　　d) 连接各点,整理轮廓

图 4-9　求被截切圆锥的三视图

面投影可利用辅助圆法（或辅助素线法）求得，如图 4-9b 所示。

3）求一般点 Ⅶ、Ⅷ，利用辅助圆法求得水平和侧面投影，如图 4-9c 所示。

4）连接所求点的同面投影，整理轮廓线完成三视图，如图 4-9d 所示。

3. 圆球的截交线

圆球被截平面截切所得的截交线总是圆。当截平面为投影面平行面时，截交线在该投影面上的投影反映圆的实形，在其他两面的投影积聚为直线。当截平面为投影面垂直面时，截交线在该投影面上的投影积聚为直线，在其他两面的投影为椭圆。

例 4-7　如图 4-10 所示，画出切槽半圆球的三视图。

解　分析：取 A 方向为主视图投射方向，半圆球上方的切槽由一个水平面和两个侧平面截切圆球而成，其截交线的形状为圆弧。水平面与圆球的截交线的水平投影反映实形圆，正面和侧面投影积聚为直线。两个侧平面与圆球的截交线的侧面投影反映实形圆弧，正面和水平投影积聚为直线。

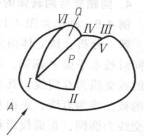

图 4-10　切槽半圆球

作图：

1）作未截切时的半球三视图，如图 4-11a 所示。

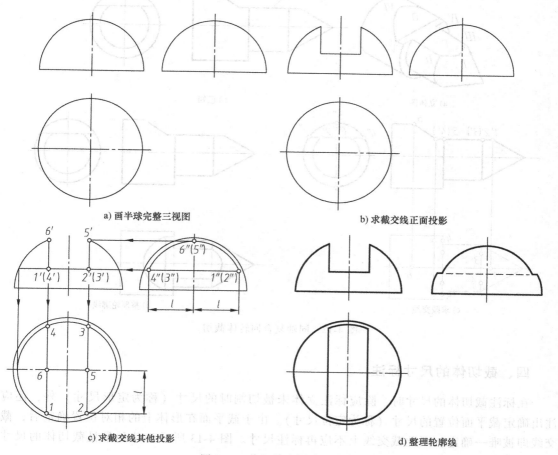

a) 画半球完整三视图　　　　　　　　　　b) 求截交线正面投影

c) 求截交线其他投影　　　　　　　　　　d) 整理轮廓线

图 4-11　作切槽半圆球三视图

2）作切槽同时有积聚性的正面投影，如图4-11b所示。

3）作出反映实形的投影——圆弧（圆弧半径的确定：延长有积聚性的投影与最大圆素线相交，交点间的距离为直径，圆弧圆心的投影落在球心的投影上），完成第三投影，如图4-11c所示。

4）分析半圆球轮廓线是否被截切，整理轮廓线完成三视图，如图4-11d所示。

4. 同轴复合回转体的截交线

例4-8　画出如图4-12a、b所示立体的俯视图。

解　分析：该立体由同轴的一个圆锥体和两个直径不等的圆柱体组成。左边的圆锥和圆柱同时被水平面P截切，右边的大圆柱不仅被P面截切，还被正垂面Q截切。P面与圆锥面的截交线为双曲线，其水平投影反映实形，正面和侧面投影积聚为直线。P面与两个圆柱面的截交线为直线，正面和水平投影反映实形，侧面投影积聚在圆周上。Q面与大圆柱面的截交线为椭圆，正面投影积聚为直线，侧面投影积聚在大圆周上，水平投影为一段椭圆弧。

作图：如图4-12c所示，依次求出各截平面与基本体的截交线即可。注意图4-12d中圆锥与中间部分圆柱的交线及两个圆柱体之间的圆环面的投影，结果如图4-12d所示。

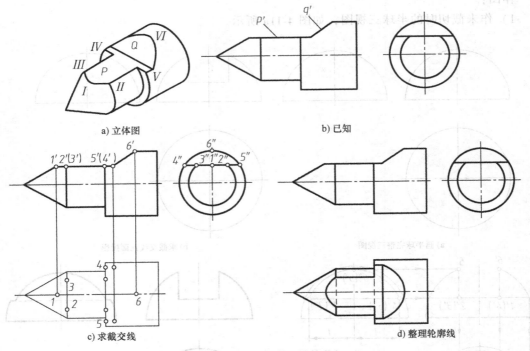

a) 立体图　　　　　　　　　　　　b) 已知

c) 求截交线　　　　　　　　　　　d) 整理轮廓线

图4-12　同轴复合回转体截切

四、截切体的尺寸标注

在标注截切体的尺寸时，除应标注立体未被切割时的尺寸（称为定形尺寸）外，还应注出确定截平面位置的尺寸（称为定位尺寸）。由于截平面在形体上的相对位置确定后，截交线即被唯一确定，因此截交线上不应再标注尺寸。图4-13所示为几种常见截切体的尺寸标注方法。

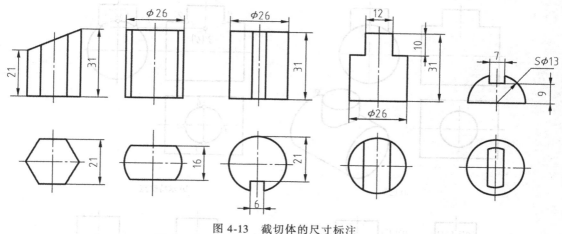

图 4-13　截切体的尺寸标注

第二节　回转体的相贯线

两立体表面相交，在两立体的表面上所产生的交线称为相贯线。

两立体相交有三种情况：两平面立体相交；平面立体与曲面立体相交；两曲面立体相交。由于前两种情况与平面与立体相交所产生的截交线的情况相同，故只讨论两回转体相交所产生相贯线的作图方法。

一、相贯线性质

1）相贯线是相交两立体表面的共有线，是一系列共有点的集合。

2）相贯线一般为封闭的空间曲线，特殊情况为平面曲线或直线。

二、表面取点法求相贯线

表面取点法是指按已知曲面立体表面上点的投影求其他投影的方法。相交两曲面，如果有一个或两个投影具有积聚性，根据相贯线的性质，相贯线的一个或两个投影就重合在曲面有积聚性的投影上，需要求相贯线的另两个或一个投影，因相贯线是两曲面共有点的集合，即把求共有点的问题变成曲面上取点问题。

例 4-9　如图 4-14a 所示，求两圆柱体不等径正交的相贯线。

解　分析：大圆柱的轴线垂直于 W 面，小圆柱的轴线垂直于 H 面，相贯线为前、后和左、右对称的空间曲线，其水平投影积聚在小圆柱的水平投影的圆周上，侧面投影积聚在大圆柱的侧面投影的部分圆周上，因此只需求其正面投影（为非圆曲线）。

作图：

1）求特殊点。I、II、III、IV 点分别是相贯线上的最左、最右（同时也是最高点）、最前、最后点（同时也是最低点），它们的水平投影 1、2、3、4 落在小圆柱最左、最右、最前、最后素线的水平投影上，侧面投影 $1''$、$2''$ 重合在大圆柱侧面投影圆周的最高点，$1''$、$4''$ 分别为小圆柱最前、最后素线的侧面投影与大圆柱侧面投影的交点，根据点的两面投影求

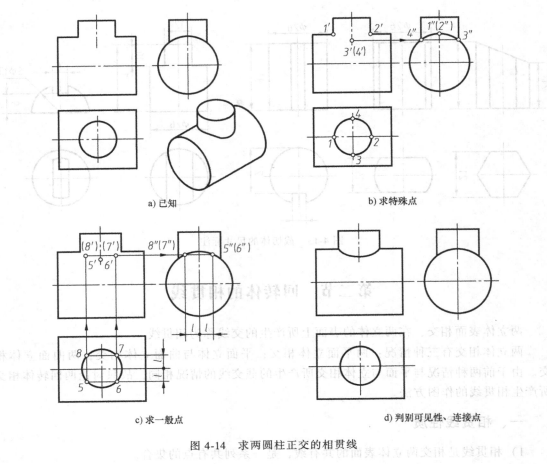

a) 已知

b) 求特殊点

c) 求一般点

d) 判别可见性、连接点

图 4-14　求两圆柱正交的相贯线

得正面投影 *1′*、*2′*、*3′*、*4′*，如图 4-14b 所示。

2）求一般点。先在小圆柱水平投影（圆）上的几个特殊点之间，适当的位置取几个一般点的投影，如 5、6、7、8 点，再按投影关系找出各点的侧面投影 *5″*（*6″*）、*8″*（*7″*），最后作出它们的正面投影 *5′*（*8′*）、*6′*（*7′*），如图 4-14c 所示。

3）判别可见性并连接点。由于相贯线前后对称，可见与不可见重合，依次光滑连接各点的正面投影即可，如图 4-14d 所示。

圆柱面的相交有两外表面相交、外表面与内表面相交、两内表面相交三种，见表 4-3。这三种情况的相贯线的形状和作图方法是完全相同的。

表 4-3　两正交圆柱相贯的三种形式

	两圆柱外表面相交	圆柱外表面和内表面相交	两圆柱内表面相交
立体图			

（续）

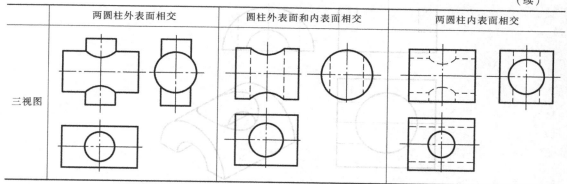

两圆柱相交时，相贯线的形状和位置取决于它们直径的相对大小和轴线的相对位置，见表 4-4。

表 4-4　正交两圆柱直径变化对相贯线的形状和位置的影响

	水平圆柱直径大	两圆柱直径相等	水平圆柱直径小
立体图			
两视图			

例 4-10　如图 4-15a 所示，求两立体相交的相贯线。

解　分析：半圆筒的轴线垂直于 W 面，圆孔的轴线垂直于 H 面，在半圆筒的内外表面均形成相贯线，相贯线为前、后和左、右对称的空间曲线。外表面相贯线的水平投影积聚在圆孔的水平投影的圆周上，侧面投影积聚在半圆筒外表面的侧面投影的部分圆周上；内表面相贯线的水平投影积聚在圆孔的水平投影的部分圆周上，侧面投影积聚在半圆筒内表面的侧面投影的圆周上。因此，只需求其正面投影（非圆曲线）。

作图：

1）求作半圆筒外表面与圆孔的相贯线，如图 4-15b 所示。

2）求作半圆筒内表面与圆孔的相贯线，如图 4-15c 所示。

例 4-11　如图 4-16a 所示，完成主视图。

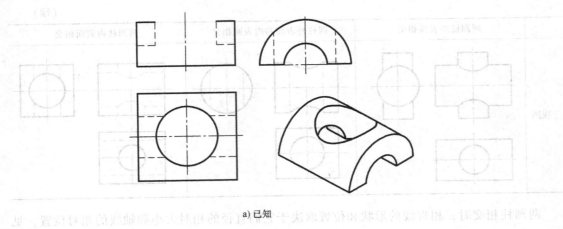

a) 已知

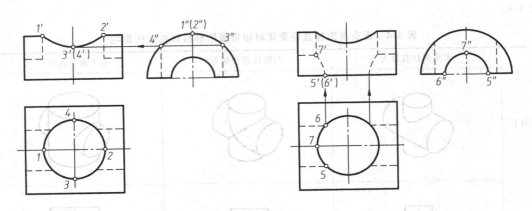

b) 求外表面相贯线   c) 求内表面相贯线

图 4-15 　求两立体的相贯线

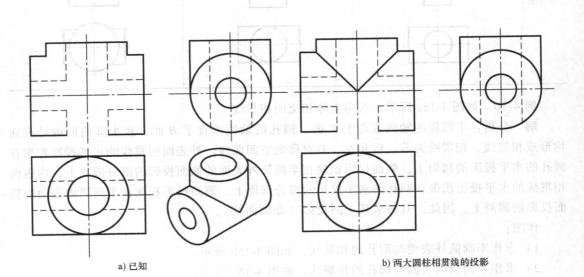

a) 已知   b) 两大圆柱相贯线的投影

图 4-16 　例 4-11 作图过程

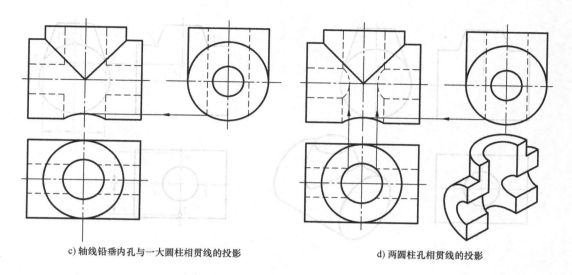

c) 轴线铅垂内孔与一大圆柱相贯线的投影　　　　　d) 两圆柱孔相贯线的投影

图 4-16　例 4-11 作图过程（续）

解　分析：两圆柱管轴线分别垂直于 H 面和 W 面，为正交。两大圆柱直径相等，交线在主视图上的投影为相交直线；轴线铅垂的圆柱孔与轴线侧垂的大圆柱产生相贯线，在主视图上的投影为曲线；两内圆柱孔直径不等产生相贯线，在主视图上的投影为两段曲线。

作图：

1）作出两大圆柱相贯线的投影——相交二直线，如图 4-16b 所示。

2）作出轴线铅垂的圆柱孔与轴线侧垂大圆柱的相贯线的投影——曲线，如图 4-16c 所示。

3）作出两圆柱孔产生的相贯线的投影——两条曲线，分别向轴线铅垂的圆柱孔轴线方向弯曲，如图 4-16d 所示。

三、用辅助平面法求相贯线

用辅助平面法求相贯线的基本原理：用截平面截切两回转体得截交线，两回转体截交线的交点即为相贯线上的点。为使作图简便，应使截交线的投影为直线或圆弧，一般选择投影面平行面作为辅助平面。

例 4-12　已知圆柱与圆台的轴线垂直相交，补画主、俯视图上相贯线的投影，如图 4-17a 所示。

解　分析：圆柱轴线垂直于 W 面，圆台轴线垂直于 H 面，相贯线为前后对称的空间曲线，其侧面投影积聚在圆柱体侧面投影的部分圆周上，只需求出其水平投影和正面投影。

作图：

1）求特殊点。如图 4-17b 所示，I、II 两点为相贯线上的最高点，也是最左、最右点。III、IV 两点为相贯线上的最低点，也是最前、最后点。根据点的投影规律求出它们的投影。

2）求一般点。采用辅助平面法，如图 4-17c 所示，以水平面 P 作为辅助平面，它与圆

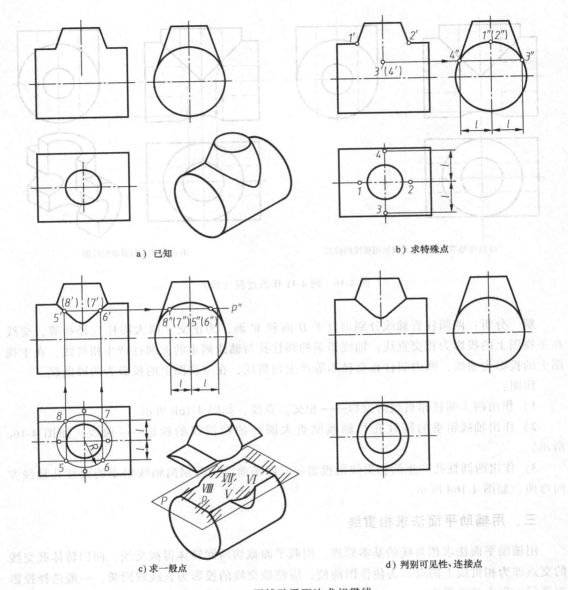

a) 已知

b) 求特殊点

c) 求一般点

d) 判别可见性、连接点

图 4-17 用辅助平面法求相贯线

台面的交线为圆，与圆柱面的交线为两平行直线，两直线与圆交于四个点 V、VI、VII、VIII，求出它们的水平投影，再求其正面投影。

3) 判别可见性并连接点。由于相贯线前后对称，相贯线的正面投影可见与不可见重合，只需按顺序依次光滑连接前面可见部分各点的投影；相贯线的水平投影全部可见，依次连接即可，如图 4-17d 所示。

例 4-13 求圆台与半圆球相贯线的投影，如图 4-18a 所示。

解 分析：如图 4-18a 所示，圆台轴线垂直于 H 面，相贯线为前后对称的空间曲线，由于这两个立体的三面投影均无积聚性，故需要用辅助平面法求解。

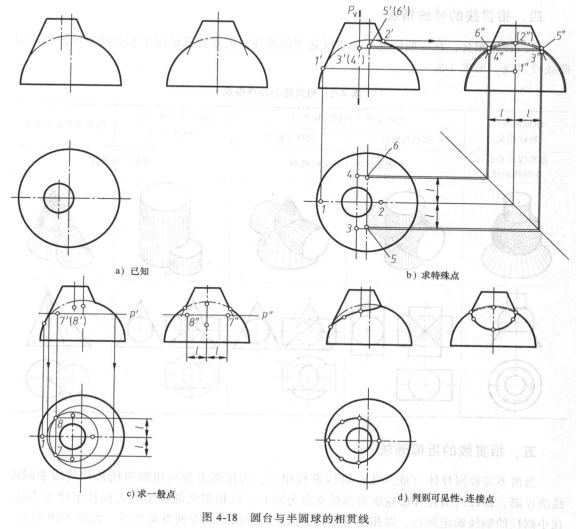

a) 已知

b) 求特殊点

c) 求一般点

d) 判别可见性、连接点

图 4-18 圆台与半圆球的相贯线

作图：

1）求特殊点。如图 4-18b 所示，Ⅰ、Ⅱ两点为相贯线上的最低、最高点，也是最左、最右点，根据点的投影规律求出它们的投影。Ⅲ、Ⅳ点为相贯线上的最前、最后点，采用辅助平面法，过主视图圆台轴线作一侧平面 P_V 作为辅助面，它与半圆球面的交线在左视图上投影为半圆，与圆台面的交线的侧面投影重合于圆台面的最前、最后轮廓素线，这个半圆与两交线交于两个点 Ⅲ、Ⅳ，它们是相贯线上的最前、最后点，求出它们的侧面投影，再求其正面和水平面投影。Ⅴ、Ⅵ两点在圆球左视图的轮廓线上。

2）求一般点。如图 4-18c 所示，用水平面 P 作为辅助平面，它与圆台和球交线分别为圆，两圆交于两个点 Ⅶ、Ⅷ，求出它们的水平投影，再求其正面和侧面投影。

3）判别可见性并连接点。由于相贯线前后对称，相贯线的正面投影可见与不可见重合；水平投影全部可见；侧面投影以两点 $3''$、$4''$ 为分界点，分界点的下段可见。按顺序依次光滑连接各点的同面投影，如图 4-18d 所示。

四、相贯线的特殊情况

两回转体相交，在一般情况下相贯线是空间曲线，但在特殊情况下相贯线也可能是平面曲线或直线，见表 4-5。

表 4-5　相贯线的特殊情况

同轴的两回转体相交	公切于球的两回转体相贯		轴线相互平行的两圆柱相交	两圆锥共锥顶相交
	圆柱与圆柱	圆柱与圆锥		
相贯线是垂直于轴线的圆	相贯线为两个相交的椭圆		相贯线为直线	
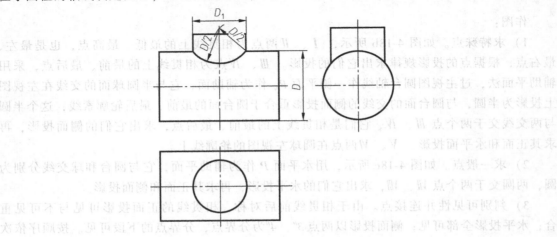				

五、相贯线的近似画法

当两不等径圆柱体（或圆孔）轴线垂直相交，为作图方便可用圆弧代替相贯线非圆曲线的投影，即以两圆柱外形轮廓素线的交点为圆心，以相贯两圆柱中的大圆柱半径为半径，在小圆柱的轴线确定圆心，以相同的半径，向大圆柱的轴线弯曲方向画弧，如图 4-19 所示。

图 4-19　相贯线的近似画法

六、相贯体的尺寸标注

与截切体的尺寸注法一样，相贯体除了应注出参加相贯的两个体的定形尺寸外，还应注出确定两体相对位置的定位尺寸。当定形尺寸和定位尺寸注全后，两体的相贯线即被唯一确定，因此对相贯线不应再标注尺寸。图4-20所示为几种常见相贯体的尺寸标注法。

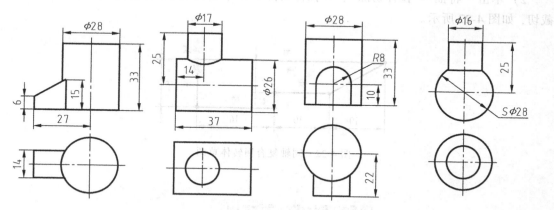

图4-20 相贯体的尺寸标注

第三节 用 SolidWorks 进行截切体、相贯体三维实体建模

立体被平面截切，形成截切体；两个立体相交，形成相贯体。

一、截切体造型

以图4-21为例说明截切体造型。

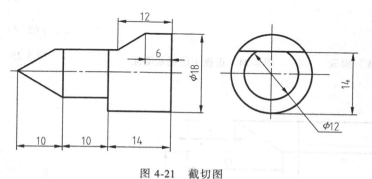

图4-21 截切图

1. 同轴复合回转体的造型

1）选择"文件"下拉菜单，选择"新建"，弹出"新建 SolidWorks 文件"对话框，选择"零件"，单击"确定"按钮，新建一个 part 模型。

2）单击"前视基准面"，单击"草图绘制"，选择"直线"命令绘制如图4-22所示的图形。

3）单击"特征"-"旋转凸台/基体"，选择中心线为旋转轴，单击"√"，完成回转体造型，如图 4-23 所示。

2. 同轴复合回转体的截切

1）单击"前视基准面"，单击"正视于"，如图 4-24 所示；单击鼠标右键，在弹出的快捷菜单中（图 4-25）选择"草图绘制"，绘制如图 4-26 所示的草图。

2）单击"特征"-"拉伸切除"，在拉伸切除属性中进行设置或选择，单击"√"，完成截切，如图 4-27 所示。

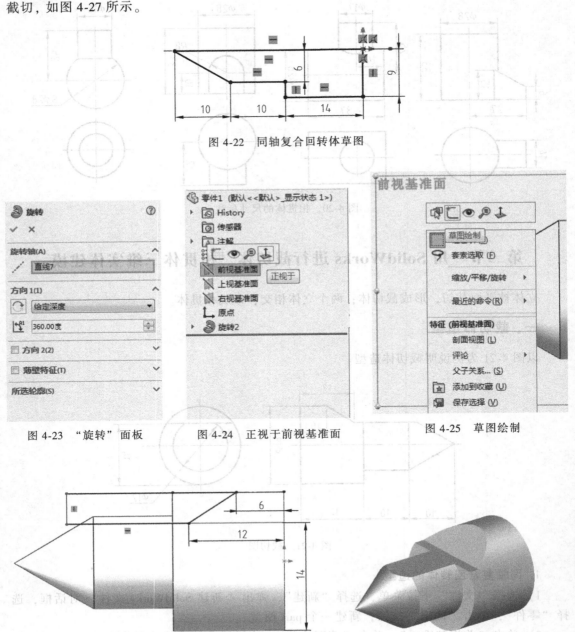

图 4-22　同轴复合回转体草图

图 4-23　"旋转"面板　　　　图 4-24　正视于前视基准面　　　　图 4-25　草图绘制

图 4-26　绘制草图　　　　　　　　　　　　图 4-27　完成截切体造型

二、相贯体造型

下面以图 4-28 所示相贯体为例说明相贯体造型。

1．水平圆筒的造型

1）选择"文件"下拉菜单，选择"新建"弹出"新建 SolidWorks 文件"对话框，选择"零件"，单击"确定"按钮，新建一个 part 模型。

2）单击"右视基准面"，单击"草图绘制"，选择"圆"命令，绘制两个同心圆。

3）单击"特征"-"拉伸凸台/基体"，在"凸台-拉伸"属性面板中进行设置或选择，如图 4-29 所示，单击"√"，完成圆筒造型。

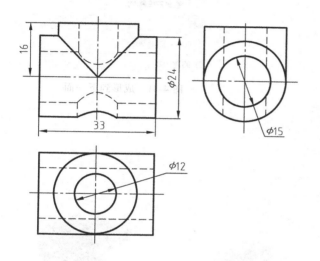

图 4-28　相贯体图

图 4-29　两侧对称拉伸

2．建立基准面

在"特征"选项卡的"参考几何体"下拉菜单中选择"基准面"，显示"基准面"面板，单击零件左侧的箭头，选择"上视基准面"作为"第一参考"，"偏移距离"输入 16mm，如图 4-30 所示，然后单击"√"，完成新基准面的创建。

3．竖直圆筒的造型

1）单击"基准面 1"，单击"草图绘制"，选择"圆"命令，以坐标原点为圆心绘制 ϕ24mm 的圆。

2）单击"特征"-"拉伸凸台/基体"，在凸台拉伸属性中进行设置，如图 4-31 所示，单击"√"，完成竖直圆筒造型。

4．切出竖直孔

1）单击"基准面 1"，单击"草图绘制"，选择"圆"命令，以坐标原点为圆心绘制 ϕ12mm 的圆。

2）单击"特征"-"拉伸切除"，在切除拉伸属性中"终止条件"选择"成形到一面"，如图 4-32 所示，然后选择"水平圆柱孔"，单击"√"，完成截切，如图 4-33 所示。

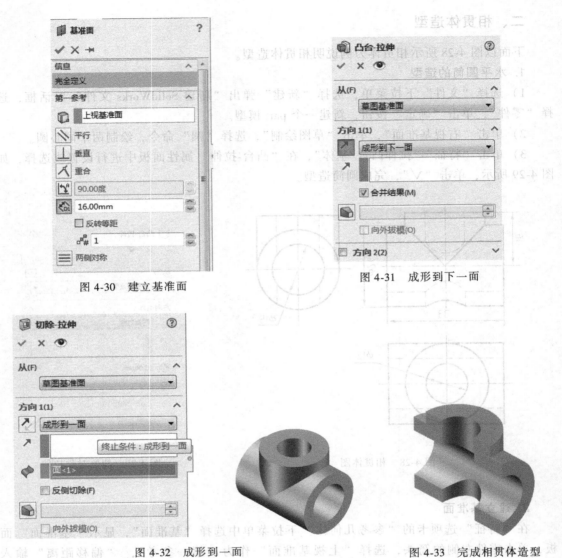

图 4-30　建立基准面

图 4-31　成形到下一面

图 4-32　成形到一面

图 4-33　完成相贯体造型

第五章

轴 测 图

用正投影法绘制的多面正投影图能准确地表达物体的形状，且作图方便；但其缺乏立体感，不容易想象出物体的空间形状，如图 5-1a 所示。如果采用如图 5-1b 所示的轴测图来表达这个形体，就容易看懂；但轴测图一般不能反映物体各个表面的实形，且作图比较复杂。因此，在工程上常用轴测图作为辅助图样来说明零件或机器的制造、安装、使用等情况。本章介绍国家标准《机械制图 轴测图》（GB/T 4458.3—2013）推荐的常用轴测图的画法。

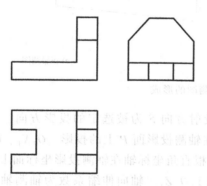
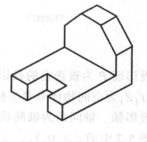

a) 三视图   b) 轴测图

图 5-1 三视图和轴测图

第一节 轴测图的基本知识

一、轴测图的形成

如图 5-2a、b 所示将长方体按正投影图摆放，长方体各面为平行面及长方体各侧面为铅垂面时得到的图形均缺乏立体感。只有当长方体各面、线均为一般位置时，得到的图形才具有立体感，如图 5-2c 所示。这种将物体连同其参考直角坐标系，沿不平行于任一坐标面的方向，用平行投影法将其投射在单一投影面上所得到的图形，称为轴测投影图，简称轴测图，如图 5-2d、e 所示。用正投影法形成的轴测图称为正轴测图，如图 5-2e 所示；用斜投影法形成的轴测图称为斜轴测图，如图 5-2d 所示。

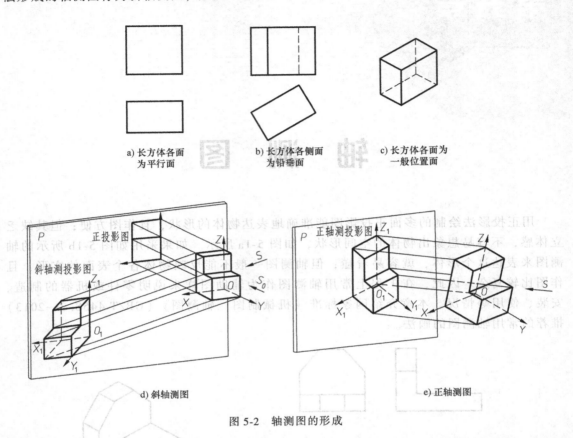

a) 长方体各面
为平行面

b) 长方体各侧面
为铅垂面

c) 长方体各面为
一般位置面

d) 斜轴测图

e) 正轴测图

图 5-2 轴测图的形成

轴测投影面 P 为被选定的投影面。轴测投射方向 S 为被选定的投影方向。轴测投影坐标系 $O_1X_1Y_1Z_1$ 为空间物体参考坐标系 $OXYZ$ 在轴测投影面 P 上的投影。O_1X_1、O_1Y_1、O_1Z_1 称为轴测投影轴。轴间角为轴测投影中任意两根直角坐标轴在轴测投影坐标面上投影之间的夹角，如图 5-2 中的 $\angle X_1O_1Y_1$，$\angle X_1O_1Z_1$，$\angle Y_1O_1Z_1$。轴向伸缩系数为轴测轴上的线段与空间直角坐标轴上相应线段的长度之比（图 5-2）。O_1X_1、O_1Y_1、O_1Z_1 的轴向伸缩系数分别以 p、q、r 表示。

二、轴测投影的性质

由于轴测投影仍是平行投影，必然有平行投影的投影特性：

1）平行性。空间互相平行的直线，其轴测投影仍然平行。

2）定比性。空间各平行的直线段的轴测投影的长度之比等于其实际长度之比。

3）实形性。直线段或平面图形平行于轴测投影面时，其轴测投影反映其实长或实形。

三、轴测图的分类

按照投射方向与轴向伸缩系数的不同，轴测图分为两大类共六种，如图 5-3 所示。

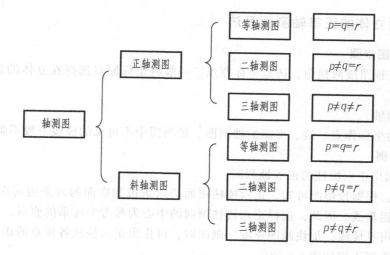

图 5-3　轴测图的分类

第二节　正等轴测图

一、轴间角和轴向伸缩系数

1. 轴间角

正等轴测图的三个轴间角均为 $120°$，其中 O_1Z_1 为铅垂方向，如图 5-4 所示。

2. 轴向伸缩系数

正等轴测图的轴向伸缩系数 $p=q=r \approx 0.82$。为了简化作图，取简化轴向伸缩系数 $p_1=q_1=r_1=1$。采用简化轴向伸缩系数作图时，沿各轴向的所有尺寸都用实长度量，比较方便。但应用简化轴向伸缩系数作出的图形将是真实投影的 1.22 倍（$1/0.82$），如图 5-5 所示。

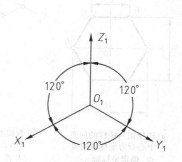

图 5-4　正等轴测图的轴间角

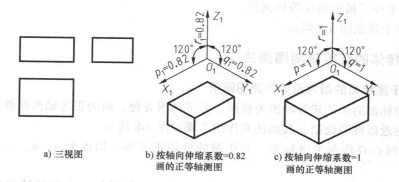

a) 三视图　　　b) 按轴向伸缩系数=0.82　　　c) 按轴向伸缩系数=1
　　　　　　　　　 画的正等轴测图　　　　　　　 画的正等轴测图

图 5-5　不同轴向伸缩系数的正等轴测图比较

二、平面立体的正等轴测图画法

1. 一般作图步骤

1）分析三视图或两视图，选定坐标原点。一般将坐标原点选择在立体的顶面或底面的对称线或顶点。

2）画轴测轴。

3）按点的坐标作点、线、平面的轴测图。轴测图中不可见的棱线一般不画。

2. 作图举例

例 5-1　画出正六棱柱的正等轴测图。

解　分析：根据投影图可知，正六棱柱顶面的六条边和底面的六条边对应平行且相等，六条棱线皆为铅垂线。因此，选择正六棱柱顶面的中心为参考坐标系的原点，这样可以省去画出底面上不可见棱线，加快画图速度。画图时，可作出正六棱柱各顶点的正等轴测图，然后连接起来，作图步骤如图 5-6 所示。

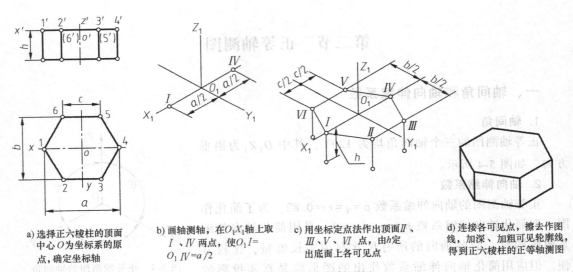

a) 选择正六棱柱的顶面中心 O 为坐标系的原点，确定坐标轴

b) 画轴测轴，在 O_1X_1 轴上取 I、IV 两点，使 $O_1I=O_1IV=a/2$

c) 用坐标定点法作出顶面 II、III、V、VI 点，由 h 定出底面上各可见点

d) 连接各可见点，擦去作图线，加深、加粗可见轮廓线，得到正六棱柱的正等轴测图

图 5-6　正六棱柱的正等轴测图

例 5-2　求作三棱锥的正等轴测图。

解　作图步骤如图 5-7 所示。

三、回转体的正等轴测图画法

1. 平行于坐标面的圆的正等轴测图画法

平行于坐标面的圆的正等轴测为椭圆。为了画图方便，圆的正等轴测图椭圆，可采用四心圆法作成的近似椭圆绘制，其画法和作图步骤如图 5-8 所示。

1）通过圆心 O 作参考坐标系，并作圆的外切正方形，切点为 a、b、c、d，如图 5-8a 所示。

2）作轴测轴和切点 A_1、B_1、C_1、D_1，通过这些点作外切正方形的轴测投影菱形，如图 5-8b 所示。

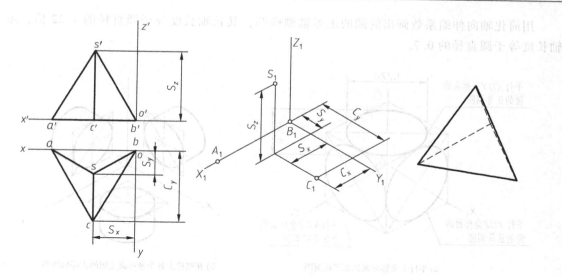

a) 选择B点作为坐标
原点，确定坐标轴

b) 画轴测轴，在O_1X_1轴上取B_1、A_1点，
再由C、S点的坐标作出C_1、S_1

c) 连接各可见点，擦去作图线，加深可
见轮廓线，得到三棱锥的正等轴测图

图 5-7　三棱锥的正等轴测图

3）过A_1、B_1、C_1、D_1作各边的垂线，交得圆心E_1、G_1、1、2。E_1、G_1为短对角线的顶点，1、2 在长对角线上，如图 5-8c 所示。

4）分别以E_1、G_1为圆心，A_1G_1为半径，作C_1D_1弧、A_1B_1弧；再分别以1、2 为圆心，$C_1$2 为半径，作B_1C_1弧、A_1D_1弧，连成近似椭圆，如图 5-8d 所示。

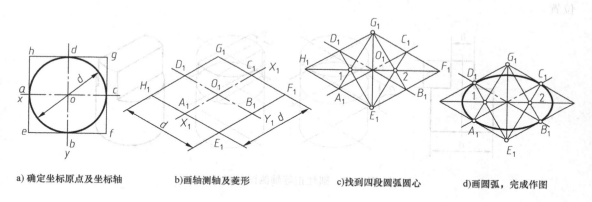

a) 确定坐标原点及坐标轴　　　b)画轴测轴及菱形　　　c)找到四段圆弧圆心　　　d)画圆弧，完成作图

图 5-8　四心圆法绘制椭圆

2. 平行于各坐标面的圆的正等轴测图

图 5-9 画出了立方体表面上三个内切圆的正等轴测图，它们都为椭圆，各椭圆均可用图 5-8 所示的方法绘制。

由图 5-9 可以得出正等轴测图上平行于坐标面的圆的轴测投影规律：长轴垂直于与圆所在平面相垂直的轴测轴，短轴则平行于与圆所在平面相垂直的轴测轴。如水平面上的圆的正等轴测椭圆的长轴垂直于O_1Z_1、短轴则平行于O_1Z_1。

用简化轴向伸缩系数画出的圆的正等轴测椭圆，其长轴长度等于圆直径的 1.22 倍，短轴长度等于圆直径的 0.7。

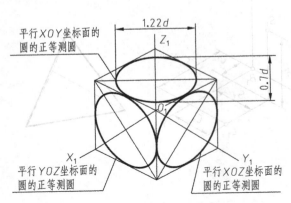

a) 平行于坐标面圆的正等轴测图

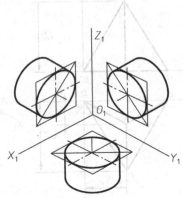

b) 在圆柱上各个坐标面上圆的正等轴测图

图 5-9 平行于坐标面圆的正等轴测图

3. 回转体的正等轴测图画法

（1）圆柱的正等轴测图画法

例 5-3 画轴线铅垂圆柱两侧挖切体的正等轴测图。

解 分析：因圆柱铅垂放置，其轴线为铅垂线。圆柱前后、左右对称。为了作图方便，选择其顶面中心为参考坐标系的原点，作图步骤如图 5-10 所示。注意尺寸 a、b 的量取位置。

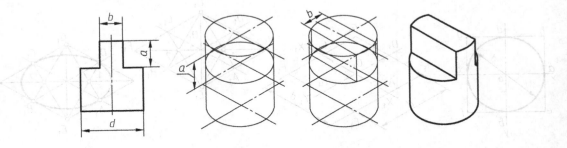

图 5-10 圆柱正等轴测图的画法

（2）圆台的正等轴测图画法

可先画出左右两底圆的正等轴测投影，因为圆台左右两圆面在 YOZ 面内，因此，特别要注意两个菱形各边应是分别平行于 O_1Y_1、O_1Z_1 而成。再作两椭圆的外公切线，步骤如图 5-11 所示。

（3）圆角的正等轴测图画法

长方体底板常有 1/4 圆柱面形成的圆角。画圆角的正等轴测图时，应先在底板俯视图上定出圆弧半径 R 和切点。然后，画出长方体的正等轴测图。再作底板上面圆角的两个圆心 O_1、O_2，用移心法得到下面圆角的两个圆心 O_3、O_4，分别以 O_1、O_2、O_3、O_4 为圆心画弧。

最后作公切线，整理图线，步骤如图 5-12 所示。

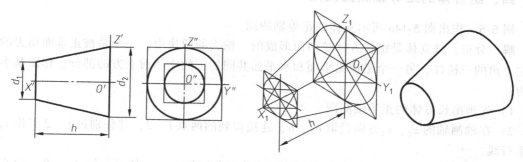

图 5-11 圆台正等轴测图的画法

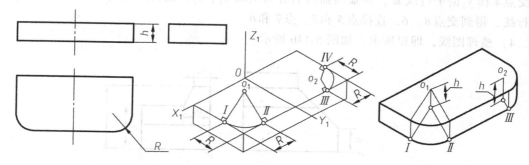

图 5-12 圆角正等轴测图的画法

4. 相贯线的正等轴测图画法

例 5-4 画两轴线垂直相交的圆柱相贯线。

解 分析：小圆柱铅垂放置，大圆柱水平放置。为了作图方便，选择小圆柱顶面中心为参考坐标系的原点。作图步骤如图 5-13 所示，在主视图的相贯线上取点 $1'$、$2'$、$3'$、$4'$、$\cdots$，以点 $3'$ 为例，其相对于原点的位置坐标为 (x_3, y_3, z_3)，根据坐标法在轴测图中画出点 3，同理可以得出 1、2、4、$\cdots$ 各点，然后用光滑的曲线连接起来，即为所求相贯线。

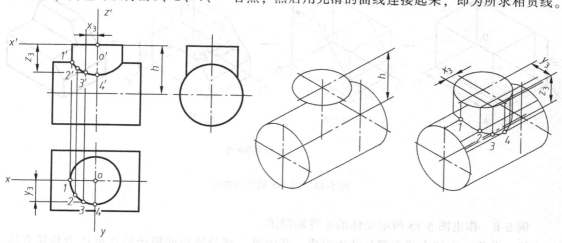

图 5-13 相贯线的正等轴测图画法

四、组合体的正等轴测图画法

例 5-5 作出图 5-14a 所示立体的正等轴测图。

解 分析：该立体是由长方体挖切而形成的。挖去的两块中，一个是被正垂面切去的立体左上角的三棱柱，另一个是被铅垂面和水平面共同切去的立体前上方的部分。作图基本步骤为：

1）先画出长方体的正等轴测图。

2）在轴测轴的 x_1、y_1 方向量取 a_1、h，连接得到的两点 1、2，并分别过 1、2 点作 y_1 轴的平行线。

3）在轴测轴的 z_1 方向量取 h_1，过得到的交点 3 分别作 y_1、x_1 的平行线 I、II，过得到的交点 4 作 y_1 的平行线 III，在轴测轴的 y_1 方向量取 b_1、b_2，过得到的点 7、5 分别作 x_1 轴的平行线，得到交点 8、6，连接点 5 和 8、点 7 和 6。

4）整理图线，即得所求，如图 5-14b 所示。

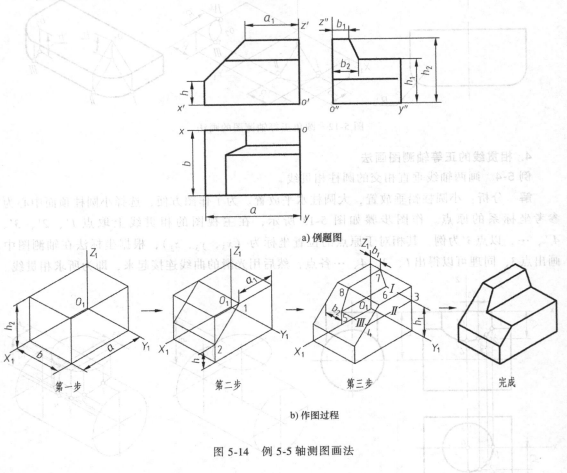

a）例题图

b）作图过程

图 5-14　例 5-5 轴测图画法

例 5-6 作出图 5-15 所示立体的正等轴测图。

解 分析：立体由两大部分叠加而成，其中第一部分底板的原始形状可认为是长方体，其靠前面两角为圆角，且左右对称挖出两个小圆孔；第二部分是靠中后部的支撑板，它由上部分的半圆柱和下部分的长方体相切组合而成，其中上方有一圆孔；第三部分是在支撑板的左右对称放置的三棱柱。作图步骤：

1）选择机件底板后下棱中点为参考坐标系 $OXYZ$ 的原点（图5-15）。

2）画出正等轴测图轴测投影坐标系 $O_1X_1Y_1Z_1$，画出底板长方体的外形轮廓，如图5-16a所示。

3）画出支撑板基本体长方体的外形轮廓，如图5-16b所示。

4）画出第二部分半圆柱的外形轮廓，如图5-16c所示。要注意菱形各边应平行于 O_1X_1、O_1Z_1 轴而成，上部圆弧顶柱面轮廓可先按一完整圆柱来作图，然后再擦去多余部分。其次画出圆弧顶的轮廓，并由左右两端向上部圆柱面作切平面，求出切点，定出要保留的圆弧部分。

5）画出两个三棱柱的轴测投影，再画出底板上圆角。它是完整小圆柱的 1/4，按其对应的 1/4 圆柱画图，如图5-16d所示。

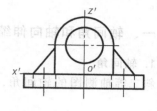
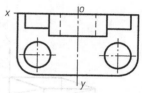

图 5-15　例 5-6 题图

6）画出底板上的两个小圆孔，作其图形时，应先画出轴线位置，然后画出形体轮廓。再画出上部为半圆柱的体上的圆孔的轴测投影。注意菱形的方位，如图5-16e所示。

7）整理图线，完成全图，如图5-16f所示。立体的右后下方不可见。此外，正面圆孔的后左上方和两铅垂圆孔的前下方不可见。

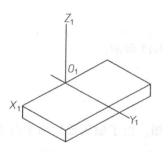

a) 定坐标原点，画出底板轴测投影

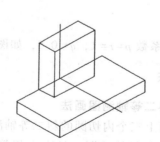

b) 画出后面体的基本轮廓的轴测投影

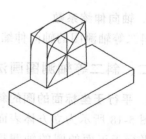

c) 画出1/2圆柱的轴测投影

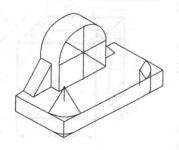

d) 画出三棱柱的轴测投影

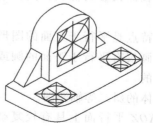

e) 画出圆柱孔的轴测投影

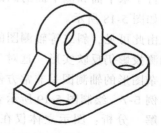

f) 整理图线，完成全图

图 5-16　较复杂立体的正等轴测图画法

第三节　斜二等轴测图简介

工程上常用的二等轴测图有正二等、斜二等轴测图，本节介绍斜二等轴测图的画法。

一、轴间角和轴向伸缩系数

1. 轴间角

斜二等轴测图的轴间角，$\angle X_1 O_1 Y_1 = \angle Y_1 O_1 Z_1 = 135°$，$\angle X_1 O_1 Z_1 = 90°$，如图 5-17 所示。

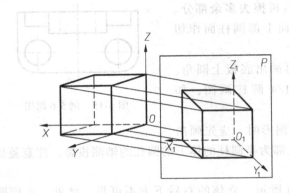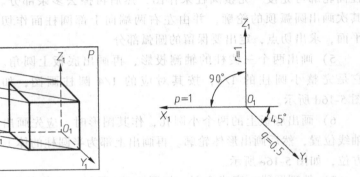

图 5-17　斜二等测图的形成及轴间角

2. 轴向伸缩系数

斜二等轴测图的轴向伸缩系数 $p = r = 1$，$q = 0.5$，如图 5-17 所示。

二、斜二等轴测图画法

1. 平行于坐标面的圆的斜二等轴测图画法

图 5-18 所示为立方体表面上三个内切圆的斜二等轴测图。由于轴测投影面平行于正面，所以平行于正面的圆的轴测投影仍然是圆，且大小相等。而平行于水平面和侧平面的圆的轴测投影为椭圆，其长轴方向如图 5-18 所示。

由此可见，斜二等轴测图的特点是平行于正面的图形的轴测投影仍反映实形。这对于画仅有平行于正面的圆或其复杂图形的轴测图是非常方便的。

例 5-7　绘制图 5-19 所示立体的斜二等轴测图。

解　分析：图示立体仅在 XOZ 平行面上具有较复杂的轮廓，而 Y 方向均为平行的轮廓线。因此，适于采用斜二等轴测图。作图过程如图 5-19 所示。注意 O_1、O_2 的距离在轴测图上应为其在视图上相应距离的 1/2。

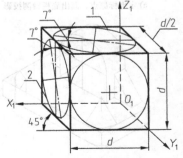

图 5-18　平行于坐标面的圆的
斜二等轴测图

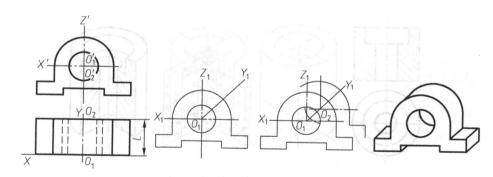

图 5-19　例 5-7 立体斜二等轴测图画法

第四节　轴测剖视图简介

为了在轴测图上表达物体的内部结构，可以采用剖视画法。

一、轴测剖视图的剖切方法

如图 5-20 所示，在轴测剖视图中，通常采用两个平行于坐标面的相交平面剖切物体的 1/4，能完整地显示其内外部形状。

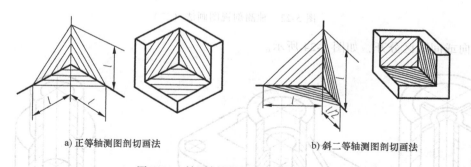

a) 正等轴测图剖切画法　　　　　　　　　b) 斜二等轴测图剖切画法

图 5-20　轴测剖视图及剖面线的画法

二、轴测剖视图中剖面线的画法

在轴测剖视图中，无论什么材料的剖面符号，一律画成等距的细实线，其方向如图 5-20 所示。

三、轴测剖视图的画法

轴测剖视图有两种画法，一种是先画外形后剖切；另一种是先画断面后画外形。图 5-21 所示为使用第一种方法画出轴测剖视图的步骤；图 5-22 所示为使用第二种方法画出轴测剖视图的步骤。

当剖切平面通过立体的肋或薄壁结构的纵向对称面时，这些结构不画剖面线，用粗实线将它们与邻接的部分区分开，如图 5-23 所示。轴测装配图中，断面部分应将相邻零件的剖

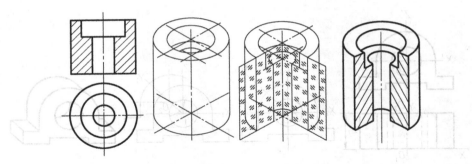

图 5-21　轴测剖视图画法（一）

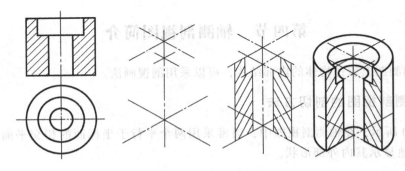

图 5-22　轴测剖视图画法（二）

面线方向或间隔区分开，如图 5-24 所示。

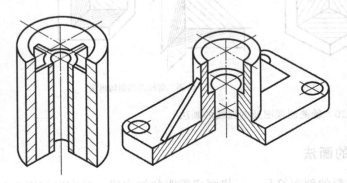

图 5-23　肋板轴测剖视图画法

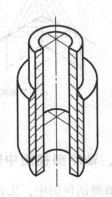

图 5-24　装配轴测剖视图画法

第六章

组合体的视图与形体构思

　　从几何学观点看，所有机械零件都可抽象成三维几何形体，外形简单的如棱柱、棱锥、圆柱、圆锥、球等为基本体，而组合体是由若干基本体按照一定的结合方式组合而成的较复杂的形体。因此，画、看组合体视图是本课程的重要内容，是清楚、完整地表达机械零件的重要学习阶段。

第一节　组合体的构成形式

　　从构成组合体的各个基本体之间的关系来看，组合体的构成形式通常分为三种：堆叠、切割、综合。其中综合形式最为常见。图 6-1 所示为螺栓的组合体，构成该体的基本形体是圆柱体和六棱柱体，它们之间通过堆叠方式结合而成；图 6-2 所示为压块的组合体，从基本形体长方体上切去一个完整小圆柱体和两个三棱柱和一个方体而成；图 6-3 所示为支架，该体既有圆柱体和长方体的堆叠，又有被切去的圆柱体，为综合形式构成的组合体。

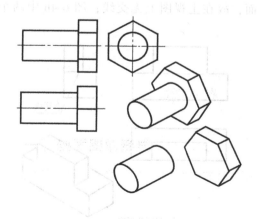

图 6-1　堆叠

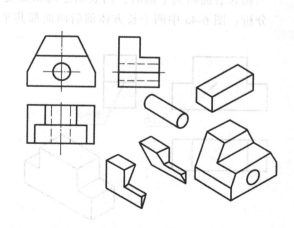

图 6-2　切割

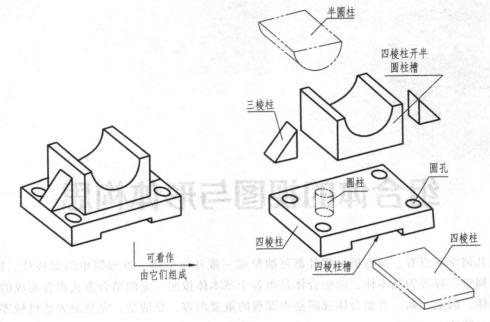

半圆柱

四棱柱开半
圆柱槽

三棱柱

圆孔

圆柱

可看作
由它们组成

四棱柱

四棱柱槽

四棱柱

图 6-3　综合

第二节　组合体表面间的相对位置关系

当基本体按第一节所述方式构成组合体时，各相邻表面间必然会产生交线，正确理解和画出这些交线的视图，对掌握本章及后续章节内容有着重要的意义。

组合体相邻表面的相对位置关系通常有三种情况：共平面、相切、相交。下面分别介绍其交线情况。

一、共平面

当相邻表面间共平面时，两表面之间无交线。

分析：图 6-4a 中两个长方体前后两面都共平面，故在主视图上无交线；图 6-4b 中两个

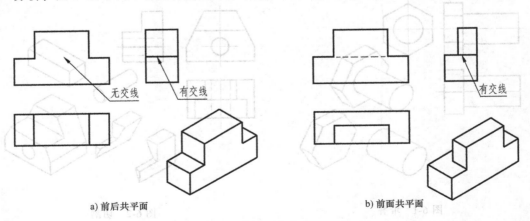

无交线　　有交线

有交线

a) 前后共平面　　　　　　　　　　　　　　　　b) 前面共平面

图 6-4　共平面与非共平面

长方体只有前表面共平面，则在主视图中这两表面间无交线。主视图中所画出的虚线，是两后表面不共面产生交线的投影。

当相邻表面间非共平面时，两表面之间有交线。此时两表面的投影之间应有线分开，如图 6-4a、b 的左视图箭头所指处，应有交线的投影。

二、相切

当相邻表面间相切时，两表面间无交线。

分析：图 6-5a 中圆柱体和底板两立体是相切关系。当平面光滑地与圆柱面或其他曲面相切连接时，两表面之间不再有分界线存在，故在相切处无交线。但应注意底板在主视图和左视图中的切点投影位置应符合"长对正、高平齐、宽相等"的关系。

在图 6-5b 中，组合体是从大圆柱体中挖出 T 形槽和圆柱孔而形成，因 T 形槽的左右侧面与圆柱孔表面相切，故左视图中不应画出切线的投影。

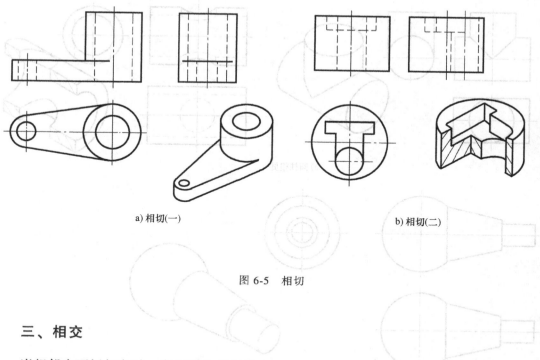

a) 相切(一)　　　　　　　　　　　　　　b) 相切(二)

图 6-5　相切

三、相交

当相邻表面间相交时，在相交处有交线。

基本组合体相交，表面产生交线的情况很普遍，一般包括：平面与回转体相交，产生的交线为截交线；回转体之间相交，产生的交线为相贯线。图 6-6 所示为回转体截交后的三视图；图 6-7 所示为回转体相贯的三视图。

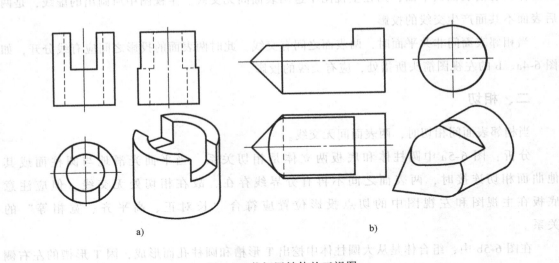

a)   b)

图 6-6　截切回转体的三视图

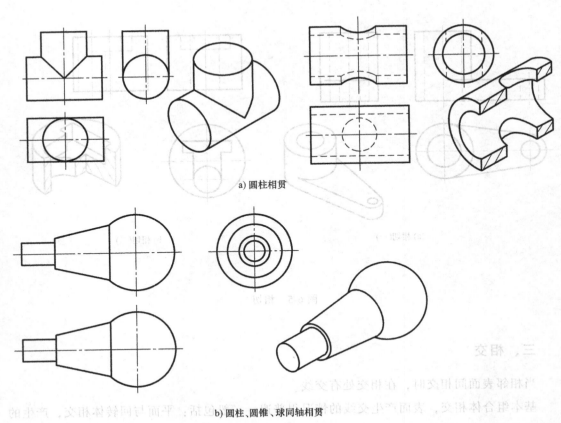

a) 圆柱相贯

b) 圆柱、圆锥、球同轴相贯

图 6-7　回转体相贯的三视图

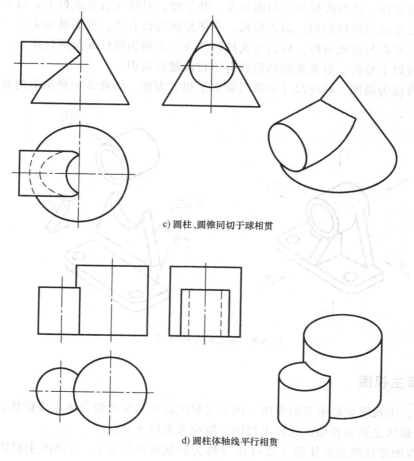

c) 圆柱、圆锥同切于球相贯

d) 圆柱体轴线平行相贯

图 6-7　回转体相贯的三视图（续）

第三节　组合体的三视图画法

为了使所画的组合体视图能完整、清晰地表达出该体的形状，便于看懂组合体，在画图之前，应先对所画组合体进行形体分析。下面以图 6-8 所示的支架为例，说明画组合体三视图的方法和步骤。

一、形体分析

由于组合体是由基本体结合而成，故形体分析就是分析该体是由哪些基本体按照什么方式结合而成，并确定这些基本体的形状、大小和相对位置关系，以及哪一个基本体是形成组合体的主体部分，从而认清所画组合体的形状特征。这种分析方法称为形体分析法。如图 6-8 所示的支架，可认为是由四部分组成：一为底板，其主体为长方体，前面两个角为部分圆柱面，上面有两个圆柱孔；二为圆筒，其主体为圆柱，内部有一个圆柱孔，其位于底板上方的中间部位，前后位置以底板为准向后凸出；三为支承板，其上部为圆柱面，左右两侧被切去三棱柱的长方体，其与底板的后侧面靠齐，共平面，对称安放在底板上，与上方的圆柱结合，其左右正垂面与圆柱相切；四为肋板，主体形状为长方体，前面被切去了三棱柱，其位于底板上方，左右与底板对称，后面与支撑板靠齐，上面为圆柱面与圆柱结合，左右面与圆筒相交。通过以上分析，对支架的结构就有了较清楚的认识。

形体分析方法为画图、标注尺寸和看图带来了很大方便，因此是一种重要的分析方法。

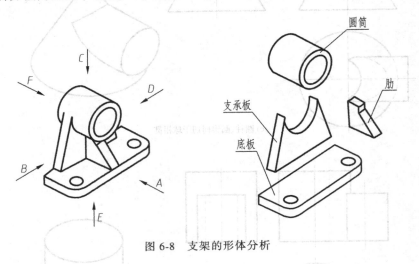

图 6-8　支架的形体分析

二、选择主视图

三视图中，主视图是最重要的视图，因为主视图通常是反映组合体主要形状的视图，且画图或看图大都从主视图开始。选择主视图一般应考虑以下几点：

1）使主视图能反映组合体的主要特征（称为形状特征原则），所画的主视图能较多地表达组合体的特征及各个基本体的相互位置关系、结合形式等。观察图 6-8 所示的六个方向的形状特征，分析比较后发现，按 C、E、F 三个方向投射所得到的视图，虚线较多，如图 6-9 所示，不宜作为主视图。B、D 两个方向反映组合体的形状特征相同，但若取 B 向视图为主视图，则画左视图时会出现较多的虚线，影响图形的清晰性。A 向和 D 向视图在表达形体特征方面各有特点，前者能反映圆筒、支撑板的形状特征和肋、底板的厚度，以及反映其各部分的位置关系；后者可反映圆筒的长度、肋的形状和底板的厚度，以及反映其各部分的位置关系。可见，两个方向均可选为主视图的投射方向。这里选择 A 向作为主视图的投射方向。

2）使主视图符合组合体的自然安放位置，或使组合体的表面尽可能多地对投影面处于特殊位置（平行或垂直），如图 6-9 所示 A 向视图的位置就符合这一原则。

3）尽可能减少俯、左视图中的虚线，并使图幅布局合理。

三、选比例、定图幅

画图比例应根据所画组合体的大小和制图国家标准规定的比例来确定，一般尽量采用 1:1 的比例。根据组合体的长、宽、高计算出三个视图所占的面积，并考虑标注尺寸及视图之间、视图与图框之间的距离，据此选用合适的标准图幅。

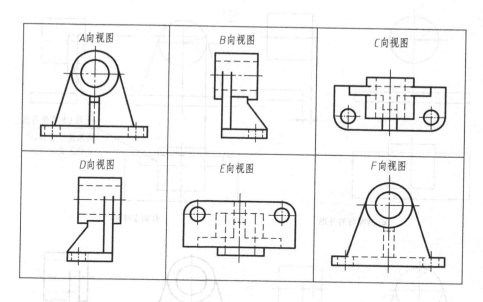

图 6-9　组合体各个投射方向的视图对比

四、画图步骤

上述工作完成后,可按如图 6-10 所示的步骤绘制支架的三视图。首先应先画三个视图的对称线、主要轴线,定出各个视图的位置;然后,画底板的主要轮廓矩形;再画圆筒的外部形状,画支撑板,画肋板;最后整理组合体各部分的细部结构的投影。注意,画每个部分的视图时,应三个视图同时画,不要画全一个视图后再画另外一个视图,以提高画图速度及准确性。

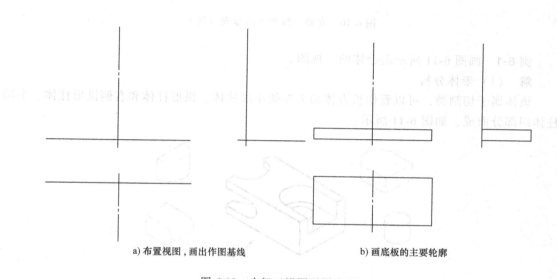

a) 布置视图,画出作图基线　　　　　　　b) 画底板的主要轮廓

图 6-10　支架三视图画图步骤

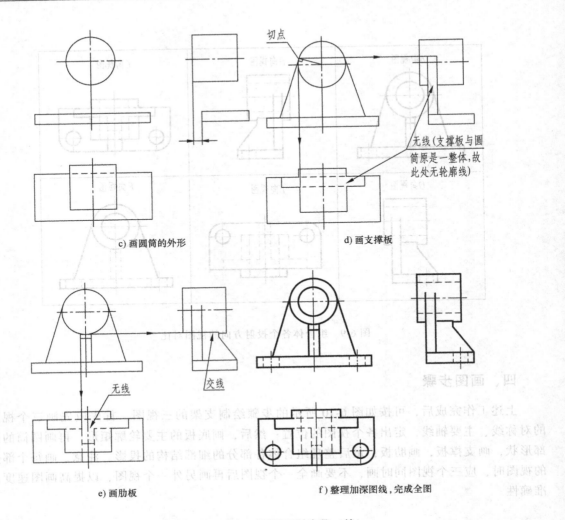

无线(支撑板与圆筒原是一整体,故此处无轮廓线)

切点

c) 画圆筒的外形

d) 画支撑板

无线

交线

e) 画肋板

f) 整理加深图线,完成全图

图 6-10 支架三视图画图步骤(续)

例 6-1 画图 6-11 所示组合体的三视图。

解 (1) 形体分析

该体属于切割类,可以看作长方体切去左侧小圆柱体、拱形柱体和右侧拱形柱体、半圆柱体四部分而成,如图 6-11 所示。

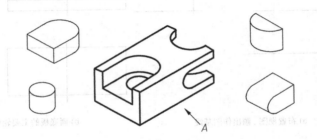

A

图 6-11 例 6-1 轴测图

（2）确定主视图

　　显然，图中A向为投射方向，视图反映组合体及各部分相互位置关系较清楚，故应选此方向为主视图的投射方向。作图基本步骤（图 6-12）：画出基本体长方体的三视图；画出左侧挖去拱形柱的三视图；画出左侧挖去小圆柱成轴线铅垂圆孔的三视图；画出轴线铅垂的右侧半圆柱槽的三视图；画出轴线正垂的右侧拱形柱三视图；检查，描深。

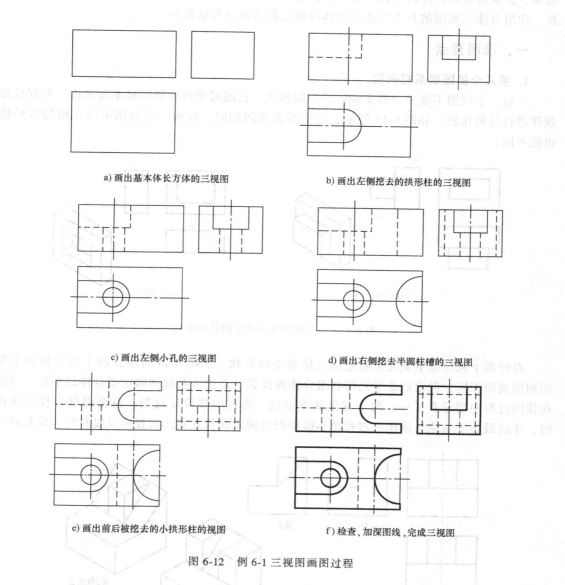

a) 画出基本体长方体的三视图　　　　b) 画出左侧挖去的拱形柱的三视图

c) 画出左侧小孔的三视图　　　　d) 画出右侧挖去半圆柱槽的三视图

e) 画出前后被挖去的小拱形柱的视图　　　f) 检查、加深图线，完成三视图

图 6-12　例 6-1 三视图画图过程

　　由以上可以看出，对于堆叠类和综合类组合体，画三视图宜用形体分析法，分别画出每个组成部分的视图，然后处理它们的表面交线及相对位置；而对于切割类组合体，则宜用先进行形体分析，确定基本体，画出基本体的三视图，然后再把各个切去部分三视图画出的方法。对于不同组合形式，画三视图方法应有所区别。

第四节 组合体视图的识读

由前述可知，画图是把空间的组合体用正投影方法画成平面图形，即由物到图。本节要研究的读图则是根据平面图形运用正投影的规律，根据图中的图线、线框及投影之间的对应关系，想象出空间物体的形状，即由图到物。因此，画图和读图是相辅相成、相互联系的过程。读组合体三视图的基本方法有形体分析法和线面分析法两种。

一、读图要点

1. 要几个视图联系起来读

一般一个视图不能完全确定物体的空间形状，读图时要将各视图联系起来读，根据投影规律进行分析比较。如图 6-13 所示，它们的主视图相同，而俯、左视图不同，则物体形状也就不同。

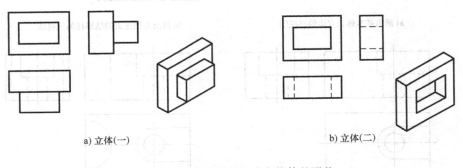

a) 立体(一)   b) 立体(二)

图 6-13   一个视图不能确定物体的形状

有时两个视图也不能完全确定组合体的空间形状。如图 6-14 所示，两个组合体的主视图和俯视图相同，但它们是不同形状组合体的投影，必须由左视图确定组合体的形状。因此在读图过程中切忌看了一、两个视图就下结论。各视图要反复对照，直至都符合投影规律时，才能最后下结论。读图的过程是不断地把空间形状与各视图的投影反复对照、反复修改

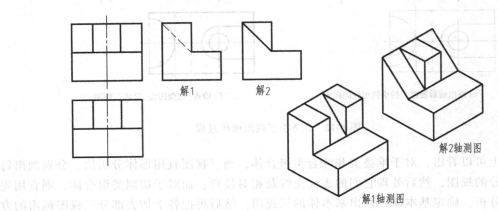

解1   解2

解2轴测图

解1轴测图

图 6-14   两个视图不能确定物体的形状

的思维过程。只有不断修正，才能想象出正确的组合体。

2. 要从反映形状特征的视图读起

从图6-14、图6-15可看出，它们的左视图最能代表该体的结构特点，因而为特征视图。所以，看图时应抓住特征视图，确定立体基本形状。

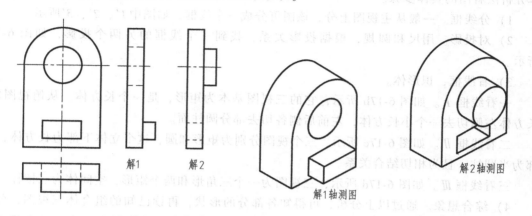

解1　　　解2

解1轴测图

解2轴测图

图 6-15　注意抓住物体的特征视图

3. 要认真分析相邻表面间的相互位置和交线

读图时，要注意分析相邻面的前后、高低和相交等相互位置。如图6-16所示，请注意主视图中两立体交线的画法：图6-16a中圆柱直径小于底板的宽度，因而有交线（圆）产生；图6-16b中圆柱直径与底板宽度相同（俯视图相切），也有交线（圆）产生；图6-16c中圆柱直径大于底板宽度，产生交线（圆弧+直线）；图6-16d中圆柱与底板一同被平面所截，产生交线（圆弧+直线）。

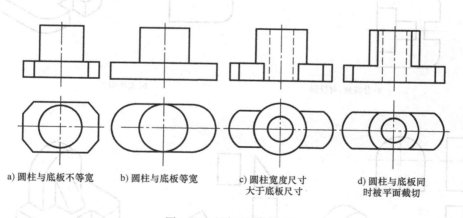

a) 圆柱与底板不等宽　　b) 圆柱与底板等宽　　c) 圆柱宽度尺寸　　　d) 圆柱与底板同
　　　　　　　　　　　　　　　　　　　　　　大于底板尺寸　　　　时被平面截切

图 6-16　相邻表面间交线

二、读图方法

1. 形体分析法

把比较复杂的视图，按线框分成几个部分，运用三视图的投影规律，先分别想象出各组成部分的形状和位置，再综合起来想象出整体的结构形状，此为形体分析法。用形体分析法看图的一般顺序是：先看主要部分，后看次要部分；先看容易确定的部分，后看难以确定的部分；先看某一组成部分的整体形状，后看其细节部分形状。下面以图6-17a为例，说明形体分析法看图的具体步骤。

1）分线框。一般从主视图上分，该图可分成三个线框，如图中1′、2′、3′所示。

2）对投影。用尺和圆规，根据投影关系，找到三个线框的另两个投影，如图6-17a所示。

3）看线框，识形体。

一看线框 I。如图6-17b所示，它的三视图基本为矩形，是一个长方体。从俯视图看，长方体左侧切去一个小长方体，左前后侧各切去部分圆柱面。

二看线框 II。如图6-17c所示，三个视图分别为矩形和圆，这个立体下部为长方体，上部为半圆柱，且为相切结合关系。

三看线框 III。如图6-17d所示，三视图为一个三角形和两个矩形，空间体为三棱柱。

4）综合想象。通过以上分析，可得知各部分的形状，再读已知的组合体三视图，分析各个部分的相对位置关系，II、III位于I的上方，在前后方向对称配置，I、II右表面共面，如图6-17e所示。

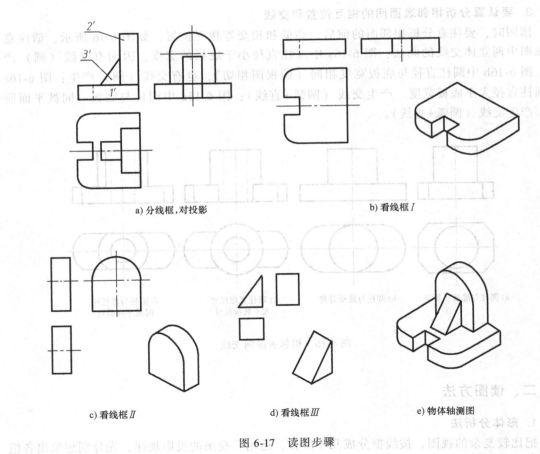

a) 分线框,对投影　　　　　　　　　　b) 看线框 I

c) 看线框 II　　　　　d) 看线框 III　　　　e) 物体轴测图

图6-17　读图步骤

例 6-2　如图 6-18 所示，已知主、俯视图，补画左视图。

解　分析：从已知视图看，该体由三部分组成。

1）分主视图线框。如图 6-18 所示，分成 1′、2′、3′三个线框。

2）对投影。根据投影关系，用尺规找到俯视图中与主视图相对应的三个线框，如图 6-18 所示。

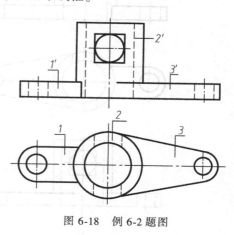

3）识形体，补画投影。分析得知，线框 Ⅱ 的主视图主轮廓为矩形，俯视图主轮廓为圆形，故该体应为圆柱体，随即画出该圆柱体的左视图——两个矩形。又因为 Ⅱ 的主视图上正方形和圆形投影的相切关系和可见性及俯视图中与两个同心圆相交的两处虚线，可看出其上开孔应为前方后圆，位于前面的方孔与圆柱管产生两条截交线。后面的圆孔与圆柱管产生两条相贯线，如图 6-19a 所示。

图 6-18　例 6-2 题图

读 Ⅰ 的两视图，主视图为矩形，俯视图为半圆与矩形相切连接，故该体应为拱形柱（半圆柱与长方体的相切组合），则其左视图投影形状应为矩形，根据三视图投影规律，很容易画出 Ⅰ 的左视图，如图 6-19b 所示。

从 Ⅲ 的两视图看，主视图为矩形，俯视图为圆形和相切直线的组合，其基本体应为长方体和圆柱的相切组合，其左视图主轮廓应为矩形，可以先画出该矩形。从三个部分的相对位置来看，Ⅰ 与 Ⅱ 为相交关系，左视图不能反映这一关系，已画 Ⅰ 的左视图正确；Ⅲ 与 Ⅱ 为相切关系，这一点从它们主视图没有交线和俯视图的相切关系看出，因而，Ⅲ 的左视图矩形的上线应画到与 Ⅱ 的切点处，如图 6-19c 所示。

4）综合起来，检查投影。通过以上分析，即可得出整体形状，用三视图投影规律检查补画出的左视图是否正确。至此，题目完成，如图 6-19d 所示。

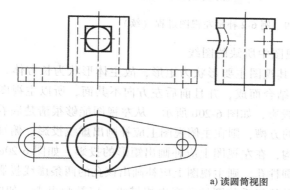

a）读圆筒视图

图 6-19　例 6-2 补画左视图过程

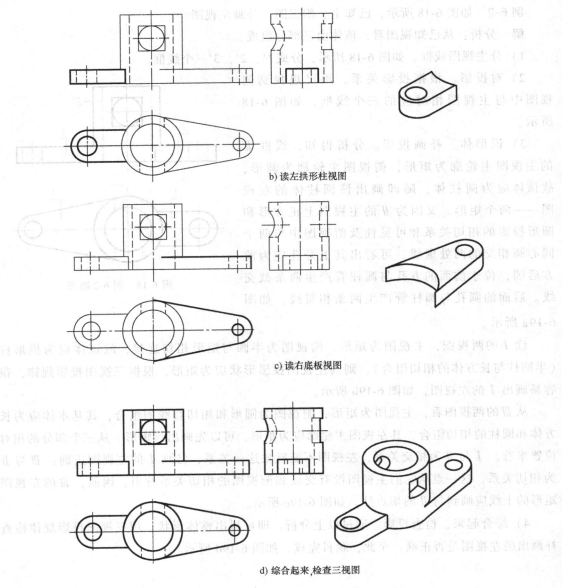

b) 读左拱形柱视图

c) 读右底板视图

d) 综合起来,检查三视图

图 6-19　例 6-2 补画左视图过程（续）

例 6-3　补画图 6-20a 所示三视图中所缺的图线。

解　分析：从已知三视图看，其视图主要形状为矩形，故主体形状为长方体。从主、左视图看出，该体有上下两个长方体结合而成，并且前后左方向不共面，所以主视图中应补画一直线，俯视图中应补画一个矩形投影，如图 6-20b 所示。从左视图能够很清楚底看出，在下部长方体底部，开了一个左右贯通的方槽，则在主俯视图上应补画出虚线投影。俯视图左侧有一被挖去长方体而成上下通方槽结构，在左视图上应补画出矩形的投影，如图 6-20c 所示。在上部的长方体上，开有轴线铅垂的圆柱孔，则主视图上应补画出该孔的两条虚线投影。在前后开有轴线正垂的小圆柱孔，该孔与轴线铅垂的圆柱孔产生相贯线，应补画出来，如图 6-20d 所示。检查三视图是否符合投影规律，组合体完整三视图及轴测图如图 6-20e 所示。

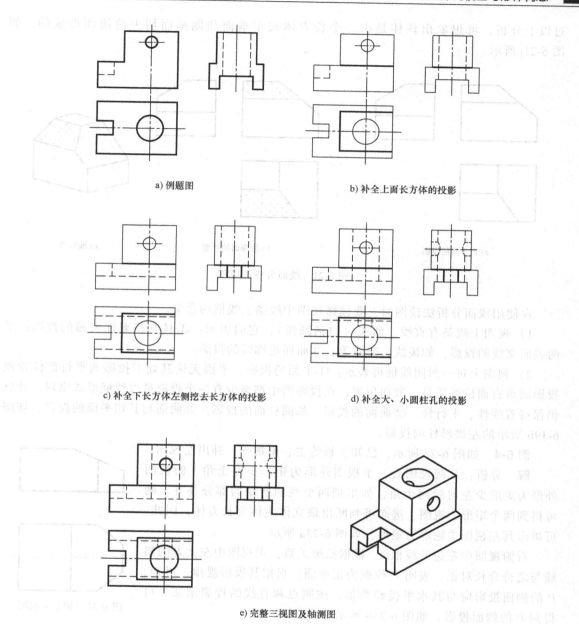

a) 例题图

b) 补全上面长方体的投影

c) 补全下长方体左侧挖去长方体的投影

d) 补全大、小圆柱孔的投影

e) 完整三视图及轴测图

图 6-20 例 6-3 补画三视图缺线过程

2. 线面分析法

组合体也可以看成由若干个面（平面和曲面）围成，而面与面间常存在交线。线面分析法就是把组合体分成若干个面，利用投影关系，在其他视图上找到对应的图形，再分析这个面的投影特性（真实性、积聚性、类似性），看懂这些面的形状，从而想象出组合体的整体形状。如图 6-21a 所示，对于俯视图上的五边形，在主视图上可找到一条对应的斜线，由此判断这个面是正垂面，并且在左视图上有一个类似的五边形。同样，在图 6-21b 中主视图上的四边形对应左视图上的斜线，是一个侧垂面，在俯视图上也对应一个类似的四边形。通过以上分析，可想象出该体是由一个长方体被正垂面和侧垂面切去两块而形成的，如图 6-21c 所示。

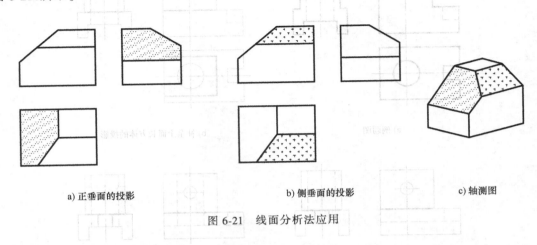

　　a) 正垂面的投影　　　　　　　　　　b) 侧垂面的投影　　　　　　　　c) 轴测图

图 6-21　线面分析法应用

　　在使用线面分析法读图时，要读懂视图中线条、线框的含义。

　　1）视图上线条有直线、曲线（包括圆弧），它们表示：①具有积聚性表面的投影；②两表面交线的投影，如棱线、交线等；③曲面轮廓线的投影。

　　2）视图上每一封闭线框可表示：①平面的投影，平面无论其处于投影面平行面位置或投影面垂直面位置还是一般面位置，在投影图中都至少有一个投影是以线框形式出现，并且仍保持着线性、平行性。②曲面的投影，如圆柱面的投影。③曲面与其切平面的投影，如图 6-19b 所示的左拱形柱的投影。

　　例 6-4　如图 6-22 所示，已知压板的主、俯视图，补出左视图。

　　解　分析：从两视图看，主视图外形为矩形少左上角，俯视图外形为矩形少左前后两个角，如果把两个视图所缺的部分补齐，则可得到两个矩形的视图，进而可判断出该立体主体为长方体，因此，可画出其左视图主轮廓为矩形，如图 6-23a 所示。

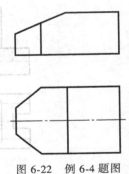

图 6-22　例 6-4 题图

　　看俯视图中左边的线框 p，根据投影关系，主视图中左上方的斜线与之符合长对正，表明 P 线框为正垂面。根据其投影规律，可知，P 的侧面投影应与其水平投影类似，按照点和直线的投影求法，可得到 P 的侧面投影，如图 6-23b 所示。

　　看主视图左侧线框 t'，根据投影，它与俯视图左侧前后对称的两条斜线符合投影关系，进而可以确定 T 为两个铅垂面，则侧面投影应为与主视图相类似的图形，如图 6-23c 所示。

　　看 q'、q 两直线，在主、俯视图中的投影为不等长、垂直于 OX 轴，根据直线、平面的投影特点，判断 Q 可能为侧平线或侧平面。如果为侧平线，则相应结构在主视图上必然有所体现，比已知的主视图会多一些图线，而主视图没有这样的图线，故 Q 应为侧平面。侧平面的侧面投影应为实形——矩形，如图 6-23d 所示。组合体的其他表面，如上、下表面为水平面，右侧面为侧平面，前后表面为正平面等，请读者自行分析。至此，压板的整体形状已基本清楚，其三视图如图 6-24 所示。

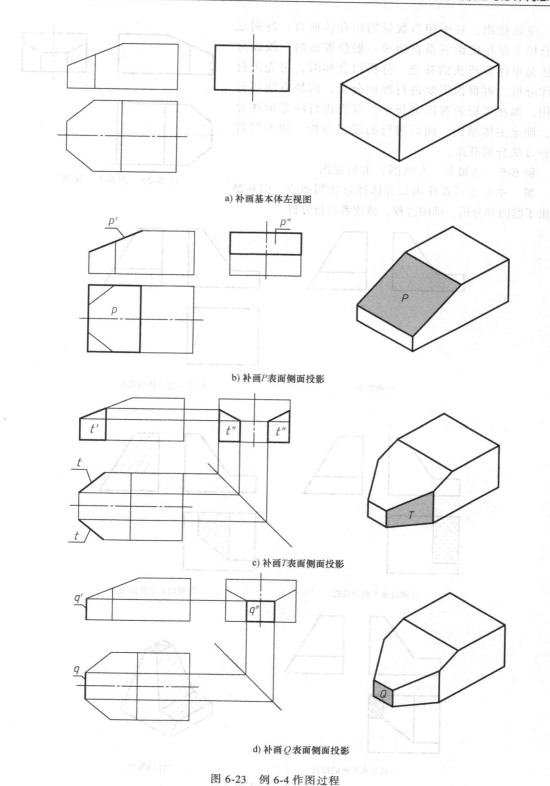

a) 补画基本体左视图

b) 补画 P 表面侧面投影

c) 补画 T 表面侧面投影

d) 补画 Q 表面侧面投影

图 6-23　例 6-4 作图过程

应该指出，对于相当数量的组合体而言，特别是组合体上存在投影面垂直面和一般位置面时，线面分析法是形体分析法的补充。分析组合体时，可先进行形体分析，再根据需要进行线面分析，两种方法结合使用。如在压板的视图分析中，首先进行的是形体分析，确定主体结构，而后进行的线面分析。切不可将两种方法分割开来。

例 6-5 已知主、左视图，求俯视图。

解 本立体可看作由长方体经过切割而成，图 6-25 给出了题图和分析、画图过程，请读者自行分析。

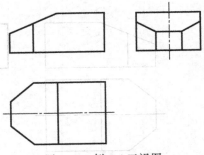

图 6-24　例 6-4 三视图

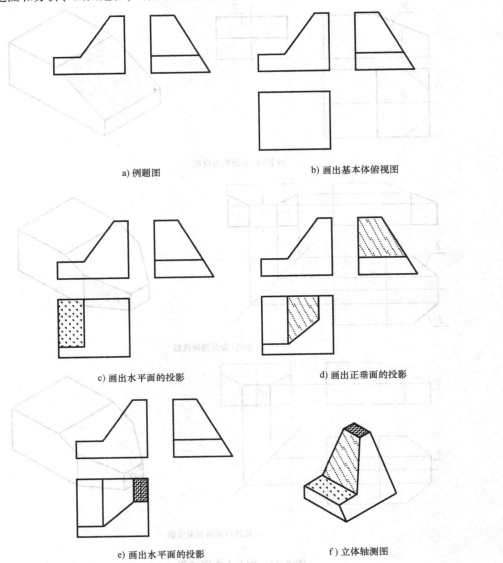

a) 例题图　　　　　　　　　　b) 画出基本体俯视图

c) 画出水平面的投影　　　　　　d) 画出正垂面的投影

e) 画出水平面的投影　　　　　　f) 立体轴测图

图 6-25　例 6-5 作图过程

第五节　形 体 构 思

根据给定的条件构思出不同的形体，并画出视图，这种训练方法能把空间想象、构思形体和表达形体结合起来，不仅能促进画图、读图能力的提高，还能发展空间想象能力，培养创新思维能力。

一、形体构思的基本方法

根据所给组合体的一个或两个视图来构思形体，结论通常有多个。学习时应尽量设法多构思出几种，逐步达到构思新颖、形状独特的状态。由不充分的条件构思出多种组合体是思维发散的结果。

1. 通过视图中凹凸、正斜、平曲来构思形体

例 6-6　如图 6-26 所示，已知主视图，构思出不同形状的组合体，画出俯视图。

解　分析：从主视图为矩形，可认为该体为长方体，前面有三个可见矩形平面，这三个表面凹凸、正斜、平曲，构成多种不同的形体。先看中间的面，它可由长方体凹凸、三棱柱凹凸、半圆柱凹凸等构思出图 6-27 所示的形体。同理，可将左右两个面也作如此构思，可有另外一些题解，如图 6-28 所示。

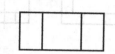

图 6-26　例 6-6 题图

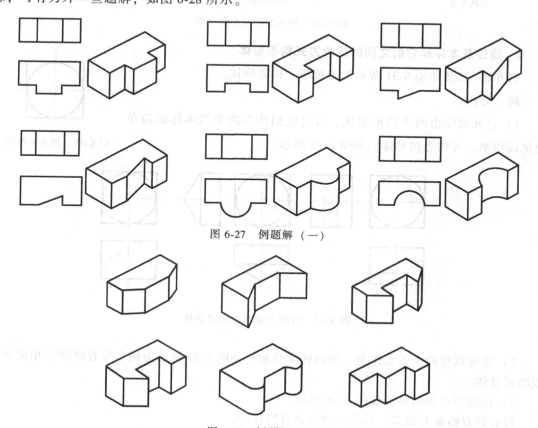

图 6-27　例题解（一）

图 6-28　例题解（二）

若对组合体的后面与这三个面对应处作凹凸构思，题解就更多，图 6-29 给出了一部分解。

图 6-29　例题解（三）

例 6-7　已知组合体的主、左两个视图，构思该体。

解　分析：从已知的左视图看，该体左侧有七个可见矩形面的投影，结合主视图，想象这七个表面凹凸、正斜、平曲，可构成多种不同的形体，如图 6-30 所示。

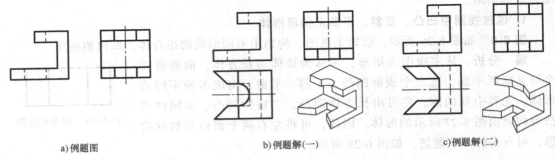

a) 例题图　　　　　　　b) 例题解（一）　　　　　c) 例题解（二）

图 6-30　例 6-7 题图及两个解

2. 通过基本体和它们之间的组合方式构思形体

例 6-8　已知如图 6-31 所示的主视图，构思形体。

解　分析：

1）已知视图由两个图形组成，可将它们作为两个基本体的简单
叠加或切割，可构思出形体，如图 6-32 所示。

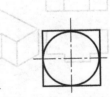

图 6-31　例 6-8 题图

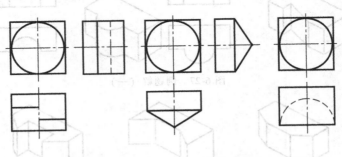

图 6-32　由两个基本体构思形体

2）也可以将两个图形作为一种回转体叠加，如图 6-33 所示为两个等直径圆柱相交而形成的组合体。

3）挖切与叠加结合，如图 6-34 所示。

符合题意的解有很多，其余解请读者自行设计。

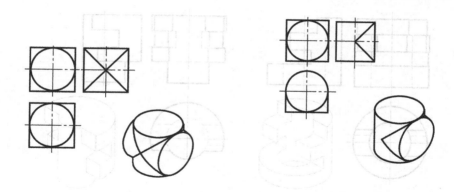

图 6-33 一种回转体叠加构思形体

 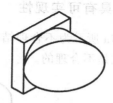

图 6-34 回转体挖切与叠加组合构思形体

例 6-9 已知组合体的一个视图，构思该体。

解 分析：该体上包括两大部分，右侧主要形状为圆柱，左侧主要形状为长方体。俯视图上线框较多，按照前面介绍的构思形体的方法，可以设计出许多符合题目要求的解，本例只给出两个解的两视图，如图 6-35 所示。其余由读者去设计。

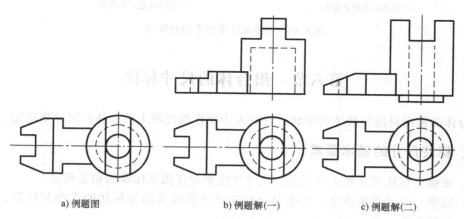

a) 例题图　　　　　　　　b) 例题解（一）　　　　　　　c) 例题解（二）

图 6-35 组合体构型设计例题图及两个解

3. 通过求某一已知几何体的补形，构思形体

根据给出的已知形体（图 6-36a），构思出另一形体（图 6-36b），使其与已知形体结合成完整的圆柱体。

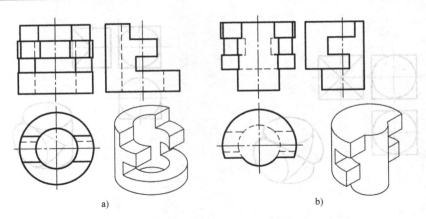

a)　　　　　　　　　　　　　　b)

图 6-36　求某一已知几何体的补形

二、构形应符合工程实际，具有可实现性

两个体不能以点接触，如图 6-37a 所示为不合理结构；也不可以线结合，如图 6-37b 所示为以直线、圆弧相连而成的体，也是不合理的。

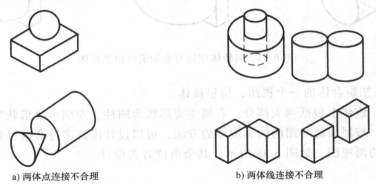

a) 两体点连接不合理　　　　　　　　b) 两体线连接不合理

图 6-37　构型设计中的不合理结构

第六节　组合体的尺寸标注

组合体的视图只能反映体的形状，它的大小要根据视图上所标注的尺寸来确定。

一、标注尺寸的基本要求

（1）正确　标注尺寸要正确无误，尺寸注法要遵守国家标准的相关规定。

（2）完整　尺寸必须齐全，要能完全确定出组合体各部分形状的大小和位置，做到既不遗漏，也不重复。

（3）清晰　尺寸布局要整齐、清楚，便于看图。

（4）合理　所注尺寸要符合设计、制造和检验等要求。

关于正确标注尺寸，已在前面章节中讲到，合理标注问题将在零件图内容中作介绍，本节主要讨论如何使组合体尺寸标注得完整、清晰。

二、组合体的尺寸注法

1. 选定尺寸基准

在视图上标注尺寸之前，必须首先确定尺寸基准。所谓尺寸基准，也就是标注尺寸的起始位置，或是度量尺寸的起点。由于组合体有长、宽、高三个方向的尺寸，故每个组合体每个方向应至少有一个尺寸基准。通常选用组合体的对称面、底面、端面、主要轴线或圆心点等几何要素作为尺寸基准，如图 6-38 所示的支架，选择底表面为高度方向尺寸基准，圆柱后表面为宽度方向尺寸基准，支架左右对称面为长度方向尺寸基准。

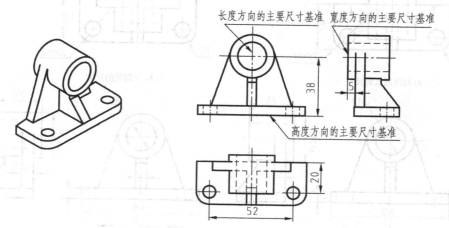

图 6-38　支架的尺寸基准选择

2. 标注尺寸要完整

尺寸基准确定后，应先标出定位尺寸，如图 6-38 所示的 52、20、5、38。

应用形体分析法将组合体分成若干基本体，然后分别注出各个基本体的定形尺寸，标注其定位尺寸，最后标注组合体的总体尺寸。如图 6-39 所示为支架尺寸标注过程。

3. 标注尺寸要清晰

尺寸标注布局要恰当，便于看图。一般要做到以下几点：

1) 尺寸尽可能标注在反映组合体特征明显、位置特征清楚的视图上。如图 6-39 中底板上圆柱孔尺寸 2×φ8、52、R8 等，标在俯视图上较好。

2) 同一基本体的定位、定形尺寸应尽可能标注在反映其形状和位置明显的同一视图上，便于看图。如图 6-39 中底板的尺寸 52、20、28、2×φ8、R8 和圆筒的尺寸 26、φ28 标注时相对集中标注，看图比较方便。

3) 尺寸应尽量配置在视图的外面，以避免尺寸线和轮廓线交错重叠，并遵照"外大里小"的尺寸标注原则进行。

4) 标注圆柱、圆锥的直径时，应尽量标注在非圆视图上，加注符号"φ"；而半圆弧以及小于 180°的圆弧，其半径尺寸必须标注在投影为圆的视图上。如图 6-39 中 φ28、R8 的标注。

5) 尺寸线与最外轮廓线、尺寸线与尺寸线之间的距离大小要适当，一般取 7～10mm。尺寸线、尺寸界线、轮廓线尽量不相交。

4. 标注尺寸注意事项

1) 对称图形尺寸应标全尺寸，而不可只标一半，如图 6-40b 所示是错误的。

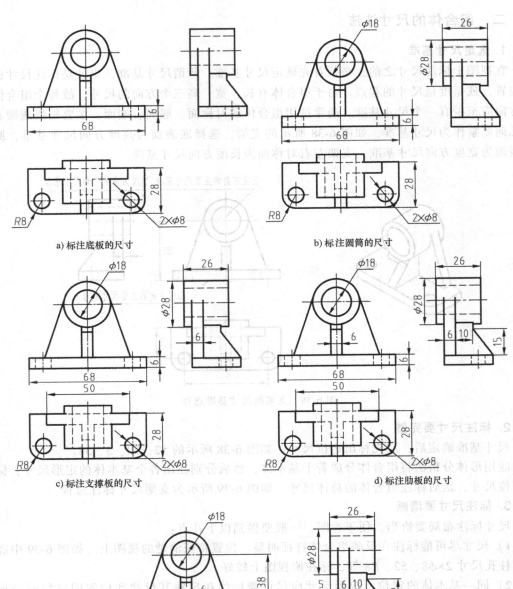

a) 标注底板的尺寸　　　　　　　　b) 标注圆筒的尺寸

c) 标注支撑板的尺寸　　　　　　　d) 标注肋板的尺寸

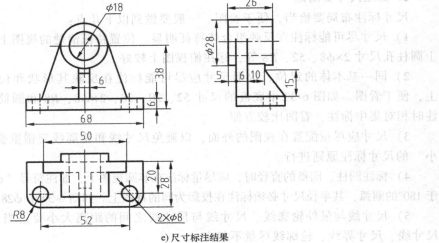

e) 尺寸标注结果

图 6-39　支架尺寸标注过程

2）组合体上不同结构的尺寸应分别注出，不可互相替代。如图 6-40a 中底板的高度尺寸 6 和底部内孔 φ12 的深度尺寸 6 要分别注出，不能省略其中的一个；图 6-40b 中未标注底部内孔 φ12 的深度尺寸 6 是错误的。

3）尺寸尽量不注在虚线上，如图 6-40b 中，φ12 直径尺寸标在了主视图虚线上是不妥的，应注在俯视图为好，如图 6-40a 所示。

4）注意按形体分析法标注的各基本体的尺寸之间要协调处理，避免出现重复。

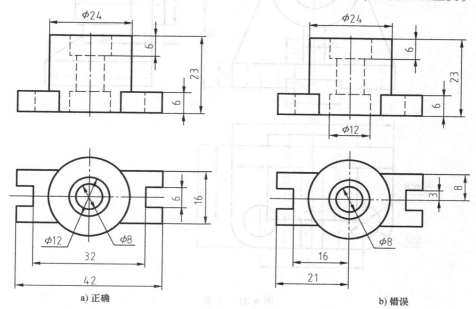

a）正确　　　　　　　　　　　　　　　　　b）错误

图 6-40　对称图形尺寸注法

第七节　用 SolidWorks 进行组合体三维建模并生成三视图

组合体可看作由机械零件抽象而成的几何模型。下面以支架（图 6-41）为例说明组合体三维建模。

一、支架三维建模

1. 底板造型

1）选择"文件"下拉菜单，选择"新建"弹出"新建 SolidWorks 文件"对话框，选择"零件"，单击"确定"按钮，新建一个 part 模型。

2）单击"前视基准面"，单击"草图绘制"，选择"直线"命令，绘制如图 6-42 所示的草图。

3）单击"特征"-"拉伸凸台/基体"，拉伸深度为 60mm，单击"√"，完成。

4）在底板上表面绘制如图 6-43 所示的草图。

5）单击"特征"-"拉伸切除"，在"切除-拉伸"属性中的"终止条件"选择"完全贯穿"，如图 6-44 所示，单击"√"，完成。

2）描述件工不明部输的片子也分段起，...不可能电能化，...见图 6-40b 中点线的高度尺寸 6 和通孔内孔 φ12 的高度尺寸 6 变必变动出图，不描给定其中的一个，图 6-40b 中未标注尺寸 ...

3）片子尺量...出在...图 6-40b 中...的尺寸 E 工段图...样...出...起 ...

4）正确是...

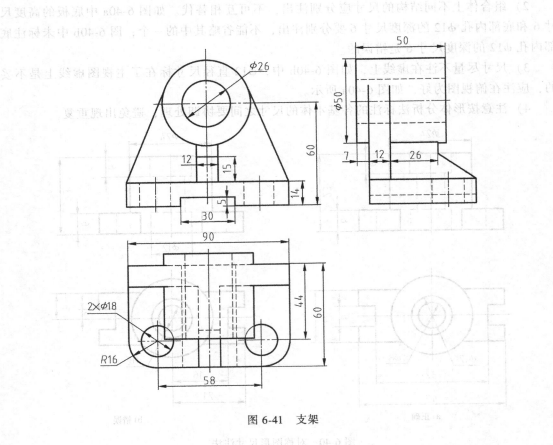

图 6-41　支架

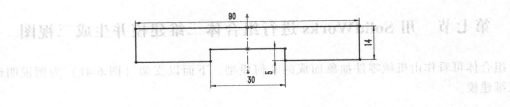

图 6-42　底板草图

2. 圆筒造型

1）选择底板后端面为基准面，绘制如图 6-45 所示的草图。

2）单击"特征"-"拉伸凸台/基体"，在凸台拉伸属性中向两个方向拉伸，深度分别为 7mm、43mm，如图 6-46 所示，单击"√"，完成。

3. 支撑板造型

1）选择底板后端面为基准面，绘制如图 6-47 所示的草图。提示：①给"斜线"与"圆"添加"相切"几何约束方法，按住"Ctrl"按钮，同时单击"斜线""圆"弹出属性面板，单击"相切"按钮。②使用"转换实体引用"命令将圆筒的外圆和底板上表面转换为草图，使用"剪裁实体"命令将多余线移除，如图 6-48 所示。

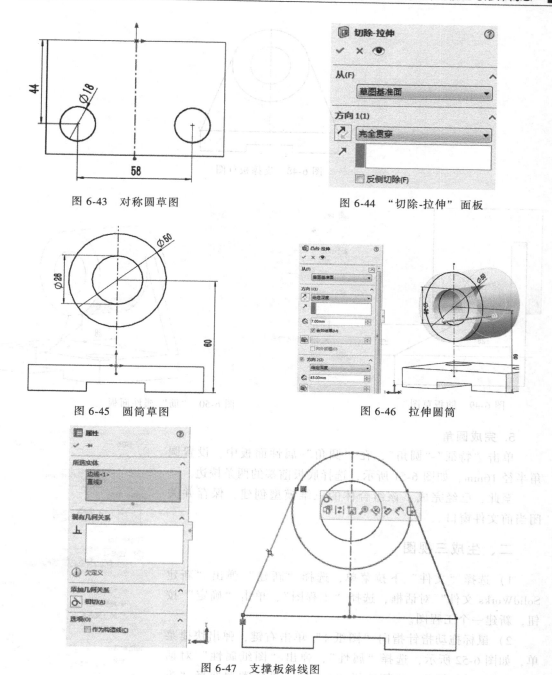

图 6-43　对称圆草图

图 6-44　"切除-拉伸"面板

图 6-45　圆筒草图

图 6-46　拉伸圆筒

图 6-47　支撑板斜线图

2）单击"特征"-"拉伸凸台/基体"，在凸台拉伸属性中，深度为 12mm，单击"√"，完成。

4．肋板造型

1）单击"右视基准面"，单击"草图绘制"，选择"直线"命令，绘制如图 6-49 所示的草图。

2）单击"特征"-"筋"，在"筋"属性面板中设置厚度 12mm 及材料方向、拉伸方向，如图 6-50 所示，单击"√"，完成肋板造型。

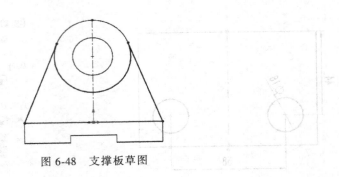

图 6-48　支撑板草图

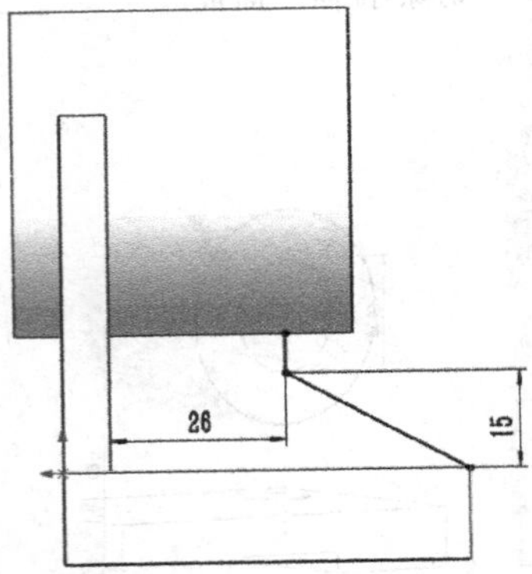

图 6-49　肋板草图

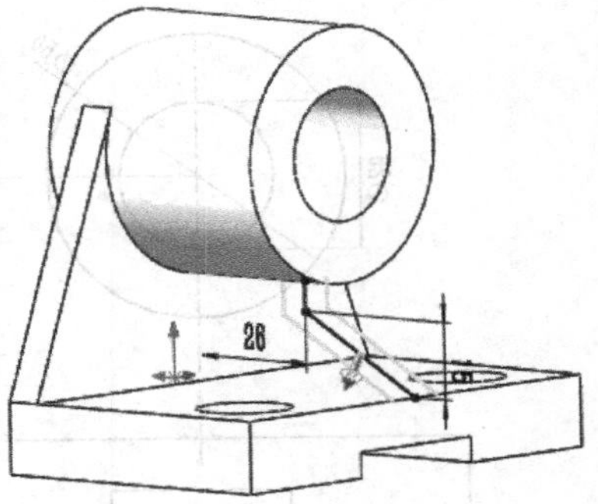

图 6-50　"筋"属性面板

5. 完成圆角

单击"特征"-"圆角"，在"圆角"属性面板中，设置圆角半径 16mm，如图 6-51 所示，选择底板前端的两条棱边。

至此，已经完成了该组合体的三维模型创建，保存并关闭当前文件窗口。

二、生成三视图

1）选择"文件"下拉菜单，选择"新建"弹出"新建 SolidWorks 文件"对话框，选择"工程图"，单击"确定"按钮，新建一个工程图。

2）鼠标拖动指针指向"图纸 1"单击右键，弹出快捷菜单，如图 6-52 所示，选择"属性"，弹出"图纸属性"对话框，如图 6-53 所示。比例选择"1：1"，投影类型选择"第一视角"，标准图纸选择"A3（GB）"，其余默认。单击"确定"按钮，窗口出现"A3（GB）"，如图 6-54 所示。

图 6-51　"圆角"属性面板

3）在绘图区中单击鼠标右键，在弹出的快捷菜单中选择"编辑图纸格式"，进入编辑图纸格式状态，按照图 1-3 所示图框格式，整理图框；按照图 1-4a 所示"零件图及基本练习用标题栏格式"在图框的右下角绘制标题栏，如图 6-55 所示。

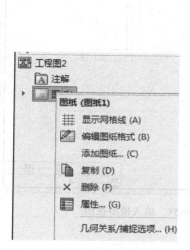

图 6-52 "图纸"快捷菜单

图 6-53 "图纸属性"对话框

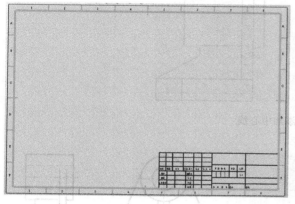

图 6-54 A3 图纸（GB）

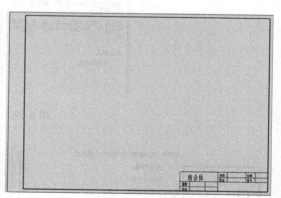

图 6-55 整理图框标题栏

4）单击"视图布局"工具栏，再单击"模型视图"，如图 6-56 所示。单击"浏览"，选择创建好的"组合体模型"，在"模型视图"属性管理器中设定选项，如图 6-57 所示。将模型视图插入到工程图中，单击"√"，如图 6-58 所示。

5）鼠标拖动指针移动到"左视图"内，单击鼠标右键，在弹出的快捷菜单中选择"显示/隐藏"，选择"显示隐藏的边线"，显示虚线。

6）添加中心线。单击"注释"，出现"注释"工具栏，单击"中心线"按钮，弹出"中心线"属性面板，依次单击待添加中心线的两条边线，即可添加中心线。手动将中心线两端拖出零件轮廓线外，如图 6-59 所示。

7）隐藏切边。右键单击带隐藏边线，在弹出的快捷菜单中选择"切边"-"切边不可见"，如图 6-60 所示。

至此，工程图已经创建完毕，如图 6-61 所示，保存文件。

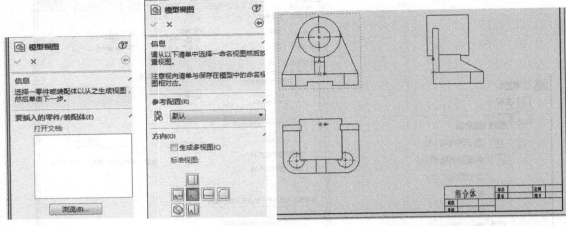

图 6-56　浏览　　　　图 6-57　标准视图　　　　图 6-58　插入模型视图

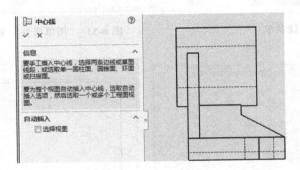

图 6-59　添加中心线

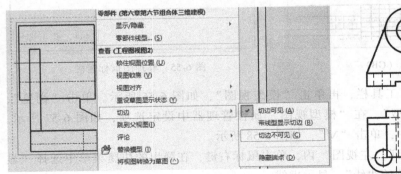

图 6-60　切边不可见

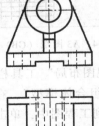

图 6-61　支架三视图

第七章

机件的常用表达方法

在实际生产中，机件的结构形状多种多样，仅用三视图表达是不够的。为了正确、完整、清晰地表达机件的内、外部结构形状，国家标准（GB/T 17451～17452—1998、GB/T 17453—2005、GB/T 4458.1—2002、GB/T 4458.6—2002、GB/T 16675.1—2012 等）规定了视图、剖视图、断面图、局部放大图和简化画法等基本表示法。在表达机件时必须严格遵守国家标准的规定。

第一节 视 图

视图是用正投影法将机件向投影面投射所得的图形，主要用来表达机件的外部形状。一般只画机件的可见部分，必要时才画出不可见部分。

视图分为：基本视图、向视图、斜视图和局部视图。

一、基本视图

机件向基本投影面投射所得的视图称为基本视图。基本投影面是在原有的三个投影面（V面、H面、W面）的基础上，再增设三个投影面，构成了一个正六面体，如图 7-1a 所

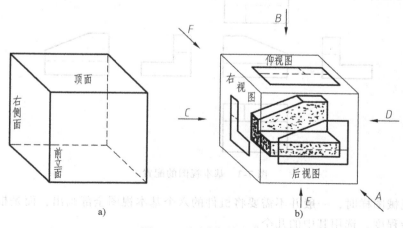

图 7-1 基本视图的形成

示。机件处在正六面体内，从机件的上、下、左、右、前、后六个方向分别向基本投影面投射就得到了六个基本视图，如图 7-1b 所示。

在基本视图中，除前面介绍过的主视图、俯视图和左视图外，还有：从右向左投射得到的右视图；从下向上投射得到的仰视图；从后向前投射得到的后视图。六个基本视图的展开方法如图 7-2 所示，展开后的视图配置如图 7-3 所示。在同一图样中，基本视图按图 7-3 所示配置时，各视图一律不标注视图名称。

六个基本视图仍保持与三视图相同的投影规律，即：主、俯、仰、后视图长对正，主、左、右、后视图高平齐，仰、左、俯、右视图宽相等，且除主、后视图外，其余四个视图中，远离主视图的一侧为机件的前面。主、后视图表达的机件的左右关系正好相反。

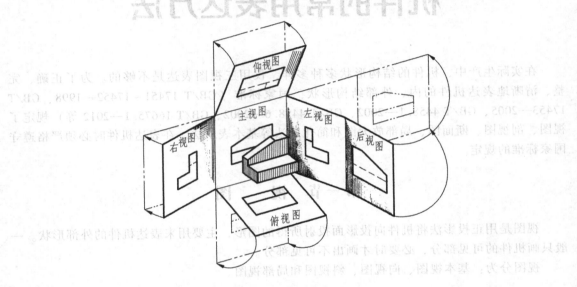

图 7-2　基本视图的展开

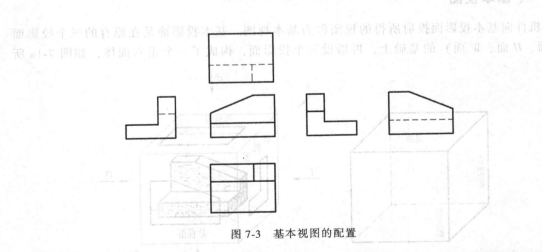

图 7-3　基本视图的配置

在绘制机械图样时，一般并不需要将机件的六个基本视图全部画出，而是根据机件的结构特点和复杂程度，选用其中的几个。

当不可见部分已表达清楚时，基本视图中的虚线是可以省略的，这样图样更清晰，避免了表达的重复性。如图7-3所示，由于主、俯、左视图已将右、仰、后视图中所表达的不可见部分表达清楚，故右、仰、后视图的虚线可省略。

二、向视图

实际绘图中，往往为了图纸布局的合理而改变基本视图的配置位置，这时将采用向视图来解决。如图7-4所示，在向视图的上方标注"×"（×为大写英文字母，如 A、B、C 等），并在相应的视图附近用箭头指明投射方向，且标注相同字母。

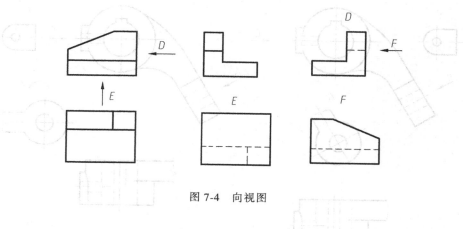

图 7-4　向视图

三、斜视图

将机件的倾斜部分向不平行任何基本投影面的平面投射所得的视图，称为斜视图。

如图7-5所示的机件，其左下部具有倾斜结构，它在基本投影面上的投影都不反映实形。此时，可以设立一个与该倾斜部分平行且与某一基本投影面垂直的新投影面，将该倾斜部分向新投影面投射，即可得到该倾斜结构的实形。如图7-6a所示的 A 向视图。

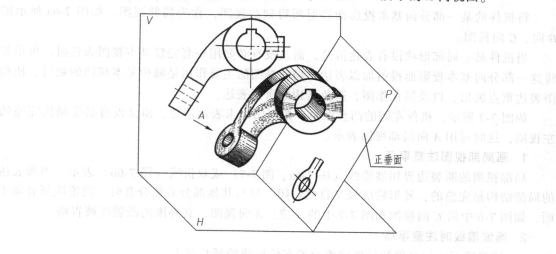

图 7-5　斜视图的直观图

画斜视图时应注意：

1）斜视图一般只画出倾斜结构的局部形状，机件的其余部分不必画出，其断裂边界用波浪线（图7-6a 的 A 向视图）或双折线（图7-6b 的 A 向视图）表示。

2）斜视图的配置和标注一般按向视图相应的规定，必要时允许将斜视图旋转配置，此时应加注旋转符号（旋转符号是一个带箭头的半圆，其半径等于字体高度 h，箭头指向应与旋转方向一致），表示该视图名称的大写英文字母必须靠近旋转符号的箭头端（图7-6b 的 A 向视图），也允许将旋转角度标注在字母之后，如"⌒A30°"。

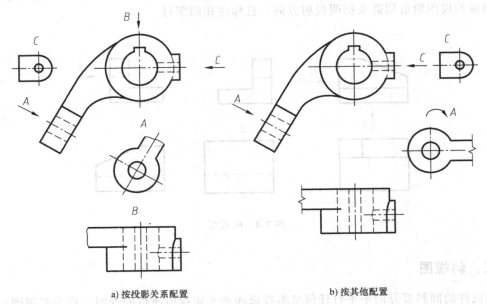

a) 按投影关系配置　　　　　　　　b) 按其他配置

图 7-6　斜视图和局部剖视图

四、局部视图

将机件的某一部分向基本投影面投射所得到的视图，称为局部视图。如图7-6a 所示的 B 向、C 向视图。

当机件某一局部形状没有表达清楚，而又没有必要用一套完整基本视图表达时，可单独将这一部分向基本投影面投射加以表达。局部视图的主要作用是减少基本视图的数目，使视图表达重点突出，以及简化作图，避免结构的重复表达。

如图7-7 所示，机件左侧的凸台在主、俯视图中未表达清楚，而又没有必要画出完整的左视图，这时可用 A 向局部视图表示。

1. 画局部视图注意事项

局部视图的断裂边界用波浪线（图7-6a、图7-7）或双折线（图7-6b）表示。当所表达的局部结构是完整的，外形轮廓线又自成封闭，且与其他部分截然分开时，波浪线可省略不画，如图7-6 中的 C 向视图和图7-7 中的（或）A 向视图，其外围的断裂线被省略。

2. 画波浪线时注意事项

1）波浪线不应与机件的轮廓线重合或在轮廓线的延长线上。

2）波浪线不应超出机件轮廓线。

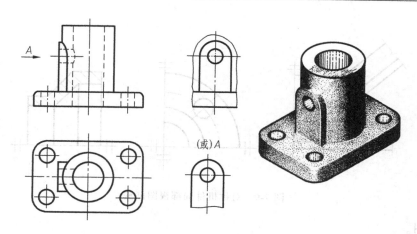

图 7-7 局部视图

3）波浪线不应穿空而过（如图 7-8c 所示的中心通孔处）。

由于选择断裂边界的不同，有可能导致波浪线画法的不同，如图 7-8 所示，表达同一机件时，采用的图中 a、b、c 三种局部视图都是正确的，但波浪线的画法是不同的。在绘制局部视图的波浪线时，一定要注意投影对应关系。

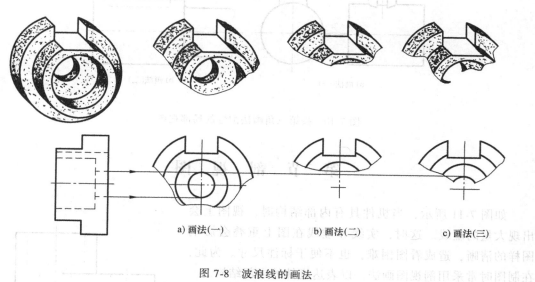

a) 画法(一)　　　　　b) 画法(二)　　　　　c) 画法(三)

图 7-8 波浪线的画法

3. 对称机件画法

对称机件的视图可只画一半或四分之一，并在对称中心线的两端画出两条与其垂直的平行细实线，如图 7-9 所示。这实际上是用对称中心线代替了断裂边界线的一种局部视图。

基本对称的机件的画法也可以这样处理。

4. 标注方法

局部视图按投影关系配置，中间又无其他视图隔开时，可省略标注，如图 7-7 中处于左视图位置的局部视图，投射方向和局部视图的名称不标注；否则需进行标注，如图 7-7 中 A

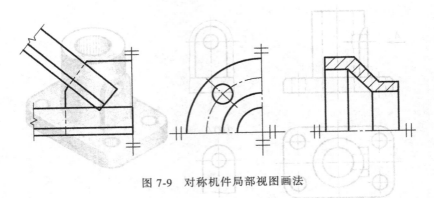

图 7-9　对称机件局部视图画法

向局部视图。

当按第三角画法（见本章第六节）配置在所表达的局部结构的视图附近，如图 7-10 中处于仰视图位置的局部视图，应用细点画线连接两图形，不必标注。

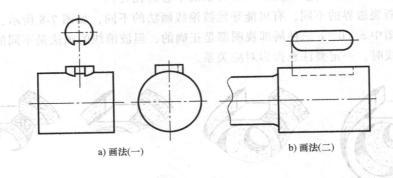

a) 画法(一)　　　　　　　　b) 画法(二)

图 7-10　按第三角画法配置的局部视图

第二节　剖　视　图

如图 7-11 所示，当机件具有内部结构时，视图上会出现大量的虚线。这时，实线和虚线在图上重叠会影响图样的清晰，造成看图困难，也不便于标注尺寸。为此，在制图时常采用剖视图画法，以表达机件的内部结构。

一、剖视图的概念及画法要求

1. 剖视图的概念

假想用剖切面（平面或柱面）剖开机件，将处在观察者与剖切面之间的部分移去，而将剩下部分向投影面投射，所得到的图形称为剖视图。

如图 7-12 所示，主视图采用了剖视图画法，原来不可见的孔成为了可见的，视图上的虚线在剖视图中变成

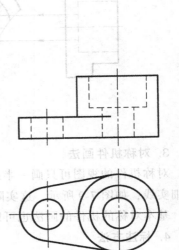

图 7-11　虚线表示内部结构

了粗实线，再加上剖面区域内画出了规定的剖面符号，图形层次变得分明，更加清楚。

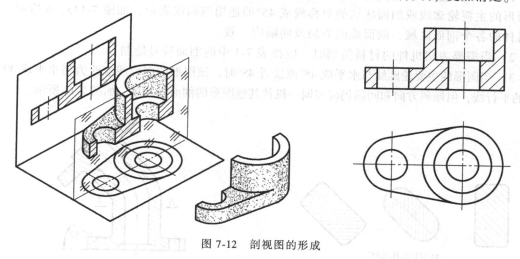

图 7-12　剖视图的形成

2. 剖面区域的表示法

国家标准规定，剖切面与机件接触的部分（即剖面区域）要画出剖面符号，并且规定了不同材料采用不同的剖面符号，见表 7-1。

表 7-1　剖面符号（摘自 GB/T 4457.5—2013）

金属材料 （已有规定剖面符号者除外）		木质胶合板 （不分层数）	
线圈绕组元件		基础周围的泥土	
转子、电枢、变压器和电抗器等的叠钢片		混凝土	
非金属材料 （已有规定剖面符号者除外）		钢筋混凝土	
型砂、填砂、粉末冶金、砂轮、陶瓷刀片、硬质合金刀片等		砖	
玻璃及供观察用的其他透明材料		格网 （筛网、过滤网等）	
木材	纵断面	液体	
	横断面		

注：1. 剖面符号仅表示材料的类型，材料的名称和代号另行注明。

2. 叠钢片的剖面线方向，应与束装中叠钢片的方向一致。

3. 液面用细实线绘制。

1）当不需要在剖面区域中表示机件的材料类别或表示用金属材料制造的机件时，采用与图形的主要轮廓线或剖面区域的对称线成45°的通用剖面线表示，如图7-13a、b所示。同一机件的各个剖面区域，剖面线的方向及间隔应一致。

2）当需要表明机件的材料类别时，应按表7-1中的剖面符号绘制。

3）当图形的主要轮廓线与水平成45°或接近45°时，该图形的剖面线应改为与水平成30°或60°的平行线，但倾斜方向和间隔仍应与同一机件其他图形的剖面线一致，如图7-14所示。

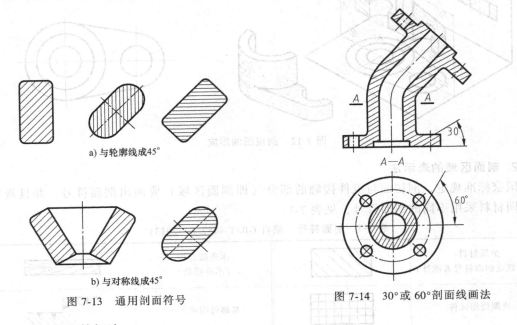

a) 与轮廓线成45°

b) 与对称线成45°

图 7-13　通用剖面符号

图 7-14　30°或60°剖面线画法

3. 剖视图的标注

剖视图一般应用规定的剖切符号、箭头和英文字母标注出剖切面的位置、剖切后的投影方向和剖视图的名称。

（1）剖切符号　剖切符号是指示剖切面起、讫和转折位置（用粗短画表示）及投射方向（用箭头表示）的符号。即在剖切面的起、讫和转折处画上粗短线，线宽1~1.5b，线长5~8mm，并尽量不与图形的轮廓线相交，在两端粗短线的外侧用箭头表示投影方向，并与剖切符号末端垂直，如图7-14所示。

（2）剖视图名称　在剖视图的正上方用大写英文字母标注剖视图名称，形式为"×—×"，并在剖切符号的附近注上同样的字母，如图7-14所示。

剖视图省略标注的几种情况：

1）省略箭头。当剖视图按投影关系配置，中间又无图形隔开，如图7-14所示。

2）省略所有标注。用单一剖切平面通过机件的对称面或基本对称面，且剖视图按投影关系配置，中间又无图形隔开时，如图7-12所示省略了标注；用单一剖切平面剖切，其剖切位置明显，不标注不致引起误解时。

4. 剖视图的画法

1）确定剖切面的位置。剖切面一般应通过机件的对称面或孔、槽轴线、中心线，以便反映结构实形，避免剖切出不完整要素或不反映实形的截面，如图7-12所示。

2）画剖视图。先画剖切面与机件实体接触部分的轮廓线，即剖面区域的轮廓线，然后再画出剖面区域之后的机件可见部分的轮廓线。看不见的轮廓线——虚线，只要不影响机件结构形状的完全表达，可以省略不画，如图7-12所示的主视图。

3）在剖面区域内画剖面线。

4）标注。

画剖视图时应注意：

1）剖视图只是假想将机件剖开，因此，在表达某一机件的一组视图中，一个视图画成剖视图以后，其他视图仍应完整画出，如图7-12所示的俯视图。

2）剖切面后面的可见轮廓线应全部画出，不能遗漏，如图7-15所示。

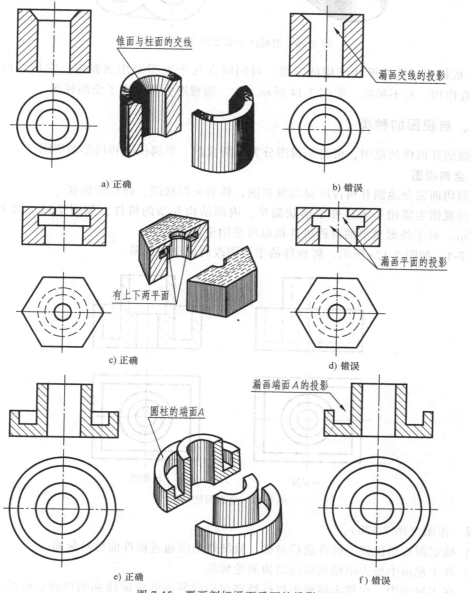

图 7-15　要画剖切平面后面的投影

3）剖视图中一般不画不可见轮廓线，只有对尚未表达清楚的结构形状，才用虚线画出。如图 7-16 所示，为了表达机件的底盘厚度，而在剖视图中采用虚线表示，这样有效地减少了视图数量，而又不会严重影响剖视图的清晰程度。

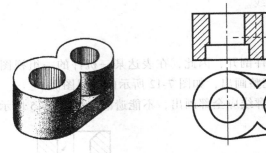

图 7-16　剖视图中必要的虚线要画出

4）根据表达机件形状结构的需要，可同时在几个视图采用剖视图，它们之间相互独立、各有作用、互不影响。如图 7-14 所示，主、俯视图分别采用了全剖视图。

二、剖视图的种类

根据剖开机件的范围，可将剖视图分为全剖视图、半剖视图和局部剖视图。

1. 全剖视图

用剖切面完全地剖开机件所得的剖视图，称为全剖视图，简称全剖视。

全剖视图主要用于表达外部形状简单，内部结构复杂的机件，如图 7-12、图 7-14、图 7-16 所示。对于外形简单的对称机件机也可采用全剖视图。

例 7-1　如图 7-17a 所示，将机件的主视图改画成全剖视图。

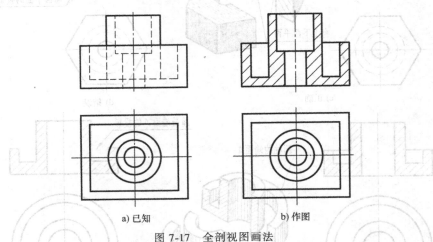

a) 已知　　　　　　　　　b) 作图

图 7-17　全剖视图画法

解　作图（图 7-17b）：

1）确定剖切面位置。机件前后对称，故剖切面应通过机件前后对称面。

2）在主视图中擦去剖切面前面结构的轮廓线。

3）在主视图中，用粗实线画出机件被剖切后的断面的轮廓线和剖切面后面的可见轮廓线，擦去不可见轮廓线——虚线。

4）在剖面区域画剖面符号。

5）标注。由于剖切面通过机件的对称面，且剖视图按投影关系配置，中间又无图形隔开，故可省略标注。

2. 半剖视图

当机件具有对称平面时，在垂直于对称面的投影面上的投影所得的图形以对称中心线为界，一半画成剖视图，另一半画成视图，这种组合的图形称为半剖视图，简称半剖视，如图7-18所示。

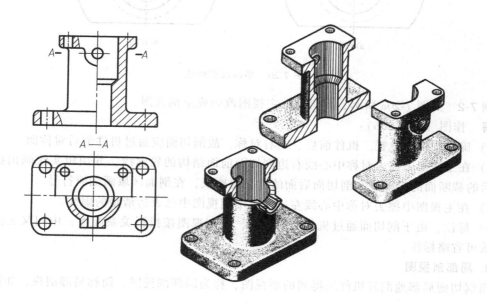

图 7-18　半剖视图

半剖视图主要用于内、外形状都需要表达的对称机件，如图7-18所示。当机件的形状接近于对称，且不对称部分已另有视图表达清楚时也可画成半剖视图，如图7-19所示。

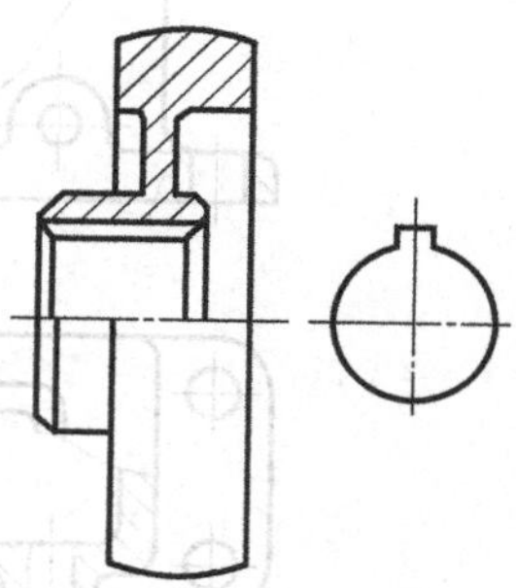

绘制半剖视图时应注意：

1）在半剖视图中，半个视图与半个剖视图的分界线为细点画线，不得是其他任何图线。剖视部分的配置应遵循在主视图和左视图中，配置在对称线右侧；在俯视图中，配置在对称线下方，如图7-18所示。

2）由于机件的内部形状已经在半个剖视图中表达清楚，所以在半个视图上的虚线省略，但对于孔、槽等结构需用细点画线表示其中心位置，如图7-18所示主视图的半个剖视图中，用以表达安装板上的通孔中心位置的细点画线。

半剖视图的标注方法与全剖视图相同。注意剖切符号要画在图形轮廓线以外，如图7-18所示的"A—A"。

图7-19　半剖视图的应用

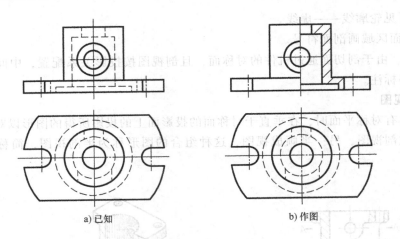

a) 已知　　　　　　　　　　　b) 作图

图 7-20　半剖视图画法

例 7-2　如图 7-20a 所示，将机件的主视图改画成半剖视图。

解　作图（图 7-20b）：

1）确定剖切面位置。机件前后、左右对称，故剖切面应通过机件前后对称面。

2）在主视图中擦去对称中心线右边剖切面前面结构的轮廓线，并用粗实线画出机件被剖切后的截断面的轮廓线和剖切面后面的可见轮廓线，在剖面区域画剖面符号。

3）在主视图中擦去对称中心线左边在半个剖视图中已表达清楚的虚线。

4）标注。由于剖切面通过机件的对称面，且剖视图按投影关系配置，中间又无图形隔开，故可省略标注。

3. 局部剖视图

用剖切面局部地剖开机件所得到的剖视图，称为局部剖视图，简称局部剖视，如图 7-21 所示。

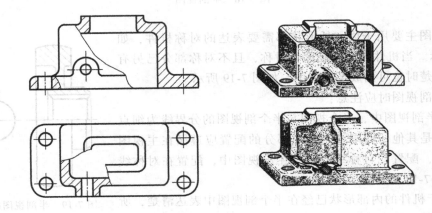

图 7-21　局部剖视图（一）

局部剖视图主要用于表达内、外形状需要在同一图形表达的不对称的机件，或虽然对称但不宜做半剖的机件（图 7-22），以及带有孔、凹坑和键槽等局部结构的实心机件（图 7-23）。

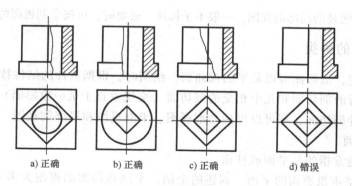

　　a) 正确　　　　b) 正确　　　　c) 正确　　　　d) 错误

图 7-22　局部剖视图（二）

　　局部视图是一种灵活、便捷的表达方法，它的剖切位置和剖切范围可根据实际需要确定。在一个视图中，过多地采用局部剖视，将使图形零乱，破坏图形的完整性，给看图带来困难。

　　绘制局部剖视图时应注意：

　　1）被剖切部位的局部结构为回转体时，允许将该结构的中心线作为分界线，如图 7-24 所示。

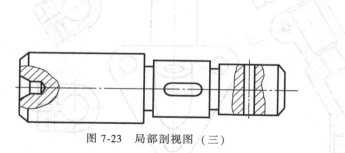

图 7-23　局部剖视图（三）

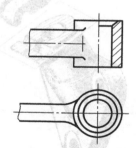

图 7-24　中心线作为分界线

　　2）局部剖视图中，剖视部分与视图部分以波浪线分界，以表示机件断裂处的边界线。波浪线应画在机件的实体部分，不应超出视图轮廓线，也不能与其他图线重合，如图 7-25 所示。

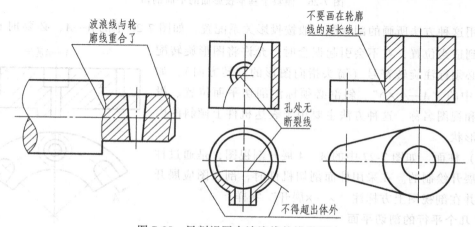

图 7-25　局剖视图中波浪线的错误画法

对于剖切位置明显的局部剖视图，一般不予标注。必要时，可按全剖视图的标注方法标注。

三、剖切面的种类

国家标准规定，剖切面可以是平面或曲面。绘图时，根据机件的结构特点，可选用单一剖切面、几个平行的剖切面和几个相交的剖切面（交线垂直于某一投影面）进行表达。

无论采用哪种剖切面，都可以得到全剖视图、半剖视图和局部剖视图。

1. 单一剖切面

单一剖切面通常指的是平面或柱面。

（1）平行于基本投影面的平面　前述的全剖、半剖和局部剖视图大多采用了这种平面，这里不再赘述。

（2）倾斜于基本投影面的平面（单一斜剖切平面）　用倾斜于基本投影面的平面剖开机件的方法称为斜剖。如图 7-26 中的 $A—A$ 剖视图，就是采用通过螺孔轴线并与倾斜结构轴线垂直的剖切平面进行剖切，然后投射到与剖切面平行的投影面上得到的斜剖视图。

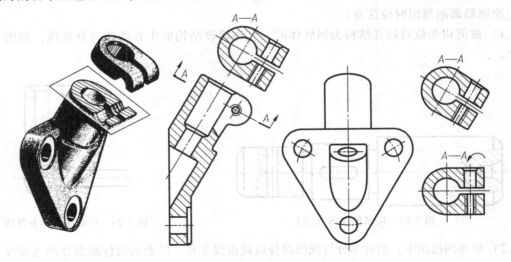

图 7-26　倾斜于基本投影面的平面剖切

采用这种方法所画的剖视图一般按投影关系配置，如图 7-26 中的 $A—A$，必要时也可将其平移到适当位置，在不会引起误会时，允许将图形旋转配置，但必须标注旋转符号（箭头指向图形的旋转方向），如图 7-26 中的 "$A—A$ ⌒"。斜剖必须标注剖切平面位置、投射方向和视图名称。这种方法主要用于表达机件上倾斜的内部结构形状。

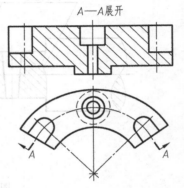

（3）柱面　如图 7-27 中的 $A—A$ 展开剖视图，是通过柱面剖切展开绘制的。在采用柱面剖切机件时，剖视图应展开绘制，并在剖视图上方标注 "×—×展开" 字样。

2. 几个平行的剖切平面

机件上如果有若干不在同一平面上而又需要在同一图形

图 7-27　单一柱面剖切

上表达的内部结构时，可假想采用几个（两个或两个以上）平行的剖切平面剖开机件，然后进行投射。各剖切平面的转折处必须是直角，这种剖切机件的方法称为阶梯剖。

　　如图7-28所示，用一个剖切平面不能把机件四角处的孔和中间部位的U形槽都剖切到，这时采用两个相互平行的剖切平面剖切，然后向正立面投影，得到全剖视的主视图。当机件的孔、槽等内部结构具有互相平行的对称面时，往往采用这种剖切方式。

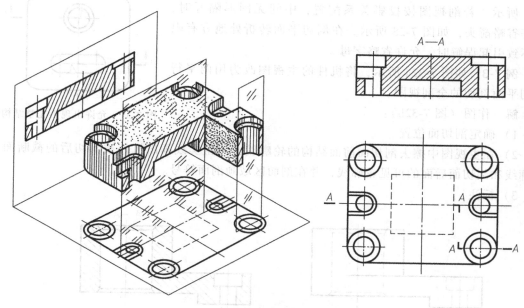

图 7-28　几个平行的剖切平面剖切机件

用阶梯剖方法绘制剖视图时应注意：

　　1）不要画出各剖切平面的分界线投影，即转折处不应在剖视图中画出轮廓线，应把它看成一个整体，如图7-29所示。

　　2）剖切符号不应与轮廓线重合，如图7-29所示。

　　3）避免产生不完整要素，如图7-30所示。只有当机件上的两个要素具有公共对称中心

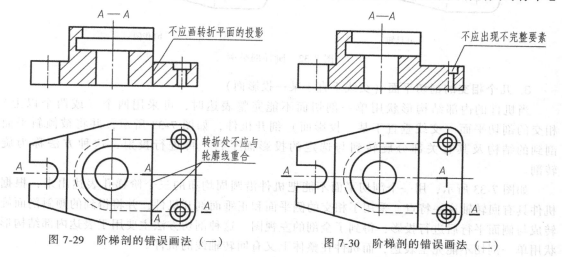

图 7-29　阶梯剖的错误画法（一）　　　　图 7-30　阶梯剖的错误画法（二）

线或轴线时，才可以各剖一半，合并成一个剖视图，并以对称中心或轴线为分界线，如图7-31所示的主视图。

4）所画的剖视图必须标注，在剖切平面的起、讫和转折处，要用相同的字母及剖切符号表示剖切位置，用箭头指明投影方向，并在相应的剖视图上方标出图形名称"×—×"，如图7-31所示。若剖视图按投影关系配置，中间无图形隔开时，允许省略箭头，如图7-28所示。在剖切平面转折处地方有限且不致引起误解时，允许省略字母。

例7-3　如图7-32a所示，将机件的主视图改为用两平行剖切平面剖切的全剖视图。

解　作图（图7-32b）：

1）确定剖切面位置。

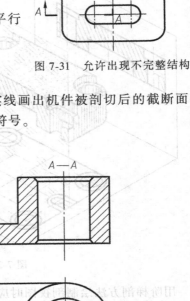

图7-31　允许出现不完整结构

2）在主视图中擦去剖切面前面结构的轮廓线，用粗实线画出机件被剖切后的截断面的轮廓线和剖切面后面的可见轮廓线，并在剖面区域画剖面符号。

3）标注。

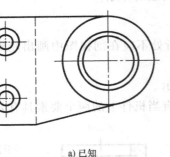

a) 已知　　　　　　　　　　　b) 作图

图7-32　阶梯剖举例

3. 几个相交的剖切平面（交线垂直于某一投影面）

当机件的内部结构形状用单一剖切面不能完整表达时，可采用两个（或两个以上）相交的剖切平面（交线垂直于某一投影面）剖开机件，如图7-33所示，并将被倾斜平面剖到的结构及其有关部分旋转到与选定的投影面平行，再进行投射，这种方法称为旋转剖。

如图7-33所示，用一个剖切平面不能把机件沿圆周均布的三个阶梯孔表达出来，根据机件具有回转轴这一特点，采用了相交的侧平面和正垂面剖开机件，并将得到的倾斜剖面旋转成与侧面平行后进行投影，得到了全剖的左视图。这种剖切方法主要用于表达内部结构形状用单一剖切不能完全表达，而机件在整体上又有回转轴线的机件。

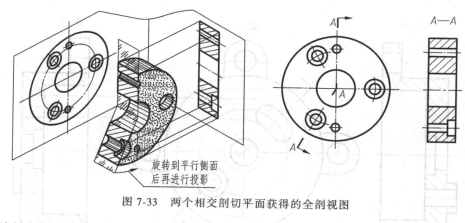

图 7-33　两个相交剖切平面获得的全剖视图

用旋转剖方法绘制剖视图时应注意：

1）两剖切面的交线应与旋转轴线重合，并垂直于某一基本投影面。

2）剖开的倾斜部分应先旋转至与投影面平行位置，然后再投射作图。特别注意剖切平面后的结构一般仍按原位置画出，如图 7-34 所示的剖切面后的小孔。

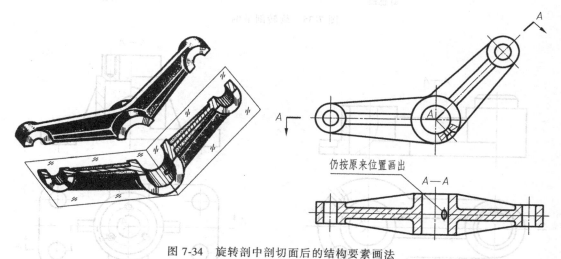

图 7-34　旋转剖中剖切面后的结构要素画法

3）采用该种剖切平面，必须对获得的剖视图进行标注，标注方法与几个平行的剖切面剖切得到的剖视图相同。这里要注意箭头表示的是投射方向，而不是旋转方向。

例 7-4　如图 7-35a 所示，求作 *B—B* 剖视图。

解　分析：由图 7-35a 知，需求作的 *B—B* 剖视图是用两相交的侧平面和正垂面剖切机件获得的全剖左视图，作图过程如图 7-35b 所示。

注意：求作 *B—B* 剖视图时，先将被切到的倾斜部分旋转到与侧平面平行后再投影。

图 7-36 所示的局部剖，是两个相交的剖切平面剖切机件，画出的局部剖视图。

4. 组合的剖切平面

除阶梯剖、旋转剖外，用组合的剖切平面剖开机件的方法称为复合剖。如图 7-37 所示就是用复合剖来表达了机件各部分不同形状和位置孔等结构。

复合剖一定要标注，标注的方法与阶梯剖、旋转剖相同，如图 7-37 所示。

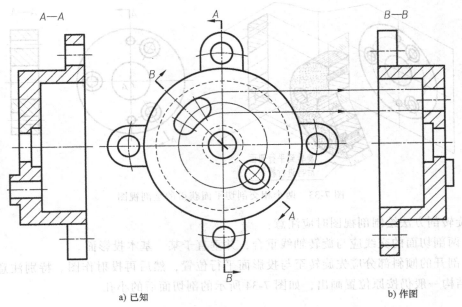

a) 已知　　　　　　　　　　　　　　　　　　b) 作图

图 7-35　旋转剖举例

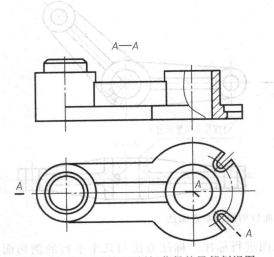

图 7-36　两相交剖切面剖切获得的局部剖视图

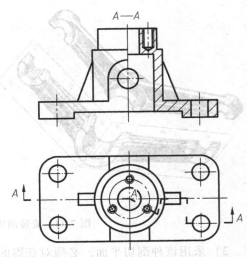

图 7-37　组合剖切面剖切获得的半剖视图

第三节　断　面　图

　　假想用剖切平面将机件的某处断开，仅画出该剖切面与机件接触部分的图形，称为断面图，简称断面。

　　实际上，断面图是用垂直于结构要素的中心线（轴线或主要轮廓线）的剖切平面剖切机件后，然后将断面图形旋转 90°，使之与图纸面重合得到的。断面图与剖视图是有区别的，断面图只画出断面形状，如图 7-38b 所示。而剖视图除了需要画出断面形状外，还要画出机件位于剖切面后面可见轮廓的投影，如图 7-38c 所示。

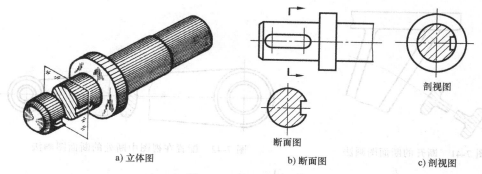

a) 立体图　　　　　　　　b) 断面图　　　　　　　c) 剖视图

图 7-38　断面图的形成

　　断面图主要表达机件某一部分的断面形状，如肋板、轮辐和轴上的孔、槽，以及型材断面等。

　　根据断面图在图样中的位置，断面图可分为移出断面图和重合断面图。

一、移出断面

　　画在视图之外的断面图，称为移出断面图，简称移出断面。

1. 移出断面图的画法

　　1）轮廓线用粗实线绘制，并在断面上画出剖面符号。

　　2）当剖切平面通过回转而形成的孔或凹坑的轴线时，则这些结构按剖视图要求绘制，如图 7-39 所示。注意，这里所说的按剖视图绘制的对象指的是被剖切到的要素。

　　3）当剖切平面通过非圆孔，会导致出现完全分离的断面时，则这些结构应按剖视图要求绘制，如图 7-40 所示。

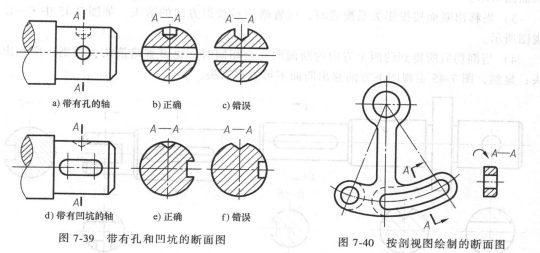

a) 带有孔的轴　　　b) 正确　　　c) 错误

d) 带有凹坑的轴　　　e) 正确　　　f) 错误

图 7-39　带有孔和凹坑的断面图

图 7-40　按剖视图绘制的断面图

　　4）由两个或多个相交的剖切平面剖切得出的移出断面图，中间一般应断开，如图 7-41 所示。

　　5）移出断面的图形对称时，也可画在视图的中断处，如图 7-42 所示。

2. 移出断面图的配置和标注

　　1）移出断面应尽量画在剖切线的延长线上，必要时也可画在其他位置。在不致引起误解时，允许将图形旋转画出，如图 7-43 所示。

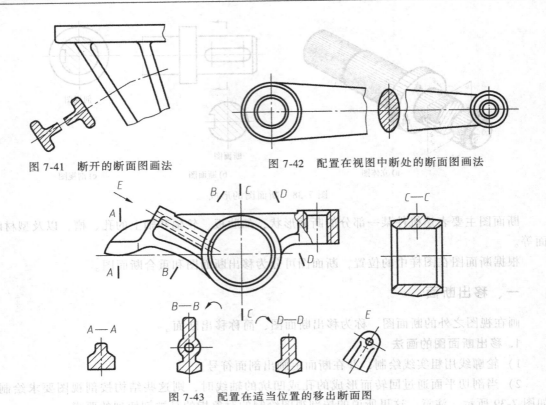

图 7-41　断开的断面图画法　　　　　图 7-42　配置在视图中断处的断面图画法

图 7-43　配置在适当位置的移出断面图

2）当移出断面配置在剖切线延长线上时，可省略标注字母，如图 7-38a、图 7-44 左侧断面图所示。

3）当移出断面按投影关系配置时，可省略表示投射方向的箭头，如图 7-45 中 $C-C$ 向视图所示。

4）当剖切后所得到的两个方向的断面图完全相同时，也可省略箭头；否则，应画出箭头；显然，图 7-45 主视图下方的移出断面不可省略箭头。

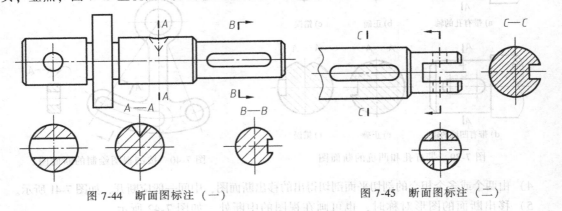

图 7-44　断面图标注（一）　　　　　图 7-45　断面图标注（二）

二、重合断面图

画在视图之内的断面图称为重合断面图，简称重合断面。重合断面适用于断面形状简单，画在基本视图内不影响图形清晰的场合。

1. 重合断面的画法

重合断面的轮廓线用细实线绘制，并在断面上画出剖面符号，如图 7-46a 所示。当重合断面与视图中轮廓线重合时，视图的轮廓线应连续画出，不得间断，如图 7-46a、b 所示。

2. 重合断面的标注

对称的重合断面不必标注，如图 7-46d 所示肋的断面图。不对称的重合断面可省略标注，如图 7-46b 所示。

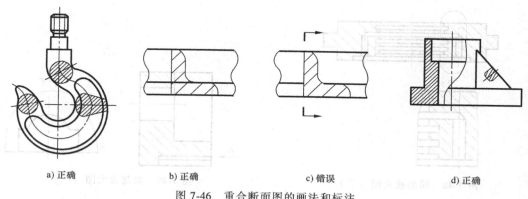

| a) 正确 | b) 正确 | c) 错误 | d) 正确 |

图 7-46 重合断面图的画法和标注

第四节 其他表达方法

一、局部放大图

将图样中所示机件的部分结构，用大于原图形的比例所绘出的图形，称为局部放大图。它用来表达按原图比例不能清晰表达的机件局部结构，或虽表达清楚但不便标注尺寸的局部结构，如图 7-47 所示。

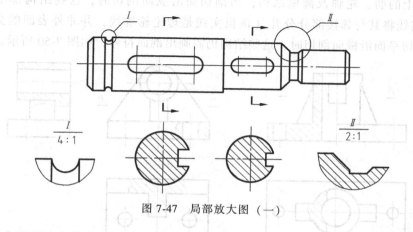

图 7-47 局部放大图（一）

局部放大图的比例指的是该图形中机件要素的线性尺寸与实际机件相应要素的线性尺寸之比，与原图形的比例无关。

1. 绘制局部放大图时的注意事项

1）局部放大图与被放大结构的原表达方法无关，可画成剖视图、剖面图、视图，如图7-47中"**Ⅱ**"局部放大图。

2）为便于读图，局部放大图应画在被放大部分的附近。局部放大图的投影方向必须与原图中的投影方向一致，与整体联系的部分用波浪线画出。局部放大图画成剖视或断面图时，其剖面符号应与原图中的相同，剖面线间距不随之放大，如图7-48所示。

3）另取投影方向的局部视图可画成局部放大图，如图7-49所示。

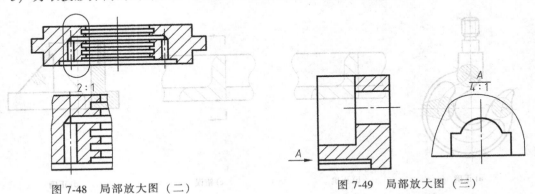

图 7-48 局部放大图（二）   图 7-49 局部放大图（三）

2. 局部放大图的标注方法

用细实线在原图上圈出放大部分，当同一机件上出现了几个需要局部放大的部分，这时须用细实线引出，并用罗马数字（Ⅰ、Ⅱ、Ⅲ、Ⅳ、…）逐一标明，且放大图的正上方应标注同样的字母和局部放大图的比例，如图7-47所示。当机件上只有一部分需放大时，不必标注，只在放大图的正上方标注比例，如图7-48所示。

二、规定画法和简化画法

1. 规定画法

1）机件上的肋、轮辐及薄壁结构，当剖切面沿纵向剖切时，这些结构都不画剖面符号，而用粗实线将其与邻接部分分开（该粗实线是理论轮廓线，并非外表面的交线或外轮廓线）；当剖切平面沿横向剖切时，这些结构仍需画出剖面符号，如图7-50所示。

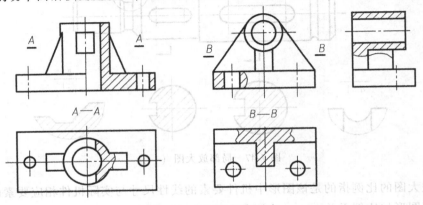

图 7-50 肋板的规定画法

2）当机件回转体上均匀分布的肋、轮辐和孔不处于剖切平面上时，可将这些结构旋转到剖切面上画出，不用任何标注，如图7-51所示的肋。

2. 相同结构的简化画法

1）机件上具有若干个相同结构（如齿、槽等）按一定规律分布时，只需画出几个完整结构，其余用细实线连接，但必须标注该结构的总数量，如图7-52a、b所示。

若为直径相同的孔（圆孔、螺纹孔、沉孔等），可仅画出一个或几个，其余只需要用点画线表示其中心位置，并在图上注明孔的总数，如图7-52c、d所示。

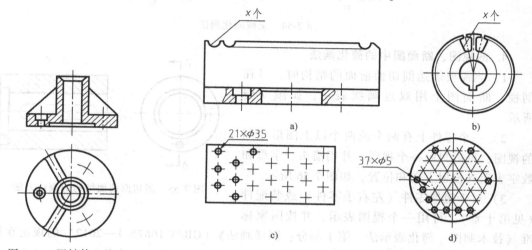

图 7-51　回转体上均布
　　　　结构的规定画法

图 7-52　相同结构的简化画法

2）对于法兰和类似机件上均匀分布在圆周上直径相等的孔，可按图7-53所示的方法表达，图中点画线半圆的圆心在法兰孔所在的法兰外端面圆心点处。

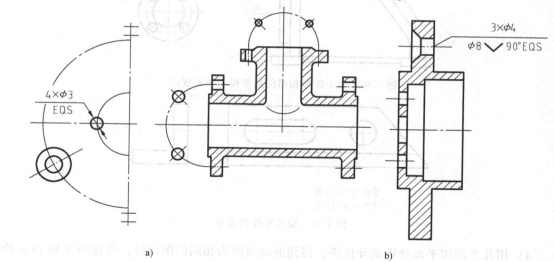

图 7-53　均匀分布同直径孔的简化画法

3. 交线的简化画法

如图7-54所示，圆柱交线可用圆柱轮廓线代替。

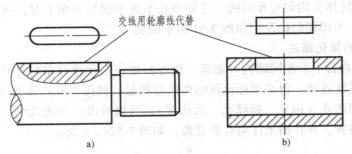

图 7-54　交线简化画法

4. 剖视图、断面图中的简化画法

1) 当需要表达剖切面前面的结构时，可在剖视、断面图上用双点画线表示，如图 7-55 所示。

2) 一个零件上有两个或两个以上图形相同的视图，可以只画一个视图，并用箭头、字母和数字表示其投射方向和位置，如图 7-56 所示。

3) 对于镜像零件（左右手零件）或装配件（见第十章），可用一个视图表示，并按国家标准《技术制图　简化表示法　第 1 部分：图样画法》（GB/T 16675.1—2012）的规定在图形下方注写必要的说明，如图 7-57 所示。

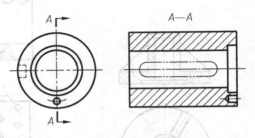

图 7-55　剖切面前面结构的表达方法

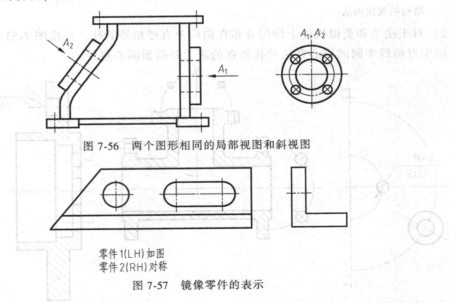

图 7-56　两个图形相同的局部视图和斜视图

零件1(LH)如图
零件2(RH)对称

图 7-57　镜像零件的表示

4) 用几个剖切平面分别剖开机件，得到的剖视图为相同的图形时，可按图 7-58 所示的形式标注。

5) 可将投射方向一致的几个对称图形各取一半（或四分之一）合并成一个图形，并按图 7-59 所示标注。

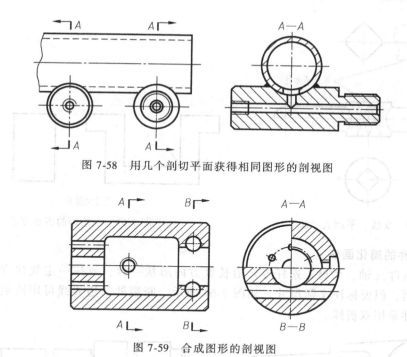

图 7-58　用几个剖切平面获得相同图形的剖视图

图 7-59　合成图形的剖视图

6）在不致引起误解时，机件的移出断面允许省略剖面符号，但剖切位置、剖面图是否标注，必须遵照前面讲述的标注原则执行，如图 7-60 所示。

5. 某些投影的简化画法

1）机件上与投影面倾角小于 30°的圆或圆弧，投影可用圆或圆弧代替，如图 7-61 所示。

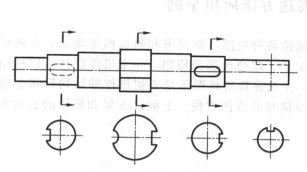

图 7-60　剖面符号的省略画法

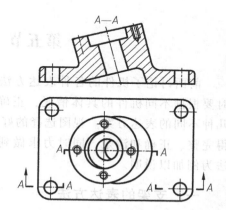

图 7-61　与投影面倾角小于 30°
圆的投影的简化画法

2）当图形不能充分表达平面时，可采用平面符号（两相交的细实线）表示，如图 7-62 所示。

3）除确实需要表示的圆角、倒角外，其余圆角、倒角在零件图中均可省略不画，但必须注明尺寸，或在技术要求中加以说明，如图 7-63 所示。

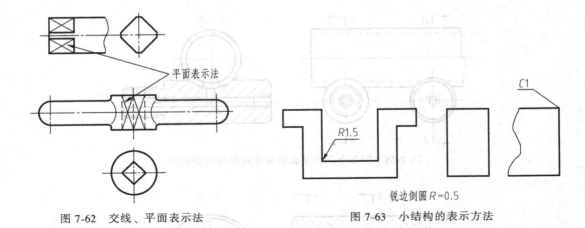

图 7-62　交线、平面表示法　　　　　　图 7-63　小结构的表示方法

6. 长机件的简化画法

较长的机件（轴、型材、连杆等）沿长度方向形状一致，或按一定规律变化时，可断开后缩短绘制，但要标注实际尺寸，如图 7-64 所示。断裂处的边界线可用波浪线或双点画线，较大机件采用双折线。

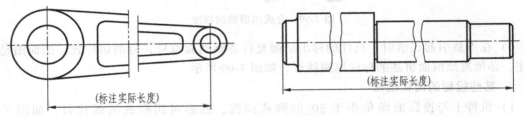

（标注实际长度）　　　　　　　　　（标注实际长度）

图 7-64　较长机件的折断画法

第五节　表达方法应用举例

前面讨论了机件的各种表达方法，包括各种视图、剖视图和断面图等画法，在画图时要根据不同机件的具体情况，正确、灵活、综合地选择使用。一个机件往往可以选用几种不同的表达方案。视图选择的好坏，首先看其所画图形是否把机件的结构形状表达得完整、正确和清楚，同时力求做到画图简单和读图方便。下面以支架和箱体的表达方法为例加以说明。

一、支架的表达方法

如图 7-65a 所示支架，为了表达支架的内、外形状，主视图采用了局部剖视（图 7-65b），这样既表达了水平圆柱、十字肋板和倾斜底板的外部形状与相对位置，又表达了水平圆柱上的轴孔和倾斜板上四个小孔的内部结构形状；为了表达水平圆柱和十字肋板的连接关系，采用了 B 向局部视图（配置在左视图的位置上）；为了表达倾斜板的实形和小孔的分布情况，采用了 A 向斜视图；为了表达十字肋板的断面形状，采用了移出断面图。这样，仅用了四个图形，就能完整、清楚地表达支架的形状。

二、蜗轮减速箱箱体的表达方法

从图 7-66 所示的蜗轮减速箱箱体的轴测图中可以看出，整个箱体由左上部分的壳体、壳体右侧的圆筒、圆筒下面的支撑肋板以及底板组成。为了完整、清晰地表达出箱体的内外结构形状，采用图 7-67 所示的表达方案：箱体采用主、俯、左三个基本视图和三个局部视图表达；主视图采用通过箱体前、后对称平面的单一剖切面的全剖视图；左视图采用单一剖切面的半剖视图和局部剖视图。

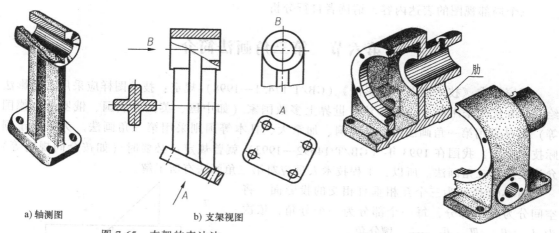

a) 轴测图　　　　　　b) 支架视图

图 7-65　支架的表达法　　　　　　图 7-66　蜗轮减速箱箱体轴测图

肋

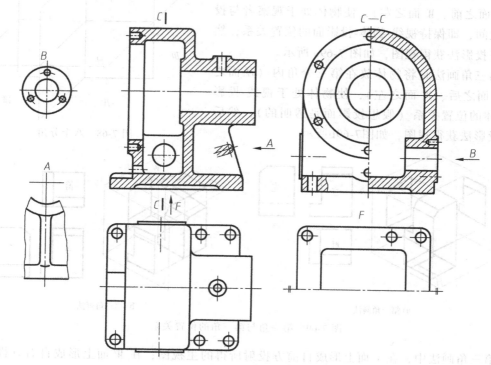

图 7-67　蜗轮减速箱箱体表达方案

163

主、左视图表达了箱体壳体部分的拱门状外形及与外形相类似的内腔，即：壳体左侧的圆柱形凸缘及凸缘上分布的六个小孔及孔深，凸缘下方的出油孔，壳体内腔前后部位突出的方形凸台及凸台中间的圆柱形轴孔。

底板的形状及六个通孔，底板左端上面的圆弧形凹槽及底板下面凹槽的长、宽、深度在主、俯、左视图中已表达。

壳体右侧的圆筒及其上的圆柱形凸台、凸台上面开的小孔通过主、俯视图表达清楚。

圆筒下方的肋板形状通过主视图表达清楚。

三个局部视图的表达内容，请读者自行分析。

第六节 第三角画法简介

国家标准《技术制图 投影法》（GB/T 17451—1998）规定：技术图样应采用正投影法绘制，并优先采用第一角投影法。世界上多数国家（如中国、英国、法国、俄罗斯、德国等）都是采用第一角画法，但是美国、加拿大、日本等国则采用第三角画法。为了便于国际技术交流，我国在 1993 年（GB/T 14692—1993）就曾规定：必要时（如按合同规定等）允许使用第三角画法。所以，工程技术人员应对第三角画法有所了解。

图 7-68 所示为三个互相垂直相交的投影面，将空间分为八个部分，每一个部分为一个分角，依次为 Ⅰ、Ⅱ、Ⅲ、Ⅳ、…、Ⅷ分角。

第一角画法是将物体放在第一分角内（H 面之上、V 面之前、W 面之左），使物体处于观察者与投影面之间，即保持视线-物体-投影面的位置关系，然后用正投影法获得视图，如图 7-69a 所示。

第三角画法是将物体放在第三分角内（H 面之下、V 面之后、W 面之左），使物体处于视线-投影面-物体的位置关系（假想投影面是透明的），然后用正投影法获得视图，如图7-69b所示。

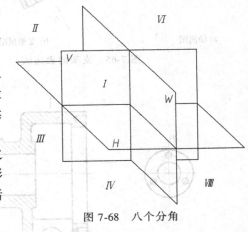

图 7-68 八个分角

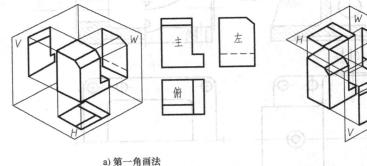

a) 第一角画法

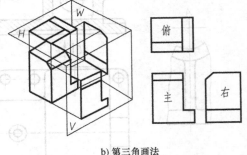

b) 第三角画法

图 7-69 第一角与第三角的位置关系

第三角画法中，在 V 面上形成自前方投射所得的主视图；在 W 面上形成自右方投射所得的右视图；在 H 面上形成自上方投射所得的俯视图。如图 7-69b 所示，令 V 面不动，将

H、W 面绕 OX、OZ 轴向上、向右旋转 $90°$，得到物体的三视图。与第一角画法相同，主、俯、右视图也要符合"长对正、高平齐、宽相等"的投影关系。

第三角画法与第一角画法一样，也有六个基本视图。将物体向正六面体的六个平面（基本投影面）进行投射，然后按图 7-70 所示展开，即得六个基本视图。它们的配置如图 7-71a 所示。

图 7-70　第三角画法中六个基本视图的展开

第三角和第一角画法在各自的投影面体系中，由于物体、观察者、投影面之间的相对位置不同，决定了它们的六个基本视图的配置位置不同，如图 7-71 所示。第三角画法中除主视图和后视图保持不动外，其余视图与第一角画法中的各视图互换了配置位置。

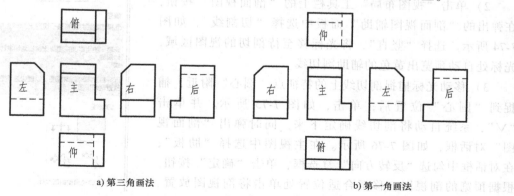

a) 第三角画法　　　　　　　　　　　　　　　　b) 第一角画法

图 7-71　第三角画法与第一角画法的基本视图对比

在国际标准 ISO 中规定，为了区别两种投影，在标题栏内用一个标志符号表示，如图 7-72a、b 分别为第三角画法和第一角画法标志。

a) 第三角画法　　　　　　　　　b) 第一角画法

图 7-72　两种投影法标记符号

图 7-73 所示为机件的第三角和第一角画法对比。只有弄清楚机件的视图采用的是哪一角投影，才能正确判断出视图中最小的圆孔的位置。

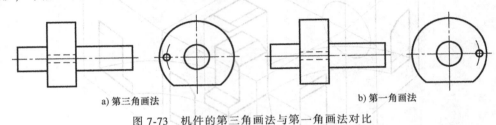

a) 第三角画法　　　　　　　　　b) 第一角画法

图 7-73　机件的第三角画法与第一角画法对比

第七节　用 SolidWorks 绘制剖视图

剖视图是通过用一个剖切面分割父视图所生成的，属于派生视图，然后借助于分割线拉出预览投影，在工程图投影位置上生成一个剖视图。剖视图可以是直线剖切面或是阶梯剖切线定义的等距剖切面。

一、全剖视图

1．全剖左视图

1）选择"文件"下拉菜单，选择"打开"，选择"组合体工程图"，打开组合体三视图。

2）单击"视图布局"工具栏上的"剖面视图"按钮，在弹出的"剖面视图辅助"面板中选择"切割线"，如图 7-74 所示。选择"竖直"，将光标移至待剖切的视图区域，光标处自动预览出黄色的辅助剖切线。

3）移动光标捕捉剖切线上的特征点"圆心"附近，捕捉到"圆心"位置后，单击，如图 7-75 所示。并单击"√"，系统自动将剖切线确定下来，同时弹出"剖面视图"对话框，如图 7-76 所示。在主视图中选择"肋板"，在对话框中勾选"反转方向"复选框，单击"确定"按钮。根据预览的剖视图，移至合适位置处单击将剖视图放置，便完成剖视图的生成，如图 7-77 所示。

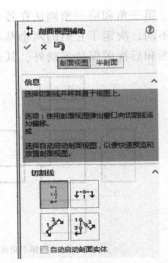

图 7-74　"剖面视图辅助"面板

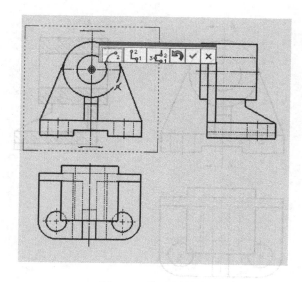

图 7-75 放置剖切线

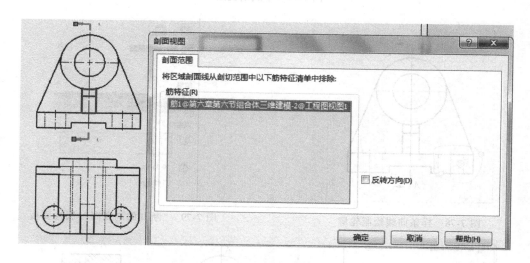

图 7-76 选择剖面范围

2. 添加中心线

单击"注释",出现"注释"工具栏,单击"中心线"按钮,弹出"中心线"属性面板,依次单击待添加中心线的两条边线,即可添加中心线,手动将中心线两端拖出零件轮廓线外。

二、局部剖视图

1)单击"视图布局"工具栏上的"断开的剖视图"按钮,使用"样条曲线"命令绘制断开剖面视图的封闭轮廓,如图 7-78 所示。

2)出现"断开的剖视图"属性面板如图 7-79 所示,选择"俯视图"中的"圆"作为深度参考,如图 7-80 所示,生成断开的剖视图。

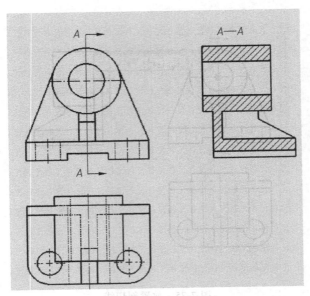

图 7-77　生成剖视图

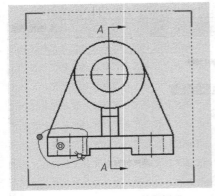

图 7-78　样条曲线绘制轮廓

图 7-79　"断开的剖视图"属性面板

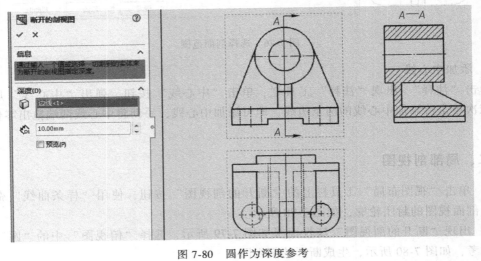

图 7-80　圆作为深度参考

3）隐藏主、俯视图中可以省略不画的虚线。

至此，已经完成了该组合体的剖视图创建，如图 7-81 所示，保存图样。

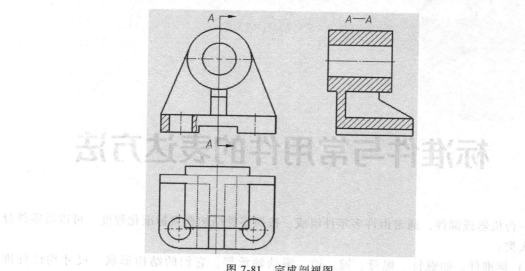

图 7-81　完成剖视图

第八章

标准件与常用件的表达方法

一台机器或部件，通常由许多零件组成。按照零件结构要素标准化程度，可以将零件分为三大类：

1）标准件。如螺钉、螺母、键、销、滚动轴承等，它们的结构形状、尺寸均已标准化、系列化，由专业生产厂家根据国家标准进行制造。

2）常用件。如齿轮、弹簧等，某些主要结构要素标准化，其他结构要按使用条件另行设计，制造时需依据设计图样进行加工。

3）一般零件（非标准零件）。只有一部分辅助结构要素采用标准，制造时必须依据零件图进行加工。

图 8-1 所示为组成齿轮泵的零件分解图。组成该部件的零件图中，圆柱销 1、螺栓 2、垫圈 3 等属于标准件，从动齿轮 12、弹簧 15 等属于常用件。设计时，标准件只需根据需要在有关的标准件手册中选择，给出其规定代号和标记。制造和维修机器时，只需依零件的代号和标记直接订购。绘图时，对这些零件的结构、形状，如螺纹、齿轮廓等，不需要按其真实投影画出，只需依照国标规定的画法、代号进行绘图和给出标记。

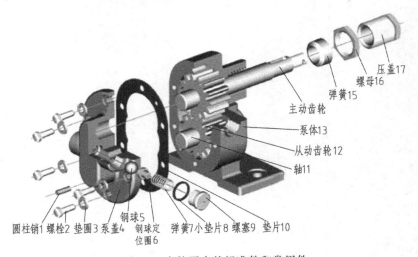

压盖17
螺母16
弹簧15
主动齿轮
泵体13
从动齿轮12
轴11

圆柱销1 螺栓2 垫圈3 泵盖4
钢球5
钢球定位圈6
弹簧7 小垫片8 螺塞9 垫片10

图 8-1　齿轮泵中的标准件和常用件

本章将介绍一些常用的标准件和常用件的基本知识、规定画法、标注方法以及查表的有关知识。

第一节　螺　　纹

一、螺纹的形成

1. 螺纹形成

如图 8-2a 所示，一动点 A_0 沿圆柱表面绕其轴线作匀速回转运动，同时沿母线作匀速直线运动，其所形成的轨迹称为圆柱螺旋线。

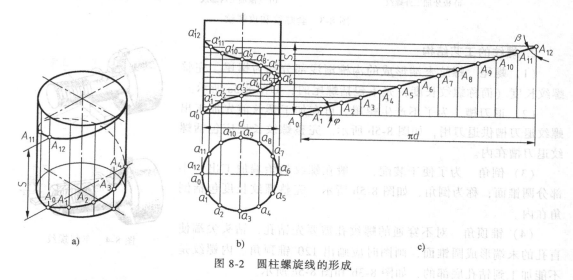

图 8-2　圆柱螺旋线的形成

动点 A_0 旋转一周，沿轴向移动的距离 A_0A_{12} 称为导程（记为 S）。图 8-2b 所示为圆柱螺旋线的两面投影图。

将圆柱表面展开，螺旋线随之展成为一斜直线，如图 8-2c 所示。该斜直线为直角三角形的斜边，底边为圆柱底圆的周长 πd，另一直角边为导程 S。斜边与底边的夹角 φ，称为导程角。

一平面图形（如三角形、矩形、梯形等）绕一圆柱面（或圆锥面）的轴线作螺旋运动，形成的相应圆柱（或圆锥）螺旋体称为螺纹。不同的图形作螺旋运动形成不同的螺纹，如三角形、梯形、矩形、锯齿形等螺纹。三角形螺纹多用于连接，其他螺纹多用于传动。

在圆柱（或圆锥）外表面形成的螺纹称为外螺纹；在圆柱（或圆锥）内表面形成的螺纹称为内螺纹。

螺纹的加工方法很多，单件小批加工直径较小的螺纹时，常用丝锥加工内螺纹，用板牙加工外螺纹。攻螺纹和套螺纹可手工进行，也可在机床上进行，如图 8-3 所示为攻螺纹和套螺纹。图 8-4 所示为车床上加工螺纹的情况，工件夹到卡盘上随主轴一起匀速转动，车刀沿轴线作匀速直线运动，当车刀以一定的切深去除工件部分材料后，就在工件表面车出连续的凸起和沟槽结构，即螺纹。标准件的螺纹结构生产中常采用滚压螺纹。

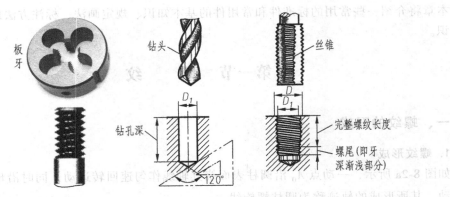

a) 板牙加工外螺纹　　　　　b) 丝锥加工内螺纹

图 8-3　套螺纹和攻螺纹

2. 螺纹的工艺结构

（1）螺尾　螺纹末端形成的沟槽渐浅部分称为螺尾。完整螺纹长度（简称螺纹长度）是不包括螺尾的，如图 8-5a 所示。

（2）退刀槽　为了不产生螺尾，可在加工螺纹前先加工出螺纹退刀槽供退刀用，如图 8-5b 所示。完整螺纹长度应包括螺纹退刀槽在内。

（3）倒角　为了便于装配，一般在螺纹的始端加工出一小部分圆锥面，称为倒角，如图 8-5b 所示。完整螺纹长度包括倒角在内。

（4）锥顶角　对不穿通的螺纹孔需要先钻孔，钻头尖端使盲孔的末端形成圆锥面，画图时应画出 120°锥顶角。内螺纹是不能加工到钻孔底部的，如图 8-3b 和图 8-5c 所示。

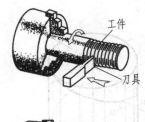

图 8-4　车削螺纹

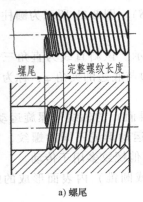
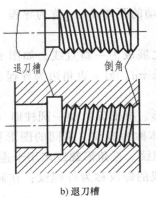
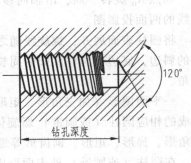

a) 螺尾　　　　　b) 退刀槽　　　　　c) 不通孔螺纹

图 8-5　螺纹的工艺结构

二、螺纹要素

1. 牙型

通过螺纹轴线的剖面的轮廓形状，称为牙型。常见的有三角形、梯形、锯齿形、矩形等，见表 8-1。

2. 直径 （图 8-6）

（1）大径 D （d）　与外螺纹牙顶或内螺纹牙底相重合的假想圆柱面的直径称螺纹的大径。公称直径一般指螺纹大径。

（2）小径 D_1 （d_1）　与外螺纹牙底或内螺纹牙顶相重合的假想圆柱面的直径称螺纹的小径。

（3）中径 D_2 （d_2）　过螺纹牙宽和槽宽相等处的假想圆柱面直径称为螺纹的中径。

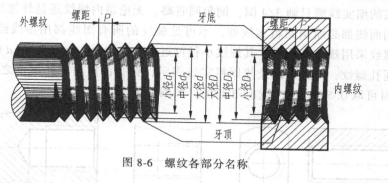

图 8-6　螺纹各部分名称

3. 线数 （n）

沿圆柱 （圆锥） 表面加工一条螺旋线的螺纹为单线螺纹；沿同一圆柱 （圆锥） 面同时加工两条以上螺旋线的螺纹为双线或多线螺纹，如图 8-7 所示。

4. 螺距 （P） 和导程 （P_h）

螺纹相邻两牙在中径线上对应两点间的轴向距离称为螺距；同一条螺旋线上相邻两牙在中径线上对应两点间的轴向距离为导程。单线螺纹螺距等于导程，而多线螺纹的螺距等于导程除以线数 （即 $P = P_h/n$）。

5. 旋向

螺纹的旋向分为右旋和左旋。如图 8-8 所示，面对轴线竖直的螺纹，螺纹自左向右上升的为右旋，反之为左旋。

单线右旋圆柱螺纹应用最多，凡是不指明线数和旋向的，均为单线右旋螺纹。

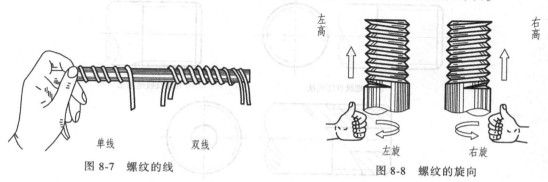

图 8-7　螺纹的线　　　　　　　　　图 8-8　螺纹的旋向

只有牙型、大径、螺距、线数、旋向五个要素均相同的内外螺纹才能旋合在一起。从设计和制造的角度考虑，牙型、大径、螺距是决定螺纹最基本的要素，通常称为螺纹三要素。凡螺纹三要素符合标准的称为标准螺纹；牙型符合标准，其他要素不符合的称为特殊螺纹；

三项均不合标准的称为非标准螺纹。设计和使用时若无特殊要求，尽量选择标准螺纹。对标准螺纹，只要有规定标注就可从有关表中查出其他尺寸，也可从本书附录查取。

三、螺纹的规定画法

1. 内螺纹的画法

如图 8-9a 所示，内螺纹投影在非圆视图中，一般采用剖视画法。牙顶（小径）用粗实线绘制，牙底（大径）用细实线绘制，螺尾一般不画。在垂直于螺纹轴线的投影面的视图中，表示牙底的细实线圆只画 3/4 圈，倒角圆省略。无论是内螺纹还是外螺纹，在剖视图或断面图中的剖面线都必须画到粗实线处。不可见螺纹的所有图线都用虚线绘制，如图 8-9b 所示。普通螺纹采用规定画法时，其螺纹小径可近似地取 $D_1(d_1) = 0.85D(d)$。

对于不通孔螺纹，螺纹的终止线用粗实线表示，钻孔深度与螺孔深度之差一般为（5~6）P。绘图时可取 $0.5d(D)$，锥顶角 120°，如图 8-9c 所示。

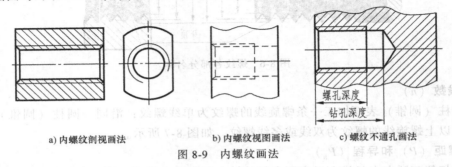

a) 内螺纹剖视画法   b) 内螺纹视图画法   c) 螺纹不通孔画法

图 8-9   内螺纹画法

2. 外螺纹的画法

国标规定，螺纹的牙顶（大径）及螺纹的终止线用粗实线表示，牙底（小径）用细实线表示。在垂直于螺纹轴线的投影面的视图中，表示牙底的细实线圆只画约 3/4 圈，倒角圆不画，如图 8-10a 所示。螺尾一般不表示。当需要表示螺尾时，该部分的牙底线用与轴线成 30°角的细实线绘制，如图 8-10b 所示。当外螺纹被剖切时，终止线只画出一小段粗实线到小径处，中间是断开的，如图 8-10c 所示。

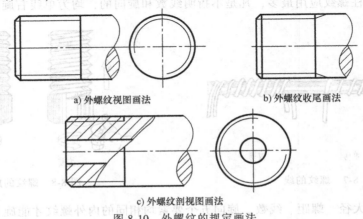

a) 外螺纹视图画法   b) 外螺纹收尾画法

c) 外螺纹剖视图画法

图 8-10   外螺纹的规定画法

螺纹孔相贯时，只画出螺纹小径的相贯线，如图 8-11 所示。

3. 内、外螺纹的连接画法

内、外螺纹连接一般用剖视图表示。内、外螺纹的旋合部分按外螺纹的画法绘制。其余部分仍按各自的画法绘制，如图 8-12 所示。

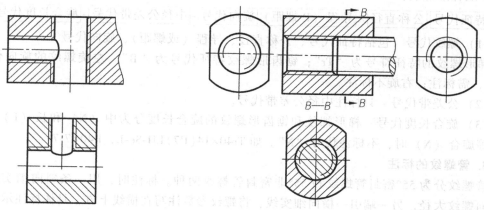

图 8-11　螺纹孔相贯的画法　　　　　　图 8-12　内、外螺纹连接的画法

四、螺纹参数在零件图上的标注

1. 普通螺纹的标注

将规定标注注写在尺寸线或尺寸线的延长线上，尺寸线的箭头指在螺纹大径上。完整的螺纹标注由特征代号、尺寸代号、公差带代号及其他有必要进一步说明的个别信息四部分组成，其标注格式为：

特征代号 尺寸代号 - 公差带代号 - 其他信息

（1）特征代号　普通螺纹特征代号用字母"M"表示。

（2）尺寸代号　单线螺纹的尺寸代号为公称直径×螺距。对粗牙螺纹，不标注螺距，例如 M24。多线螺纹的尺寸代号为"公称直径×Ph 导程 P 螺距"。如果要进一步表明螺纹的线数，可在后面增加括号说明（使用英语进行说明，如双线为 two starts，三线为 three starts）。

（3）公差带代号　包括中径公差带代号和顶径公差带代号。中径公差带代号在前，顶径公差带代号在后。如果中径公差带代号与顶径公差带代号相同，则应只标注一个公差带代号。螺纹尺寸代号与公差带间用"-"号分开。

（4）其他信息　标注有必要说明的其他信息包括螺纹的旋合长度和旋向。

旋合长度分为短、中、长三组，代号分别为 S、N、L。一般采用中等旋合长度，可以省略标注 N。

对左旋螺纹，应在旋合长度代号之后标注"LH"代号。旋合长度代号与旋向代号间用"-"号分开。右旋螺纹不标注旋向代号。

如：M14×Ph6P2（three starts）-7H-L-LH，即公称直径为 14mm，导程为 6mm，螺距为 2mm 的三线粗牙左旋普通螺纹，中径和顶径公差带代号均为 7H，长旋合长度。

2. 梯形螺纹和锯齿形螺纹的标注

梯形螺纹和锯齿形螺纹的完整标注内容，由螺纹代号、公差带代号及旋合长度代号组成。其具体的标注格式，分下列两种情况。

单线梯形螺纹：

| 特征代号 | 公称直径 | × | 螺距 | 旋向代号 | -中径公差带代号 | -旋合长度代号 |

多线梯形螺纹：

| 特征代号 | 公称直径 | × | 导程（P 螺距） | 旋向代号 | -中径公差带代号 | -旋合长度代号 |

（1）螺纹代号　包括特征代号、公称直径、导程（或螺距）、旋向代号

梯形螺纹的特征符号为"Tr"；锯齿形螺纹特征代号为"B"。左旋螺纹的旋向代号为"LH"，需标注；右旋不标注。

（2）公差带代号　只标注中径公差带代号。

（3）旋合长度代号　梯形螺纹和锯齿形螺纹的旋合长度分为中（N）和长（L）两种。用中等旋合（N）时，不标注代号"N"。如 Tr40×14(P7)LH-8e-L，B40×7-7e。

3. 管螺纹的标注

管螺纹分为55°密封管螺纹和55°非密封管螺纹两种。标注时，用一条斜向细实线，一端指向螺纹大径，另一端引一横向细实线，将螺纹参数注写在横线上方，具体标注示例见表8-1。其标记格式为：

55°密封管螺纹：

| 特征代号 | 尺寸代号 | -旋向代号 |

55°非密封管螺纹：

| 特征代号 | 尺寸代号 | 公差等级代号 | -旋向代号 |

1）上述螺纹标注中的特征代号分两类：①55°密封管螺纹特征代号中，Rc 表示圆锥内螺纹；R_1 表示与圆柱内螺纹配合的圆锥外螺纹；R_2 表示与圆锥内螺纹配合的圆锥外螺纹；Rp 表示圆柱内螺纹；②55°非密封圆柱管螺纹特征代号为 G。

2）管螺纹的尺寸代号不是螺纹的大径，而是管子的通径。

3）55°密封管螺纹，本身具有密封性。55°非密封管螺纹，外螺纹公差等级代号为 A、B 两级，内螺纹公差等级代号不标注。

4. 特殊螺纹和非标准螺纹的标注

对于特殊螺纹，应在螺纹特征代号前面加注"特"字；对于非标准螺纹，应画出螺纹的牙型，并标注出所需要的尺寸和要求。

在图样中普通螺纹参数应标注在螺纹大径的尺寸处，具体标注示例见表8-1。

表 8-1　常用螺纹牙型、用途及标注

类别	名称	牙　　型	特征代号	图例及标注	标注含义
连接螺纹	普通螺纹	60° 一般连接用粗牙螺纹，薄壁零件连接用细牙螺纹	M 粗	M10－5g6g－L－LH	粗牙普通外螺纹，公称直径10，左旋，中、顶径公差带代号分别为5g，6g，长旋合长度

（续）

类别	名称	牙型	特征代号	图例及标注	标注含义
	普通螺纹	60° 一般连接用粗牙螺纹,薄壁零件连接用细牙螺纹	M 细	M20X2—6H—S	细牙普通内螺纹,公称直径20,螺距2,右旋,中、顶径公差带代号均为6H,短旋合长度
连接螺纹	55°非密封管螺纹	55° 常用于电线管等不需要密封的管路系统中的连接	G	G1/2A G3/4	55°非密封管螺纹,内螺纹尺寸代号3/4英寸,外螺纹尺寸代号为1/2英寸,公差等级A级,均为右旋
	55°密封管螺纹	1:16 55° 常用于日常生活中的水管、煤气管、润滑油管等系统中的连接	Rc Rp R₁	R₁1/2 Rc1/2	55°密封管螺纹,外螺纹带号R₁,尺寸代号为1/2英寸;内螺纹代号Rc,尺寸代号1/2英寸,均为右旋;Rp是圆柱内螺纹的代号
传动螺纹	梯形螺纹	30° 多用于各种机床上的传动丝杠,作双向动力的传递	Tr	Tr20X4LH	梯形螺纹,公称直径20,螺距4,单线,左旋
	锯齿形螺纹	3° 30° 用于螺旋压力机传递丝杠,作单向动力的传递	B	B40X14(P7)	锯齿形螺纹,公称直径40,导程14,螺距P=7,双线,右旋

第二节　螺纹连接件

一、螺纹连接件的种类及标记

常用的螺纹连接件有螺栓、双头螺柱、螺钉、螺母和垫圈等，如图 8-13 所示。

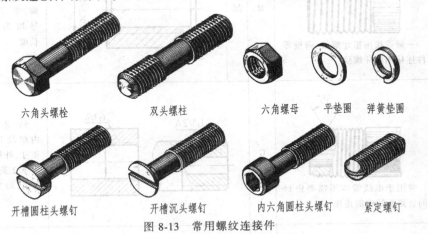

六角头螺栓　　　　　双头螺柱　　　　　六角螺母　　平垫圈　　弹簧垫圈

开槽圆柱头螺钉　　　开槽沉头螺钉　　　内六角圆柱头螺钉　　紧定螺钉

图 8-13　常用螺纹连接件

这类零件的结构、型式、尺寸和技术要求都已列入有关的国家标准中，成为"标准件"。使用单位可以根据需要，按名称、规格、代号等购买。

螺纹连接件的标记通式：名称　国标号　性能或规格尺寸。表 8-2 列举了一些常用螺纹连接件的图例及规定标记。

表 8-2　常用螺纹连接件的图例及规定标记

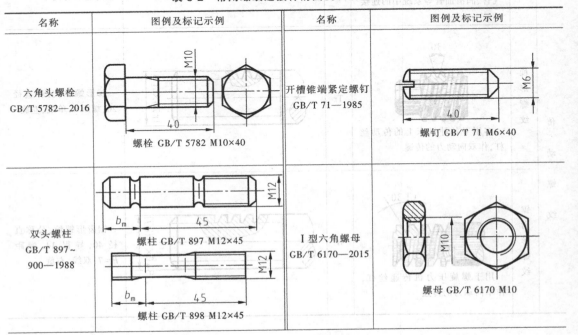

名称	图例及标记示例	名称	图例及标记示例
六角头螺栓 GB/T 5782—2016	M10 40 螺栓 GB/T 5782 M10×40	开槽锥端紧定螺钉 GB/T 71—1985	M6 40 螺钉 GB/T 71 M6×40
双头螺柱 GB/T 897~ 900—1988	b_m　45　M12 螺柱 GB/T 897 M12×45 b_m　45　M12 螺柱 GB/T 898 M12×45	I 型六角螺母 GB/T 6170—2015	M10 螺母 GB/T 6170 M10

（续）

名称	图例及标记示例	名称	图例及标记示例
开槽沉头螺钉 GB/T 68—2016	M10 40 螺钉 GB/T 68　M10×40	平垫圈 GB/T 97.1—2002	φ12 垫圈 GB/T 97.1　12
十字槽沉头螺钉 GB/T 819.1—2016	M12 50 螺钉 GB/T 819.1　M12×50	弹性垫圈 GB/T 93—1987	φ16 垫圈 GB/T 93　16

二、螺纹连接件的连接形式及装配画法

1. 连接形式

螺纹连接有以下三种类型：

（1）螺栓连接

在被连接的两个零件上都制出比螺栓的螺纹大径稍大的通孔，螺栓穿过通孔后，套上垫圈，并拧紧螺母，即为螺栓连接，如图 8-14a 所示。常用于连接不太厚的零件及允许钻成通孔的情况，其特点是被连接件上不必制成螺纹，成本低，装拆方便，因而其应用最广。

（2）双头螺柱连接

双头螺柱连接是在一个被连接件上制有螺孔，双头螺柱的一端旋紧在这个螺孔里，而另一端穿过另一零件的通孔，然后套上垫圈，再拧上螺母，如图 8-14b 所示。常用于当被连接件之一较厚不宜钻成通孔或需经常装拆的情况。

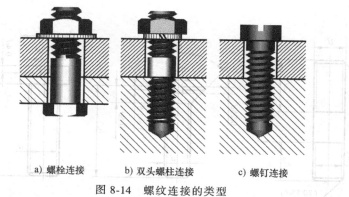

a) 螺栓连接　　b) 双头螺柱连接　　c) 螺钉连接

图 8-14　螺纹连接的类型

（3）螺钉连接

在被连接件上分别制出通孔和螺孔，螺钉直接旋入被连接件的螺孔中拧紧，如图 8-14c

所示。常用于受力小，不需经常装拆的场合。

2. 螺纹连接件的装配画法

（1）基本规定

螺纹连接件属标准件，通常不用画零件图，但在装配图中要画出来以表示连接关系。在装配图中画螺纹连接件的基本规定如下：

1）两零件接触面画一条线，不接触面按各自投影画。

2）相邻两零件的剖面线方向要相反；若相同，则间隔应不等。同一零件在不同视图中的剖面线方向和间隔应一致。

3）在视图中，当剖切平面通过螺纹连接件的轴线时，连接件按不剖绘制。

4）装配图中，螺纹连接件的尺寸确定有查表法和比例法。①查表法。根据螺纹连接件的规定标记，从有关标准中查出各部分的具体数值，按这些具体数值来绘制。②比例法。为了绘图方便，螺纹连接件的各部分尺寸，除了公称长度需要计算后查表外，其余尺寸均以公称直径 d（内螺纹为大径 D）为基本参数按一定比例简化绘出。手工绘图中常用这种方法。常用连接件的比例尺寸如图 8-15 所示，图中 L 为公称长度。

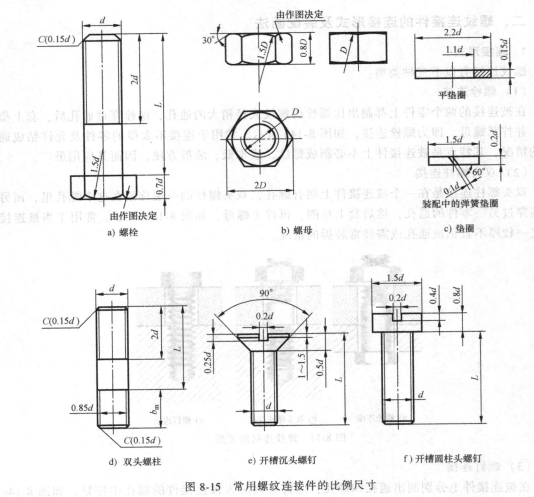

a) 螺栓　　　　　　　　b) 螺母　　　　　　　　c) 垫圈

d) 双头螺柱　　　　e) 开槽沉头螺钉　　　　f) 开槽圆柱头螺钉

图 8-15　常用螺纹连接件的比例尺寸

（2）螺栓连接装配图的绘制

如图 8-16 所示，各连接件尺寸按图 8-15 所示的比例绘制。螺栓公称长度应先按下式求出

$$L_{计算} = \delta_1 + \delta_2 + h + m + 0.3d$$

式中，δ_1、δ_2 为被连接件厚度；h 为普通平垫圈厚度，是从附录 B-8 中国标表格中查得的真实值；m 为螺母厚度，查表法同 h 值。

$L_{计算}$ 完成后，再从附录 B 中选择相近的标准长度 L。

如，若已知被连接件板厚 $\delta_1 = \delta_2 = 25\text{mm}$，用螺栓连接，螺栓取 GB/T 5782—2016 M16×L，螺母选 GB/T 6170—2015 M16；垫圈选 GB/T 97.1—2002 16，进行螺栓长度 L 的选配方法如下：

1）查表 B-5，螺母厚度 $m = 14.8\text{mm}$。

2）查表 B-8，垫圈厚度 $h = 3\text{mm}$。

3）代入公式 $L = \delta_1 + \delta_2 + h + m + 0.3d$

$$L = 25\text{mm} + 25\text{mm} + 3\text{mm} + 14.8\text{mm} + 0.3 \times 16\text{mm}$$
$$= 72.8\text{mm}$$

4）查表 B-1，选取 L 长度为 80。

螺栓标记为：螺栓　GB/T 5782 M16×80

（3）螺柱连接

图 8-17 所示为螺柱连接比例画法，加工光孔的被连接件孔径为 1.1d（或 D）。双头螺柱公称长度应先按下式求出：

$$L_{计算} = \delta + h + m + 0.3d$$

式中，δ 为上被连接件厚度；h 为弹簧垫圈厚度；m 为螺母厚度。

$L_{计算}$ 完成后，查附录 B，选择相近的标准长度 L。

双头螺柱旋入端长度 b_m 值与带螺孔的被连接件的材料有关。当材料为钢或青铜时取 $b_m = d$；材料为铸铁时取 $b_m = (1.25 \sim 1.5)d$；材料为铝时取 $b_m = 2d$。双头螺柱旋入端的螺纹终止线应和两连接件的结合面重合。

其他零件的尺寸按图 8-15 所示绘制。

（4）螺钉连接

图 8-18 所示为两种常见螺钉连接装配图的比例画法。螺钉公称长度可按下式求出：

$$L_{计算} = \delta + b_m$$

式中，δ 为上被连接件厚度；b_m 取值同双头螺柱。

螺钉连接中螺孔的深度应大于螺钉的旋入端深度，如图 8-18a 所示。螺钉头部的一字槽或十字槽，在俯视图中画成与中心线成 45°，也可以涂黑。

（5）螺纹连接件的简化画法

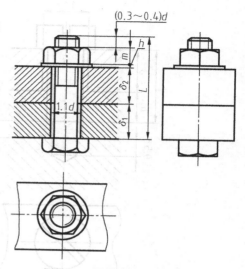

图 8-16　螺栓连接的装配画法

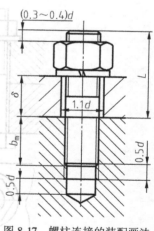

图 8-17　螺柱连接的装配画法

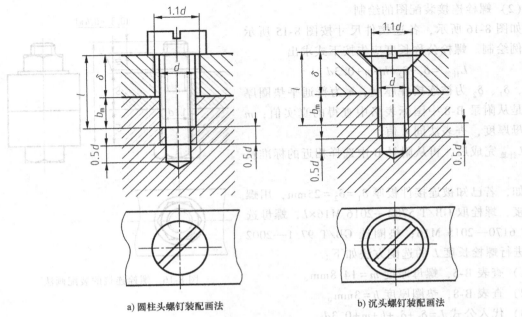

a) 圆柱头螺钉装配画法　　　　　　　b) 沉头螺钉装配画法

图 8-18　常见螺钉连接的装配图画法

　　螺纹连接件的某些结构在装配图中可以用简化画法。如螺栓、螺钉、螺柱末端的倒角、螺栓头部和螺母的倒角以及所产生的交线可省略不画；螺纹不通孔，可以不画出钻孔深度，仅按螺纹部分的深度画出等，如图 8-19 所示。

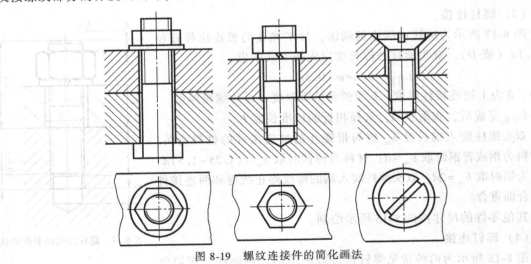

图 8-19　螺纹连接件的简化画法

第三节　键、销、滚动轴承

一、键

　　键通常用于连接轴和轴上零件（如齿轮、带轮），起传递转矩的作用，如图 8-20 所示。

常用的键有普通平键、半圆键、钩头楔键等（图 8-21）。其中普通平键应用最广，按形状不同分为 A 型、B 型、C 型三种，如图 8-22 所示。

键作为标准件，其规定标记为：

标准号　键　类型代号 $b \times h \times L$

如宽度 $b = 16$mm，高度 $h = 10$mm，长度 $L = 100$mm 的普通 A 型平键的标记为：

GB/T 1096　键　$16 \times 10 \times 100$

又如宽度 $b = 16$mm，高度 $h = 10$mm，长度 $L = 100$mm 的普通 B 型平键的标记为：

GB/T 1096　键　B$16 \times 10 \times 100$

除 A 型可省略型号"A"外，B 型和 C 型均要注出型号。

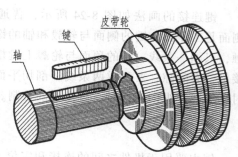

图 8-20　键连接

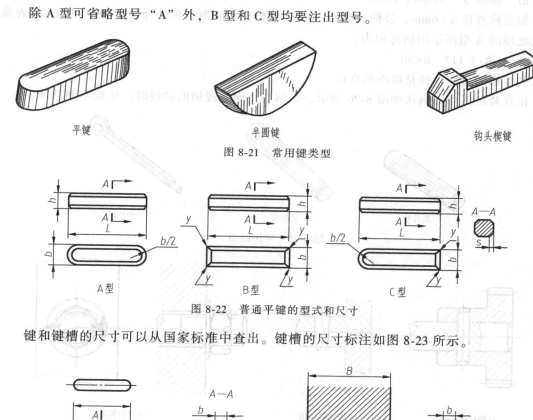

图 8-21　常用键类型

图 8-22　普通平键的型式和尺寸

键和键槽的尺寸可以从国家标准中查出。键槽的尺寸标注如图 8-23 所示。

a) 轴上键槽

b) 轮毂键槽

图 8-23　键槽的尺寸标注

键连接的画法如图 8-24 所示，普通平键的两侧面是工作面，键的侧面与轮毂和轴的键槽侧面接触，只画一条线；键的顶面与轮毂上键槽的底面不接触，有间隙，要画成两条线。剖切平面通过键的对称平面作纵向剖切时，键按不剖绘制。

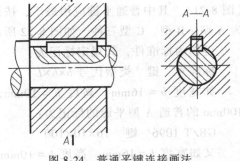

图 8-24　普通平键连接画法

二、销

销主要用于机件之间的连接和定位。常用的销有圆柱销、圆锥销和开口销，如图 8-25 所示。

销也是标准件，其规定标记如下：

销　标准号　类型代号 $d×l$

如公称直径 $d=6$mm、公称长度 $l=30$mm，材料为 35 钢，热处理硬度 28~38HRC，表面氧化处理的 A 型圆锥销的标记为：

销　GB/T 117　6×30

圆锥销的公称直径是指小端直径。

销在装配图中的画法如图 8-26 所示，当剖切平面通过销的轴线时，销按不剖处理。

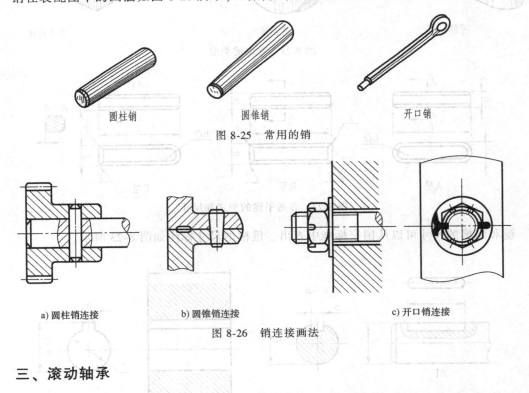

圆柱销　　　　　　　圆锥销　　　　　　　开口销

图 8-25　常用的销

a) 圆柱销连接　　　　　b) 圆锥销连接　　　　　c) 开口销连接

图 8-26　销连接画法

三、滚动轴承

轴承的功用是支承旋转轴，分为滑动轴承和滚动轴承两类。滚动轴承摩擦阻力小、结构紧凑，是机械行业中广泛采用的标准部件，由轴承厂专业生产。

1. 常用滚动轴承的画法

滚动轴承的种类很多，但其结构大体相同。一般由外圈、内圈、滚动体及保持架组成，如图 8-27 所示。因保持架的形状复杂多变，滚动体的数量又较多，设计绘图时若用真实投影表示，则极不方便。为此，国家标准规定了简化画法。

滚动轴承是标准件，故不需画出其零件图。一般采用通用画法、特征画法、规定画法在装配图画出其结构特征，见表 8-3。当不需要确切表达滚动轴承的外形轮廓、承载特性、结构特征时采用通用画法；当需要较形象地表示其结构特征时采用特征画法；在滚动轴承的产品图样、产品样本中采用规定画法。在垂直于轴线的投影面的视图中，滚动轴承的特征画法如图 8-28 所示。图 8-29 所示为几种带附加说明的滚动轴承通用画法。

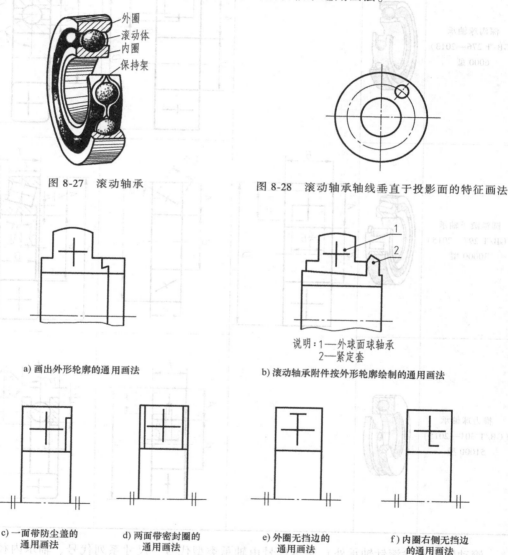

图 8-27　滚动轴承

图 8-28　滚动轴承轴线垂直于投影面的特征画法

说明：1—外球面球轴承
2—紧定套

a) 画出外形轮廓的通用画法

b) 滚动轴承附件按外形轮廓绘制的通用画法

c) 一面带防尘盖的
通用画法

d) 两面带密封圈的
通用画法

e) 外圈无挡边的
通用画法

f) 内圈右侧无挡边
的通用画法

图 8-29　带附加说明的滚动轴承通用画法

2. 滚动轴承代号 （GB/T 272—2017）

滚动轴承代号是用字母加数字表示滚动轴承的结构、尺寸、公差等级、技术性能等特征的。滚动轴承代号由前置代号、基本代号和后置代号构成。表 8-4 给出了滚动轴承的规定标记示例。

表 8-3　常用滚动轴承画法

轴承类型	结构形式	通用画法	特征画法	规定画法
		(均指滚动轴承在所属装配图的剖视图中的画法)		
深沟球轴承 (GB/T 276—2013) 6000 型			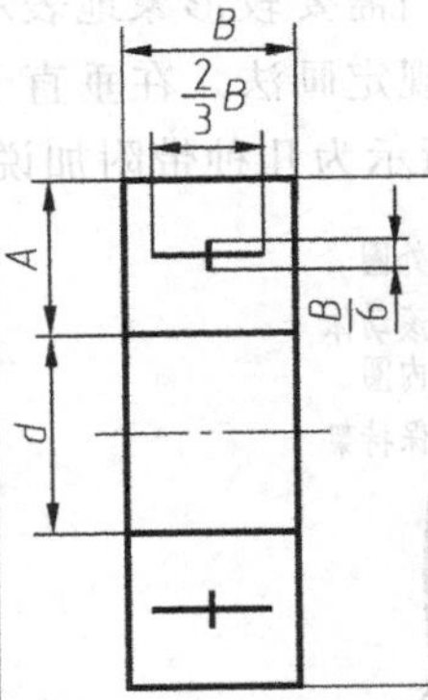	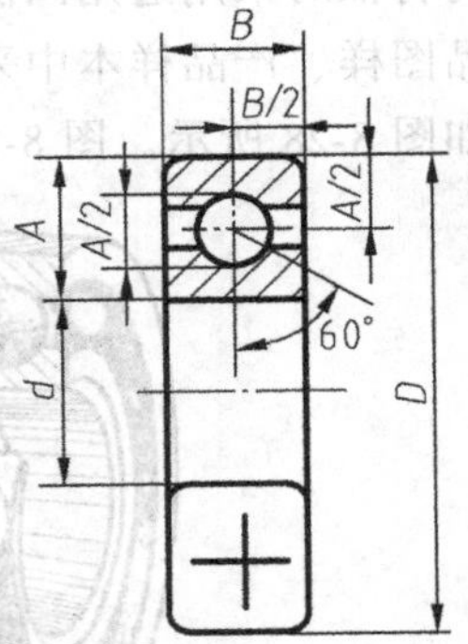
圆锥滚子轴承 (GB/T 297—2015) 30000 型		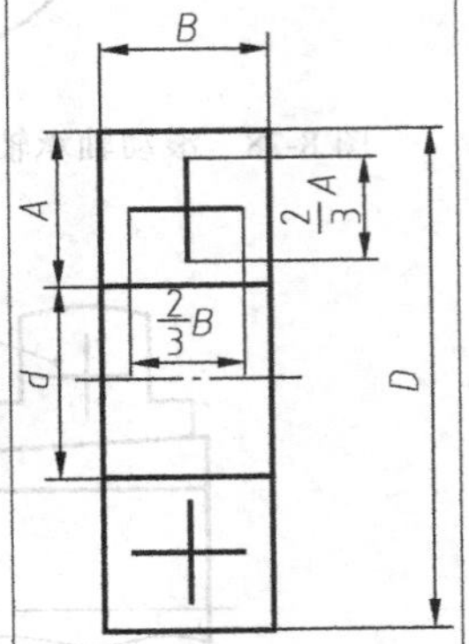	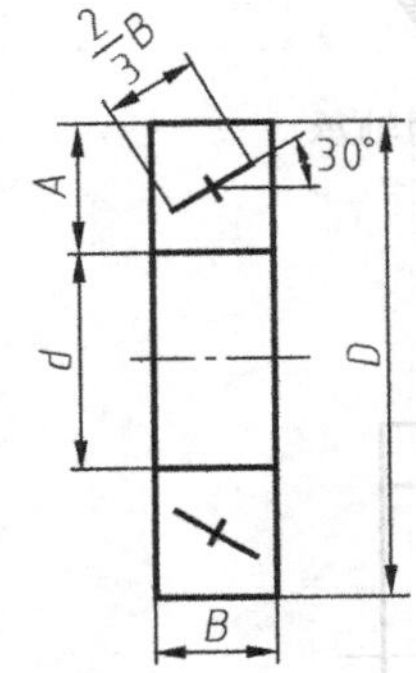	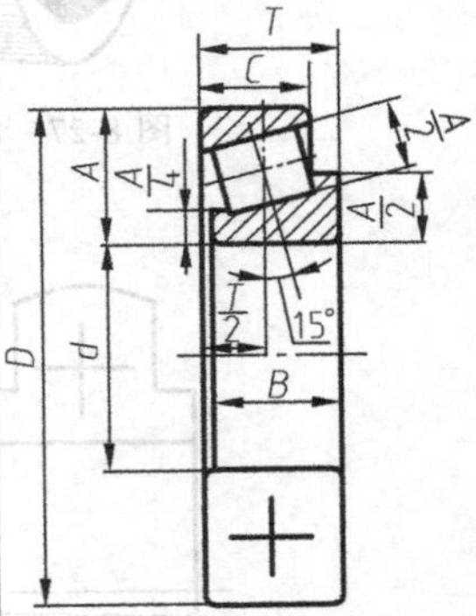
推力球轴承 (GB/T 301—2015) 51000 型			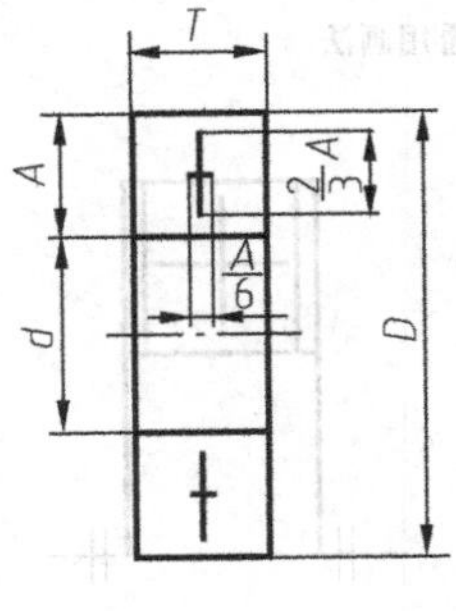	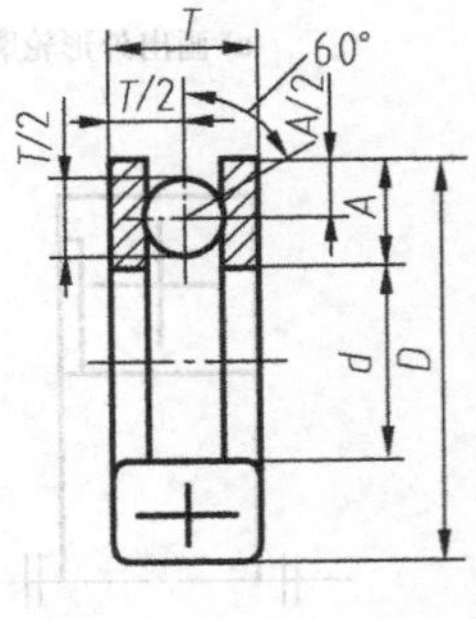

　　滚动轴承（除滚针轴承外）基本代号由轴承类型代号、尺寸系列代号、轴承内径代号构成。类型代号用阿拉伯数字或大写英文字母表示；尺寸系列代号由滚动轴承的宽（高）度系列代号和直径代号组合而成；尺寸系列代号和内径代号用数字表示。轴承类型代号见表 8-5。

　　轴承的前置、后置代号是在轴承结构形状、尺寸公差、技术要求等有改变时，在其基本代号左右添加的补充代号。

表 8-4　滚动轴承的规定标记示例

滚动轴承 6206 GB/T 276—2013		滚动轴承 32210 GB/T 297—2015	
6　2　06		3　22　10	
代号	含　义	代号	含　义
6	类型代号（深沟球轴承）	3	类型代号（圆锥滚子轴承）
2	尺寸系列代号（02）	22	尺寸系列代号（22）
06	内径代号（$d = 6×5\text{mm} = 30\text{mm}$）	10	内径代号（$d = 10×5\text{mm} = 50\text{mm}$）

表 8-5　滚动轴承基本代号代表的意义

自左至右第一位		自右至左第三或三四位	自右至左第一、二位	
代号	轴承类型	尺寸系列代号	轴承内径代号	
0	双列角接触球轴承			
1	调心球轴承			
2	调心滚子轴承和推力滚子球轴承			
3	圆锥滚子轴承	直径系列代号（内径相同同时有各种不同的外径）、宽度（对推力轴承是高度）代号的组合	00—$d = 10\text{mm}$	
4	双列深沟球轴承		01—$d = 12\text{mm}$	
5	推力球轴承		02—$d = 15\text{mm}$	
6	深沟球轴承		03—$d = 17\text{mm}$	
7	角接触球轴承		04 以上—$d = $ 数字×5mm	
8	推力圆柱滚子轴承		如：08—$d = 8×5\text{mm} = 40\text{mm}$	
N	圆柱滚子轴承		13—$d = 13×5\text{mm} = 65\text{mm}$	
U	外球面球轴承			
Q1	四点接触球轴承			

第四节　齿　轮

齿轮被广泛地应用于机器和部件中，其作用是传递动力或改变转速和旋转方向。

常见的齿轮传动形式有：

圆柱齿轮——用于两平行轴间的传动，如图 8-30a 所示。

锥齿轮——用于两相交轴间的传动，如图 8-30b 所示。

蜗轮蜗杆——用于两交叉轴间的传动，如图 8-30c 所示。

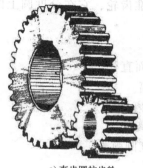
a）直齿圆柱齿轮

b）锥齿轮

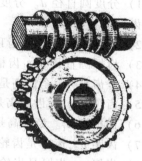
c）蜗轮蜗杆

图 8-30　常见齿轮传动

一、直齿圆柱齿轮

直齿圆柱齿轮（简称直齿轮）的结构如图 8-31 所示。

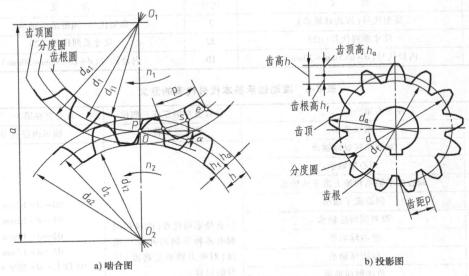

a) 啮合图   b) 投影图

图 8-31 直齿圆柱齿轮的结构名称及代号

1. 直齿轮的参数与主要尺寸的名称

（1）直齿轮的参数

直齿轮的参数主要有模数和齿数

模数 m 是直齿轮最重要的参数，国家标准规定了其标准值，见表 8-6。模数越大，轮齿越高越厚，承载能力也越大。模数是计算和度量齿轮尺寸的基本参数，设计中它是根据齿轮传递动力的大小选定的。

齿数 z 指齿轮轮齿的数目，是在设计中根据传动比等选定的，一般不小于 15。

表 8-6 渐开线直齿轮的模数标准系列（GB/T 1357—2008） （单位：mm）

第一系列	1 1.25 1.5 2 2.5 3 4 5 6 8 10 12 16 20 25 32 40 50
第二系列	1.75 2.25 2.75 （3.25）3.5 （3.75）4.5 5.5 （6.5）7 9 （11）14 18 22 28 35 45

（2）直齿轮主要尺寸的名称

1）分度圆直径 d。分度圆是直齿轮的一个基准圆，对于标准齿轮，它在分度圆上的齿厚和齿槽宽相等。

2）齿顶圆直径 d_a。齿顶圆是齿顶的假想圆柱面的直径。

3）齿根圆直径 d_f。齿根圆是通过齿轮齿槽底部的假想圆柱面直径。

4）全齿高 h。全齿高是齿轮齿顶圆与齿根圆之间的径向距离。

5）齿顶高 h_a。齿顶高是齿轮齿顶圆与分度圆之间的径向距离。

6）齿根高 h_f。齿根高是齿轮齿根圆与分度圆之间的径向距离。

7）齿距 p。齿距是齿轮两个相邻且同侧的端面齿廓间的分度圆弧长。

8）齿厚 s。齿厚是齿轮分度圆上一个齿两侧齿廓之间的弧长。

9）齿槽宽 e。齿槽宽是齿轮分度圆上相邻两齿廓之间的弧长。为便于计算，将标准直齿圆柱齿轮主要尺寸的计算公式列于表8-7。

表 8-7　标准直齿圆柱齿轮的计算公式

名称	代号	计算公式	名称	代号	计算公式
分度圆直径	d	$d = mz$	全齿高	h	$h = h_a + h_f$
齿距	p	$p = \pi m$	齿顶圆直径	d_a	$d_a = m(z+2)$
齿顶高	h_a	$h_a = m$	齿根圆直径	d_f	$d_f = m(z-2.5)$
齿根高	h_f	$h_f = 1.25m$	中心距	a	$a = m(z_1 + z_2)/2$

2. 直齿圆柱齿轮的规定画法

（1）单个齿轮的画法

国家标准规定，在垂直于齿轮轴线的投影面的视图上不必剖开，而将齿顶圆、齿根圆和分度圆分别用粗实线、细实线和点画线画出；另一视图一般画成剖视，而轮齿不剖，并用粗实线表示齿顶圆和齿根圆，用点画线表示分度圆，如图8-32所示。图8-33所示为一张直齿轮的零件图。

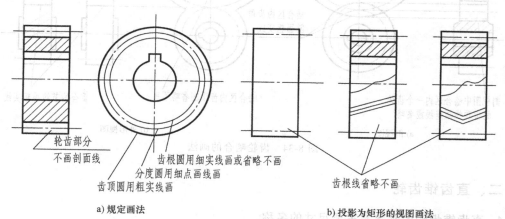

轮齿部分
不画剖面线

齿根圆用细实线画或省略不画

分度圆用细点画线画

齿顶圆用粗实线画

齿根线省略不画

a) 规定画法　　　　　　　　　b) 投影为矩形的视图画法

图 8-32　单个齿轮画法

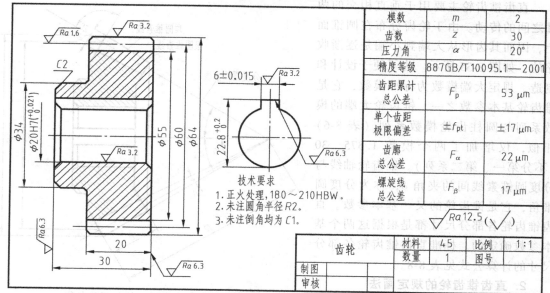

技术要求
1. 正火处理，180～210HBW。
2. 未注圆角半径R2。
3. 未注倒角均为C1。

模数	m	2
齿数	z	30
压力角	α	20°
精度等级		887GB/T10095.1—2001
齿距累计总公差	F_p	53 μm
单个齿距极限偏差	$\pm f_{pt}$	±17 μm
齿廓总公差	F_α	22 μm
螺旋线总公差	F_β	17 μm

齿轮	材料	45	比例	1:1
	数量	1	图号	
制图				
审核				

图 8-33　齿轮零件图

（2）两个齿轮啮合的画法

如图 8-34b 所示，相互啮合的两圆柱齿轮的分度圆相切，用点画线绘制；非圆视图上相切处的分度圆的投影只画一条粗实线。啮合区内，两齿顶圆画成粗实线，或省略不画；两齿根圆用细实线画出，或省略不画。若取剖视，如图 8-34a 所示，相切处的分度圆投影线仍画一条细点画线，两齿根线仍画粗实线，一齿轮的齿顶线用粗实线绘制，另一齿轮的齿顶线被遮住，画成虚线，或省略不画。

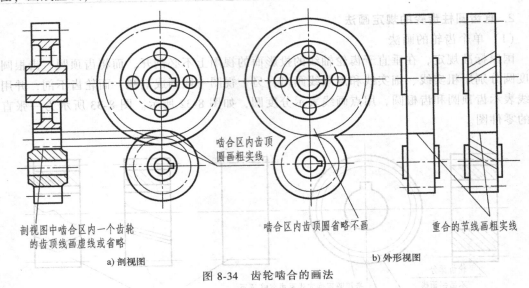

剖视图中啮合区内一个齿轮
的齿顶线画虚线或省略

啮合区内齿顶圆省略不画

重合的节线画粗实线

啮合区内齿顶
圆画粗实线

a) 剖视图　　　　　　　　　　　　　　b) 外形视图

图 8-34　齿轮啮合的画法

二、直齿锥齿轮

1. 直齿锥齿轮的参数与主要尺寸的名称

直齿锥齿轮主要用于垂直相交的两轴之间的传动。由于轮齿分布在圆锥面上，因而其齿形从大端到小端是逐渐收缩的，如图 8-35 所示。为了便于设计和制造，规定大端模数为标准模数，它是锥齿轮基本参数之一。锥齿轮大端的模数系列与圆柱齿轮模数系列（表 8-6）相似，仅增加了两个模数 1.375，30（不分第一、第二系列）。锥齿轮轴线与分度圆锥素线间的夹角 δ，称为分度圆锥角，它是锥齿轮的又一基本参数。直齿锥齿轮各部分尺寸都是根据这两个基本参数确定的。标准直齿锥齿轮各部分尺寸的计算公式见表 8-8。

2. 直齿锥齿轮的规定画法

（1）单个锥齿轮的画法

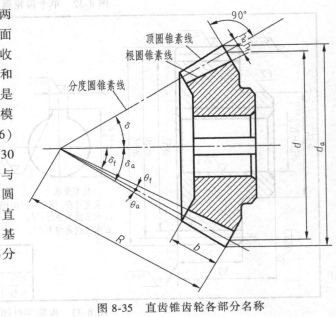

顶圆锥素线
根圆锥素线
分度圆锥素线

图 8-35　直齿锥齿轮各部分名称

如图 8-36 所示，主视图通常采用全剖视图，画法与圆柱齿轮类似。左视图中用粗实线画出大端和小端的齿顶圆；用细点画线画出大端的分度圆；齿根圆不画。

表 8-8　标准直齿锥齿轮的计算公式

名称	代号	计算公式	名称	代号	计算公式
分锥角 δ_1（小齿轮） δ_2（大齿轮）	δ_1 δ_2	$\tan\delta_1 = \dfrac{z_1}{z_2}$ $\tan\delta_2 = \dfrac{z_2}{z_1}$ $(\delta_1+\delta_2 = 90°)$	齿根高	h_f	$h_f = 1.2m$
			全齿高	h	$h = h_a + h_f$
			锥距	R	$R = \dfrac{mz}{2\sin\delta}$
			齿顶角	θ_a	$\tan\theta_a = \dfrac{2\sin\delta}{z}$
分度圆直径	d	$d = mz$	齿根角	θ_f	$\tan\theta_f = \dfrac{2.4\sin\delta}{z}$
齿顶圆直径	d_a	$d_a = m(z+2\cos\delta)$	顶锥角	δ_a	$\delta_a = \delta + \theta_a$
齿根圆直径	d_f	$d_f = m(z-2.4\cos\delta)$	根锥角	δ_f	$\delta_f = \delta - \theta_f$
齿顶高	h_a	$h_a = m$	齿宽	b	$b \leqslant \dfrac{R}{3}$

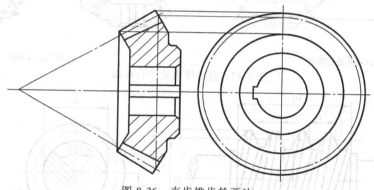

图 8-36　直齿锥齿轮画法

（2）锥齿轮啮合的画法

作图步骤如图 8-37 所示，其啮合部分与圆柱齿轮画法相同。

三、蜗轮蜗杆

蜗轮蜗杆机构常用来传递两交错轴之间的运动和动力，最常见的是两轴交叉成直角。蜗杆的齿数称为头数，相当于螺杆上螺纹的线数。在传动时，蜗杆旋转一圈，蜗轮只转一个齿或两个齿。蜗轮蜗杆传动的优点是传动比大，且传动平稳；缺点是传动过程中摩擦严重，发热多、效率低。因此蜗轮蜗杆被广泛地应用于传动比较大的机械传动中。

1. 蜗轮蜗杆的参数与主要尺寸的名称

相互啮合的蜗轮蜗杆，其模数必须相同，标准规定以蜗杆的轴向模数 m_x 为标准模数，也等于蜗轮的端面模数 m_t。蜗轮的螺旋角 β 与蜗杆的导程角 γ 大小相等，方向相同，如图 8-38 所示。蜗杆的分度圆直径与轴向模数的比值称直径系数，用 q 表示。标准蜗轮蜗杆各部分尺寸的计算公式见表 8-9。

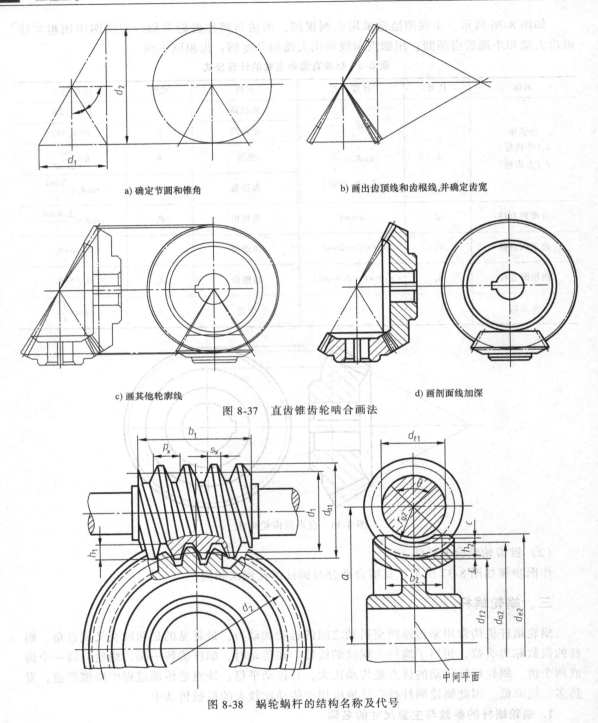

a) 确定节圆和锥角

b) 画出齿顶线和齿根线,并确定齿宽

c) 画其他轮廓线

d) 画剖面线加深

图 8-37   直齿锥齿轮啮合画法

图 8-38   蜗轮蜗杆的结构名称及代号

2. 蜗轮蜗杆的规定画法

（1）单个蜗轮蜗杆的画法

蜗杆一般用一个主视图和表示齿形的轴向断面来表示，如图 8-39 所示。蜗轮的轮齿部分画法与圆柱齿轮画法类似，如图 8-40 所示。

表 8-9　标准蜗杆、蜗轮的计算公式

名称	代号	计算公式	名称	代号	计算公式
蜗杆			蜗轮		
分度圆直径	d_1	$d_1 = mq$	分度圆直径	d_2	$d_2 = mz_2$
齿顶圆直径	d_{a1}	$d_{a1} = m(q+2)$	喉圆直径	d_{a2}	$d_{a2} = m(z_2+2)$
齿根圆直径	d_{f1}	$d_{f1} = m(q-2.4)$	齿根圆直径	d_{f2}	$d_{f2} = m(z_2-2.4)$
齿顶高	h_{a1}	$h_{a1} = m$	咽喉母圆半径	r_{g2}	$r_{g2} = d_1/2-m$
齿根高	h_{f1}	$h_{f1} = 1.2m$	齿顶高	h_{a2}	$h_{a2} = m$
齿高	h_1	$h_1 = h_{a1}+h_{f1}$	齿根高	h_{f2}	$h_{f2} = 1.2m$
轴向齿距	p_x	$p_x = m\pi$	齿高	h_2	$h_2 = h_{a2}+h_{f2}$
导程角	γ	$\gamma = \arctan\dfrac{z_1}{q}$	螺旋角	β	$\beta = \gamma$
螺纹部分长度	b_1	$z_1 = 1,2, b_1 \geqslant (11+0.06z_2)m$ $z_1 = 4, b_1 \geqslant (12.5+0.09z_2)m$	最大外圆直径	d_{e2}	$z_1 = 1, d_{e2} \leqslant d_{a2}+2m$ $z_1 = 2, d_{e2} \leqslant d_{a2}+1.5m$ $z_1 = 4, d_{e2} \leqslant d_{a2}+m$
导程	p_z	$p_z = z_1 p_x$	轮缘宽度	b_2	$z_1 = 1,2, b_2 \leqslant 0.75d_{a1}$ $z_1 = 4, b_2 \leqslant 0.67d_{a1}$
			中心距	a	$a = 1/2 m(q+z_2)$

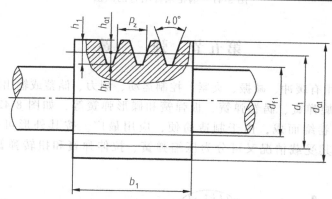

图 8-39　蜗杆的画法及主要尺寸

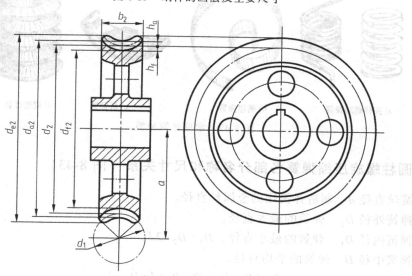

图 8-40　蜗轮的画法及主要尺寸

（2）蜗轮蜗杆啮合的画法

蜗轮蜗杆啮合有画成外形图和剖视图两种形式，其画法如图8-41所示。在蜗轮投影为圆的视图中，蜗轮的节圆与蜗杆的节线相切。

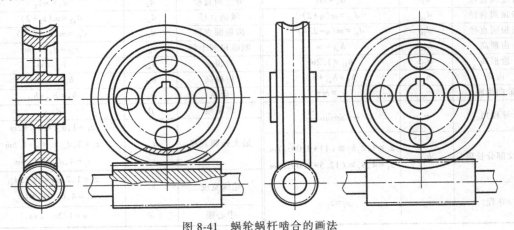

图 8-41　蜗轮蜗杆啮合的画法

第五节　弹　簧

弹簧的主要功用有缓冲、减振、夹紧、控制运动、测力、储蓄或输出能量等。

常见弹簧有螺旋弹簧、涡卷弹簧、板弹簧和碟形弹簧等，如图8-42所示。螺旋弹簧用弹簧丝依螺旋线卷绕而成，由于制造简便，应用最广。按其外形可分为圆柱形弹簧、圆锥形弹簧等。按其受载情况又可分为压缩弹簧、拉伸弹簧和扭转弹簧。常见的是圆柱螺旋弹簧。

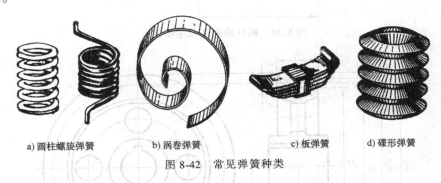

a) 圆柱螺旋弹簧　　　　b) 涡卷弹簧　　　　c) 板弹簧　　d) 碟形弹簧

图 8-42　常见弹簧种类

一、圆柱螺旋压缩弹簧各部分名称和尺寸关系（图8-43）

（1）簧丝直径 d　制造弹簧用的金属丝直径。

（2）弹簧外径 D_2　弹簧的最大直径。

（3）弹簧内径 D_1　弹簧的最小直径，$D_1 = D_2 - 2d$。

（4）弹簧中径 D　弹簧的平均直径，

$$D = (D_1 + D_2)/2 = D_1 + d = D_2 - d。$$

（5）支承圈数 n_2　为了使压缩弹簧工作平稳、端面受力均匀，制造时需将弹簧每一端部分圈并紧磨平，这些并紧磨平的圈仅起支承作用，称为支承圈。支承圈数 n_2 一般为 1.5、2、2.5，常用2.5。

（6）有效圈数 n　保持相等节距的圈数，称为有效圈数。

（7）总圈数 n_1　支承圈数与有效圈数之和称为总圈数，即 $n_1 = n_2 + n$。

（8）节距 t　相邻两有效圈上对应点间的轴向距离。

（9）自由高度 H_0　未受载荷时的弹簧高度（或长度）

$$H_0 = nt + (n_2 - 0.5)\, d$$

式中，等式右边第一项 nt 为有效圈的自由高度；第二项 $(n_2 - 0.5)\, d$ 为支承圈的自由高度。

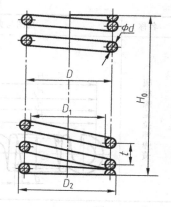

图 8-43　弹簧各部分名称代号

（10）展开长度 L　制造弹簧时所需金属丝的长度。按螺旋线展开可得

$$L \approx n_1 \sqrt{(\pi D_2)^2 + t^2}$$

（11）旋向　螺旋弹簧分为右旋和左旋两种。

国家标准已对普通圆柱螺旋压缩弹簧的结构尺寸及标记做了规定，使用时可查阅。

二、圆柱螺旋弹簧规定画法

表 8-10 是圆柱螺旋弹簧的视图、剖视图和示意图，下面简述国家标准对其画法的一些规定：

1）平行于轴线的投影面视图中，各圈的轮廓画成直线，以代替螺旋线。对于压缩弹簧，如果要求两端并紧磨平时，不论支持圈数多少和末端贴紧情况如何，均按表 8-10 的形式绘制。

2）左旋弹簧均可画成右旋，但左旋弹簧不论画成右旋或左旋，一律要注出旋向"左"字。

3）有效圈数在 4 圈以上的螺旋弹簧，中间部分可以省略，用通过簧丝断面中心的细点画线连起来即可，并允许适当缩短图形的长度。

表 8-10　圆柱螺旋弹簧的视图、剖视图和示意图

名称	视图与力学性能	剖视图和示意图
圆柱螺旋压缩弹簧		

（续）

名称	视图与力学性能	剖视图和示意图
圆柱螺旋拉伸弹簧	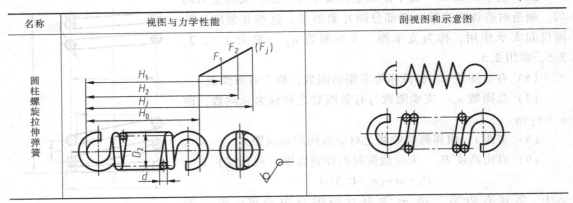	

例 8-1　已知一圆柱螺旋压缩弹簧，簧丝直径 $d = 6$mm，$D_2 = 50$mm，$t = 12.3$mm，$n = 6$，$n_2 = 2.5$，右旋，试绘制该弹簧。

解　首先计算弹簧中径 $D = 50-6$mm $= 44$mm，自由高度 $H_0 = nt + (n_2 - 0.5)d = 85.8$mm。

作图步骤如下：

1）按自由高度 H_0 和弹簧中径 D，作矩形，如图 8-44a 所示。

2）根据簧丝直径 d，作支承圈部分的四个圆和两个半圆，如图 8-44b 所示。

3）根据节距 t，作有效圈部分，如图 8-44c 所示。

4）按右旋方向作相应圆的公切线，并画剖面线，如图 8-44d 所示。

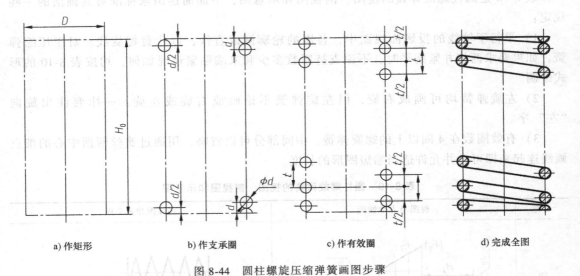

图 8-44　圆柱螺旋压缩弹簧画图步骤

三、弹簧在装配图中的画法

在装配图中被弹簧挡住的结构一般不画，可见部分应从弹簧的外轮廓线或簧丝剖面的中心线画起，如图 8-45 所示。装配图中当簧丝直径小于或等于 2mm 时，允许用示意画法，如图 8-46 所示。当弹簧被剖切时，簧丝断面直径在图形上小于或等于 2mm 时，也可用涂黑表示，如图 8-47 所示。

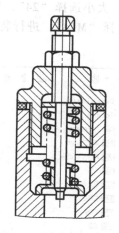

图 8-45　弹簧画法（一）

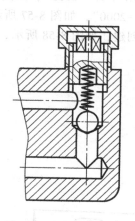

图 8-46　弹簧画法（二）

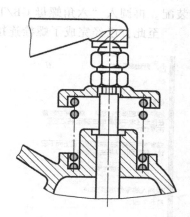

图 8-47　弹簧画法（三）

第六节　SolidWorks 标准件图库的使用

　　Toolbox 是 SolidWorks 标准件库，与 SolidWorks 软件集成为一体。利用 Toolbox，用户可以快速生成并应用标准件，或者直接向装配体中调入相应的标准件。SolidWorks Toolbox 包含螺栓、螺母、轴承等标准件，以及齿轮、链轮等动力件。

　　下面以螺栓连接装配体造型为例，说明 SolidWorks 标准件图库的使用方法。

　　首先完成"被连接板"造型，如图 8-48 所示，保存文件。然后按照下列步骤进行：

　　1）选择"文件"下拉菜单，选择"新建"，选择"装配体"，单击"确定"按钮。在如图8-49所示的"开始装配体"属性面板中，单击"浏览"按钮，选择已经完成的"被连接板"。

　　2）按住"Ctrl＋"键并拖动第一块被连接板，生成第二块被连接板。

　　3）单击"装配体"选项卡中的"配合"按钮，打开配合对话框。选择两块板的大表面一侧进行重合约束，选择两块板的圆柱孔进行同心约束，如图 8-50 所示。

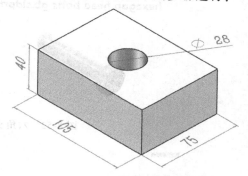

图 8-48　被连接板

　　4）在"设计库"面板中展开 Toolbox 库，找到 GB 中的六角头螺栓，如图 8-51 所示。

　　5）然后在六角头螺栓列表中选择"六角头螺栓 GB/T 5782—2000"螺栓标准件，如图8-52 所示。

　　6）将选中的螺栓拖移到图形区中的空白区城，然后再选择螺栓参数，如图 8-53 所示，"大小"选择"M24"，"长度"选择"110"，"螺纹线显示"选择"装饰"，单击"√"，按"Esc"键结束。

　　7）接下来需要将螺栓标准件装配到两块板中。单击"装配体"选项卡中的"配合"按钮，打开配合对话框。选择两块板的下表面与螺栓的螺栓头表面进行重合约束，如图 8-54 所示，选择两块板的圆柱孔与螺栓杆进行同心约束。如图 8-55 所示，单击"√"，完成装配。

8）同样方法，调入"平垫圈 GB/T 95—1985"，如图 8-56 所示，大小选择"24"，进行装配。再调入"六角螺母 GB/T 41—2000"，如图 8-57 所示，大小选择"M24"，进行装配。

至此，已经完成了螺栓连接的创建，如图 8-58 所示，保存文件。

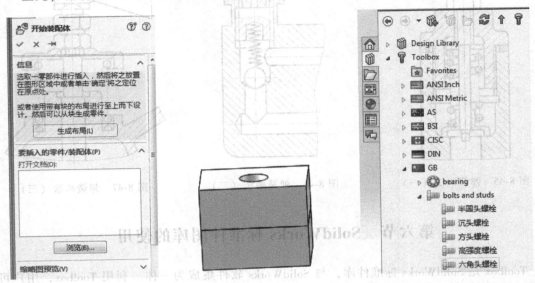

图 8-49　"开始装配体"属性面板　　图 8-50　配合　　图 8-51　Toolbox-GB-六角头螺栓

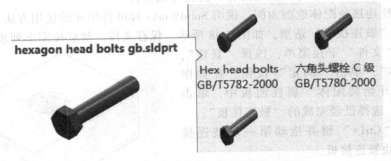

图 8-52　六角头螺栓 GB/T 5782—2000

图 8-53　螺栓参数

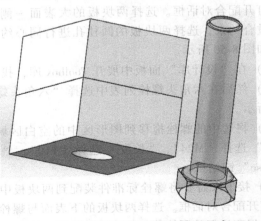

图 8-54　板的下表面与螺栓头表面重合

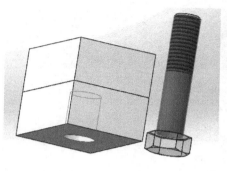

图 8-55　板的圆柱孔与螺栓杆同心约束

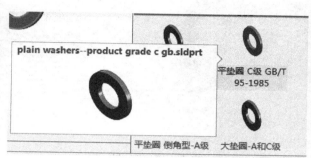

图 8-56　平垫圈 GB/T 95—1985

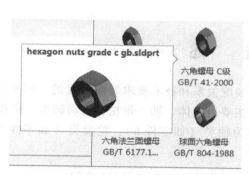

图 8-57　六角螺母 GB/T 41—2000

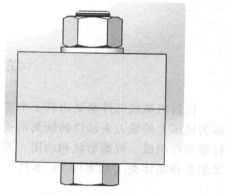

图 8-58　螺栓连接

第九章

零件图

第一节 概 述

任何机械或部件都是由若干个零件按一定的装配关系和技术要求装配而成的。图 9-1 所示为铣床上的铣刀头部件的轴测剖视图，铣刀头主要由座体、轴、带轮、滚动轴承、键和螺钉等零件组成。根据形状和功用，零件一般可分为轴类（如零件 6）、轮盘类（如零件 5）、叉架类和箱体类（如零件 7）零件。

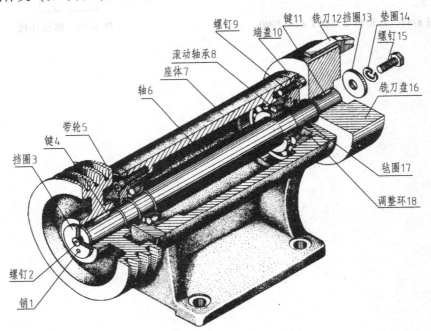

图 9-1　铣刀头轴测剖视图

制造机器，必须先制造零件。用于表达单个零件结构形状、尺寸大小和技术要求的图样称为零件工作图，简称零件图。它是生产过程中，加工制造和检验测量零件的重要技术文件。图 9-2 所示为图 9-1 部件中的轴 6 的零件图。

一张完整的零件图应包括下列内容：

（1）一组视图　可采用视图、剖视图、断面图等国家标准规定的画法，完整、清晰地表达零件的结构和形状。图 9-2 中采用了基本视图、局部剖视图、局部视图、移出断面等表达方法。

（2）尺寸　零件图中应标注出制造、检验零件所需的全部尺寸，用来确定零件各部分的形状大小及其相对位置，不可漏标或多标。

（3）技术要求　说明零件在加工和检验时应达到的技术指标，如零件的表面粗糙度、尺寸公差、几何公差、材料的热处理要求等。如图 9-2 中标注的 $\phi35$、$\phi28$ 和键槽尺寸 8、24 处标注了尺寸公差要求；图上标注了 $Ra1.6$ 等表面粗糙度要求；轴右段 $\phi25$ 处标注了同轴度的几何公差要求；还用文字标注了"经调质处理 220~250HBW"的材料热处理要求。

（4）标题栏　标题栏中填写零件名称、数量、材料、绘图比例、图号及必要的签署等内容。

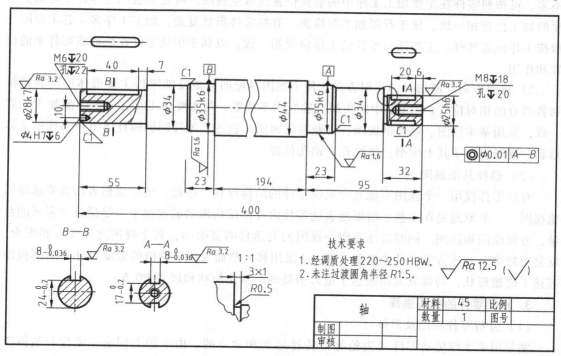

图 9-2　轴零件图

第二节　轴类零件图

一、零件的视图选择

1. 视图选择的基本要求

零件图的视图选择，就是要选择一组视图（视图、剖视图、断面图等），将零件的结构形状表达完全、正确、清晰，符合生产要求。

1）完全。零件各组成部分的结构形状及其相对位置，要表达完全且唯一确定。

2）正确。各视图之间的投影关系及所采用的表达方法要正确且符合国家标准要求。

3）清晰。视图表达应清晰易懂，便于读图。

2. 视图选择的方法和步骤

（1）分析零件的功用

选择零件图的表达方案之前，首先应对零件进行功能分析和形体分析。分析零件在部件中的安放位置，零件各个组成部分的作用和形状，进而确定零件的主要形体。

（2）选择主视图

主视图在表达零件结构特点、形状特征及画图和看图中起主导作用，反映零件信息最多，应首先选择。选择主视图应考虑下列两点：

1）零件的安放位置。零件的安放位置应符合其加工位置或工作位置。若零件加工工序不多，可按照零件在主要加工工序中的装夹位置选取主视图，可使主视图与零件主要加工工序的加工位置相一致，便于看图加工和检测。有些零件形状复杂，加工工序多，其主视图一般按工作位置选择，主视图与零件的工作位置相一致，以利于识读零件在机器或部件中的位置和作用。

2）投射方向。所选择的投射方向应使主视图尽量明显地反映零件主要形体的形状特征和各部分的相对位置。图9-2中的主视图轴线水平放置，与主要加工工序——车削加工位置一致，采用基本视图、局部剖视图、折断简化画法，表达了零件同轴圆柱体组合而成的主体形状，同时表达了其上键槽、螺纹孔、销孔位置。

（3）选择其他视图

有些零件仅用一个视图不能完全反映零件的结构形状，因此，还应根据表达需要选择其他视图。一般原则是在完整、清晰地表达零件内外部结构形状的前提下，尽量减少视图的数量，方便绘图和读图。同时应注意每个视图的表达目的要明确，各个视图之间要互相配合，反复比较多个表达方案，从中选优。图9-2采用移出断面表达了键槽的宽度尺寸，局部视图表达了键槽形状，局部放大图表达了退刀槽处的小圆角形状和尺寸 $R0.5$。

3. 轴类零件的视图选择

（1）分析零件功用及形体

轴是用来支撑传动零件（齿轮等）传递运动和动力的。由于轴上固定、定位和装拆工艺的要求，轴类零件通常由若干段直径不等的圆柱或圆锥组成，常有键槽、销孔、凹坑等结构及倒角、退刀槽、砂轮越程槽等机械加工工艺结构。

（2）主视图的选择

轴类零件主要在车床或磨床上加工，如图9-3所示。其主视图一般按加工位置轴线水平放置，投射方向选为垂直于轴线。表达方法可采用基本视图来表达主要形体，用局部剖视图表达一些小的内部结构。

（3）选择其他视图

轴上的键槽常用断面图表达，某些细小结构如退刀槽、砂轮越程槽等，必要时可采用局部放大图来表达，以便确切表达其形状和标注尺寸，如图9-2所示。

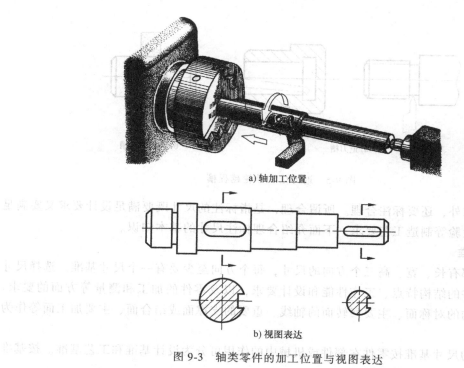

a) 轴加工位置

b) 视图表达

图 9-3　轴类零件的加工位置与视图表达

二、零件上常见的机械加工工艺结构

1. 倒角和倒圆

如图 9-4 所示，为了增加强度及避免因应力集中而产生裂纹，在阶梯轴轴肩处加工成圆角，称为倒圆，如图 9-4a 所示。为便于装配和操作安全，在轴或孔的端部常加工出倒角，如图 9-4a、b、c 所示，一般采用 45°，也可采用 30° 或 60°。其结构和尺寸已标准化，可查阅国家标准。当倒角尺寸很小时，在图中可不表示，但应在图样的技术要求中用文字说明，如 "全部倒角 C0.5" 或 "锐边倒钝"。

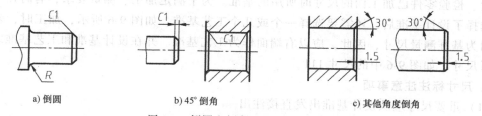

a) 倒圆　　　　　　b) 45° 倒角　　　　　　c) 其他角度倒角

图 9-4　倒圆和倒角画法及尺寸标注

2. 退刀槽和砂轮越程槽

在切削加工中，为便于退出刀具或使砂轮能稍微越过加工面，常在零件的待加工面的末端，加工出退刀槽或砂轮越程槽，如图 9-5 所示。

三、零件图的尺寸标注

零件图中标注的尺寸是加工和检验零件的重要依据，除了要符合前面已讲过的完整、正

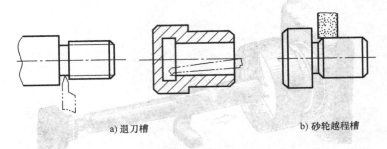

a) 退刀槽   b) 砂轮越程槽

图 9-5   退刀槽和砂轮越程槽

确、清晰的要求外，还要标注合理。所谓合理，是指标注的尺寸既要满足设计要求又要满足加工、测量和检验等制造工艺要求。下面介绍合理标注尺寸的基本知识。

1. 尺寸基准

任何零件都有长、宽、高三个方向的尺寸，每个方向至少要有一个尺寸基准。选择尺寸基准应考虑零件的结构特点、工作性能和设计要求，以及零件的加工和测量等方面的要求。一般取零件结构的对称面、主要回转面的轴线、重要的支撑面或结合面、主要加工面等作为尺寸基准。

零件图上的尺寸基准按零件在部件或机械中的作用可分为设计基准和工艺基准。按基准的主次可分为主要基准和辅助基准。

（1）设计基准

在零件设计时，根据零件的结构要求选定的基准称为设计基准。如图 9-6 所示的齿轮轴，轮齿端面用来确定该齿轮轴在机器中的轴向位置，是长度方向的设计基准。要求各圆柱面同轴，所以轴线为径向设计基准。

（2）工艺基准

零件在加工过程中用来装夹定位或用于测量的点、线、面称为工艺基准。工艺基准又分为定位基准和测量基准。定位基准是在加工过程中零件装夹定位时所用的基准；测量基准是在测量、检验零件已加工面的尺寸时所用的基准。为了满足加工、测量要求，有时在一个方向上选择了设计基准后，还需要选择一个或几个工艺基准。如图 9-6 所示，加工时，多次以右端面为基准测量尺寸，因此，应以右端面作为工艺基准。并在设计基准和工艺基准之间要有联系尺寸，如图 9-6 中的尺寸 111。

2. 尺寸标注注意事项

（1）重要尺寸应从设计基准出发直接注出

如图 9-6 所示的尺寸 28，不可间接计算。

（2）避免出现封闭的尺寸链

图 9-7 所示为一阶梯轴，长度方向的尺寸 A_1、A_2、A_3、N 首尾相连，构成一个封闭尺寸链，这种情况应当避免。因为尺寸 A_1 为尺寸 A_2、A_3、N 之和，而尺寸 A_1 有一定的精度要求，但在加工时，尺寸 A_2、A_3、N 都会产生误差，这样所有的误差便会积累到尺寸 A_1 上，不能保证设计的精度要求。所以，当几个尺寸构成封闭尺寸链时，应当选择一个不重要的尺寸空出不注，以使所有的误差都积累在此处。如图 9-7 所示的 N 尺寸应不注。

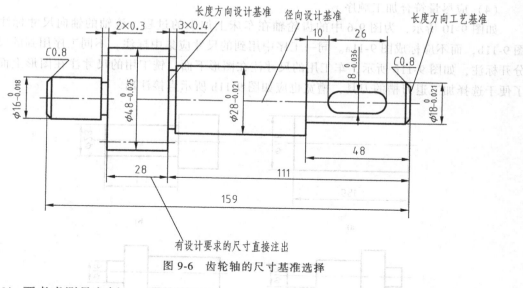

有设计要求的尺寸直接注出

图 9-6 齿轮轴的尺寸基准选择

（3）要考虑测量方便

标注尺寸要考虑测量方便，尽量做到使用普通量具就能测量，以减少专用量具的设计与制造。如图 9-8a 中轴套零件的 A 值测量不便，而按图 9-8b 图标注尺寸则测量方便。对于轴类零件上常见的键槽和铣平面结构，其尺寸标注方法应按图 9-9 所示注法进行标注。

图 9-7 避免注成封闭尺寸链

a) 不易测量   b) 易测量

图 9-8 套筒的尺寸标注

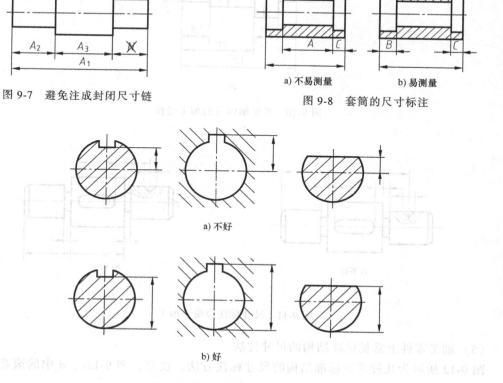

a) 不好

b) 好

图 9-9 键槽或铣平面的尺寸标注

（4）应尽量符合加工顺序

如图 9-10 所示，为图 9-6 中的齿轮轴在车床上加工的过程，该轴的轴向尺寸标注应按图 9-11b，而不应标成图 9-11a。同一工序中用到的尺寸应集中标注，不同工序用到的尺寸应分开标注，如图 9-11b 所示，车工用的尺寸注在图形下面，铣工用的尺寸注在图形上面。为了便于选择加工退刀槽的刀具，槽宽也应如图 9-11b 所示直接注出。

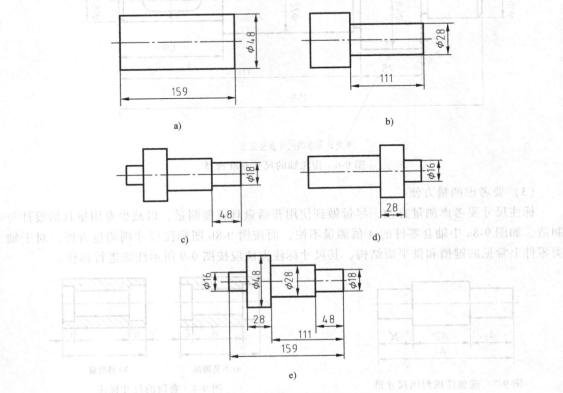

a)

b)

c)

d)

e)

图 9-10 齿轮轴的车削加工过程

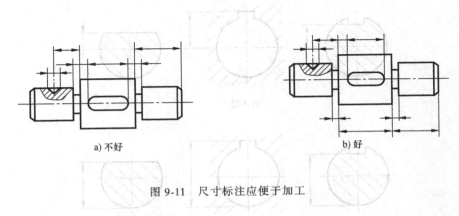

a) 不好

b) 好

图 9-11 尺寸标注应便于加工

（5）轴类零件上常见标准结构的尺寸注法

图 9-12 所示为几种常见标准结构的尺寸标注方法。注意，图 9-12c、d 中的滚花，用细实线绘制。

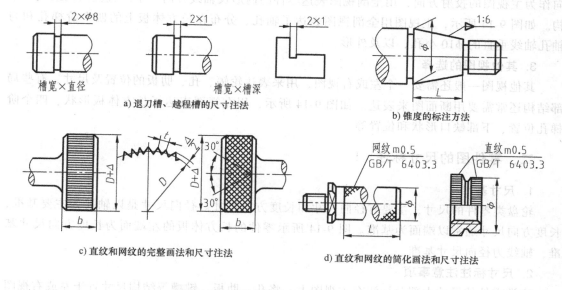

a) 退刀槽、越程槽的尺寸注法

b) 锥度的标注方法

c) 直纹和网纹的完整画法和尺寸注法

d) 直纹和网纹的简化画法和尺寸注法

图 9-12 常见标准结构的尺寸标注方法

第三节 轮盘类零件图

一、零件的视图选择

1. 分析零件的功用及形体

轮盘类零件多用于传递动力和扭矩，或起支撑、轴向定位及密封等作用，主要包括端盖、手轮、法兰盘、齿轮等。这类零件的主体部分是由直径不等的同心圆柱体组成，一般轴线方向上的尺寸较径向小得多，其上常有肋板、轮辐、孔及键槽等结构。图 9-13 所示为手轮、端盖零件轴测图。

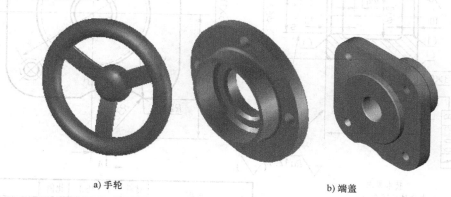

a) 手轮

b) 端盖

图 9-13 轮盘类零件轴测图

2. 主视图的选择

轮盘类零件主要在车床上加工，其主视图按加工位置将轴线水平放置。以垂直于轴线方向作为主视图的投射方向，用全剖视图表达零件的内形及轴线方向上不同直径圆柱组成的结构。如图 9-14 所示，主视图用全剖视图表达了轴孔、分布在长方体板上的四个阶梯孔和与轴孔轴线垂直的 φ10 小孔，以及外形。

3. 其他视图的选择

其他视图一般还需要一个左或右视图，用来表达轮辐、孔、肋板的位置及尺寸，有些局部结构还常需要用断面图来表达。如图 9-14 所示，用左视图表达了长方体板形状、四个阶梯孔位置、下部缺口形状和位置等。

二、零件图的尺寸标注

1. 尺寸基准

轮盘类零件的尺寸，主要有径向尺寸和长度方向尺寸。径向尺寸是以轴线为主要基准，长度方向尺寸通常以端面为基准。图 9-14 所示零件的长方体板的左端面为长度方向尺寸基准，轴线为径向尺寸基准。

2. 尺寸标注注意事项

这类零件的尺寸大部分标注在主视图上，将孔、肋板、键槽等结构尺寸置于左或右视图上。如图 9-14 所示，端盖主视图从基准出发注出尺寸 7、15、9。φ10 孔的定位尺寸 20、58，是根据结构工艺要求从各自的辅助基准注出。轴孔等直径尺寸，都是以轴线为基准注出的。

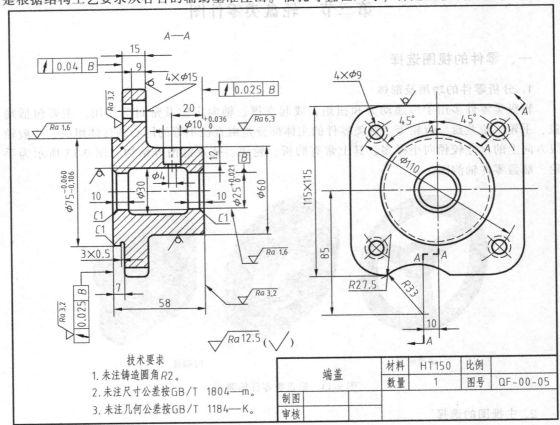

图 9-14　端盖零件图

在左视图中，从基准出发标注了端盖的定形尺寸115×115、定位尺寸85、φ110、10、45°等。

3. 常见轮盘类零件的尺寸注法（图9-15）

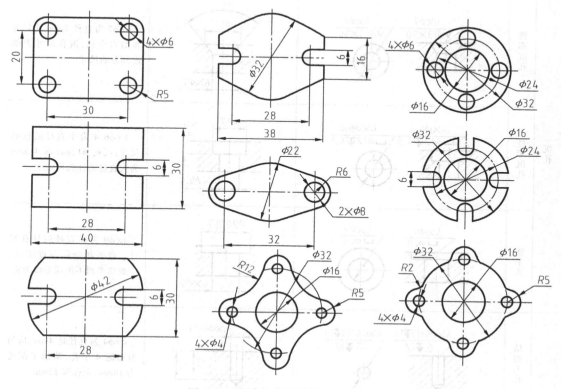

图9-15 常见轮盘类零件尺寸注法

4. 常见孔的尺寸注法（表9-1）

表9-1 常见孔的尺寸注法

类型		旁注法及简化注法		普通注法	说明
螺孔	通孔	3×M6-7H	3×M6-7H	3×M6-7H	3×M6 为直径是 6mm 并均匀分布的三个螺孔。三种标注法可任选
	不通孔	3×M6↧10	3×M6↧10	3×M6	只注螺孔深度时,可以与螺孔直径连注
		3×M6↧10 孔↧12	3×M6↧10 孔↧12	3×M6	需要注出光孔深度时,应明确标注深度尺寸

（续）

类型		旁注法及简化柱法	普通柱法	说明
沉孔	锥形沉孔	6×φ7 ▽φ13×90°　　6×φ7 ▽φ13×90°	90° φ13　6×φ7	6×φ7 为直径 7mm、均匀分布的六个孔，沉孔尺寸为锥形部分的尺寸
	柱形沉孔	4×φ6.4 ⊔φ12▽4.5　　4×φ6.4 ⊔φ12▽4.5	φ12 4.5　4×φ6.4	4×φ6.4 为小直径的柱孔尺寸；沉孔 φ12mm 深 4.5mm 为大直径的柱孔尺寸
	锪平孔	4×φ9 ⊔φ20　　4×φ9 ⊔φ20	φ20锪平　4×φ9	4×φ9 为小直径的柱孔尺寸。锪平部分的深度不注，一般锪平到不出现毛面为止
光孔	精加工孔	4×φ4H7▽10 孔▽12　　4×φ4H7▽10 孔▽12	4×φ4H7　10　12	4×φ4 为直径是 4mm、均匀分布的 4 个孔，精加工深度为 10mm，光孔深 12mm
	锥销孔	锥销孔φ4 配作　　锥销孔φ4 配作	φ4 配作	锥销孔小端直径为 φ4，并与其相连接的另一零件一起配钻铰

5. 尺寸标注常用符号和缩写词

标注尺寸时，应尽可能使用符号和缩写词。常用符号或缩写词见表 9-2。

表 9-2　常用符号或缩写词

名　称	符号或缩写词	名　称	符号或缩写词
直　径	φ	45°倒角	C
半　径	R	深　度	▽
球直径	Sφ	沉孔或锪孔	⊔
球半径	SR	埋头孔	∨
厚　度	t	均　布	EQS
正方形	□	弧　长	⌒

常用符号的绘制尺寸如图 9-16 所示。

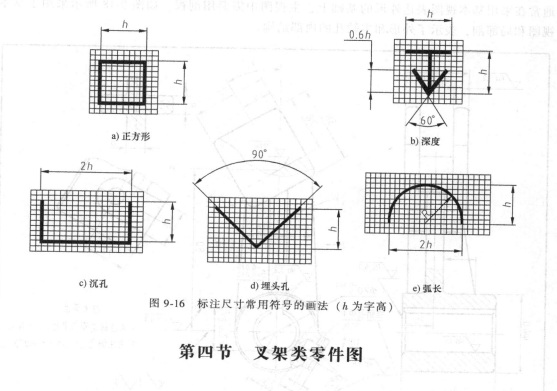

a) 正方形

b) 深度

c) 沉孔

d) 埋头孔

e) 弧长

图 9-16 标注尺寸常用符号的画法 （h 为字高）

第四节 叉架类零件图

一、零件的视图选择

1. 分析零件的功用及形体

叉架类零件常见的有各种拨叉、连杆、支架、支柱等。这类零件，多数形状不规则、结构复杂，毛坯多为铸件，经多道工序加工而成。

叉架类零件通常由工作部分、支撑（或安装）部分及连接部分组成。连接部分多为肋板结构且形状弯曲、扭斜；支撑部分和工作部分细部结构较多，如圆孔、螺纹孔、油槽、油孔等。图 9-17 所示为叉架类零件轴测图。

图 9-17 叉架类零件轴测图

2. 主视图的选择

由于叉架类零件加工位置多变，在选择主视图时，主要考虑工作位置和形状特征的表达。有些零件在机器或部件中的工作位置是倾斜的，但在画图时，一般需把零件主要轮廓置于水平或垂直位置，如图 9-18 所示为将零件竖放时的零件图。由于零件上有内部结构，故通常在采用基本视图表达外形的基础上，主视图中需要用剖视。如图 9-18 所示采用了基本视图和局部剖，表示了外形和主轴孔的内部结构。

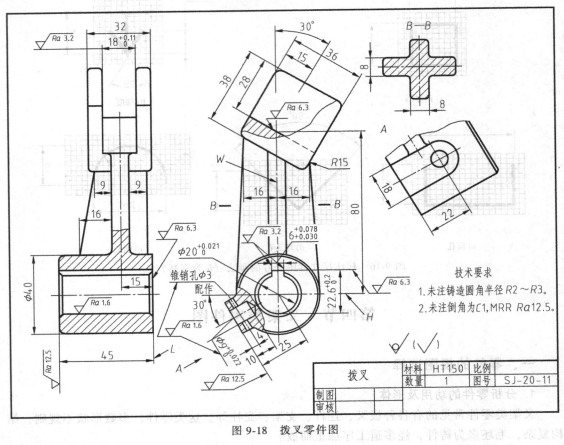

图 9-18　拨叉零件图

3. 其他视图的选择

这类零件通常需要两个或两个以上的视图，为了表达零件上弯曲和倾斜的部分，还需要用局部视图、斜视图、断面图等表达方法。图 9-18 采用了基本视图和局部剖视的左视图，表达外形和孔、键槽结构。其中，$B—B$ 移出断面图表达肋板的断面形状；A 向斜视图表达主视图左下部凸台的位置及形状。

二、零件上常见的工艺结构

叉架类零件通常需要铸造出毛坯，然后进行机械加工。因此，对零件结构有若干工艺要求。

1. 铸造工艺结构

（1）拔模斜度

用铸造方法制造零件毛坯时，为了便于在砂型中取出木模，一般沿木模拔模的方向做成约 1:20 的斜度，称为拔模斜度。因此在铸件上也有相应的拔模斜度，如图 9-19 所示。这种斜度在图上一般不予标注，也不画出，必要时可以在技术要求中用文字注明。

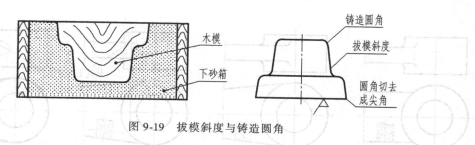

图 9-19　拔模斜度与铸造圆角

（2）铸造圆角

为了避免砂型尖角落砂和防止尖角处出现收缩裂纹，铸件两表面相交处应做出圆角，如图 9-19 所示。铸造圆角的半径一般取为壁厚的 0.2~0.4，也可查阅手册确定。同一零件上圆角大小尺寸种类应尽可能少，以便于加工。圆角半径值可在技术要求中统一注写。

铸件经机械加工后，其毛坯的圆角被切削掉，转角处成为尖角或加工成倒角，如图 9-19 所示。

（3）过渡线

由于铸件表面相交处有铸造圆角的存在，使表面的交线变得不明显，为使看图时能区分不同表面，在画图时仍旧画出交线，这种交线称为过渡线。

过渡线用细实线绘制，其画法与没有铸造圆角时交线的画法相同。当两曲面相交时，按没有铸造圆角时交线画法画出交线，然后在外形线相交处画出圆角，交线与圆角轮廓不相交，如图 9-20 所示。

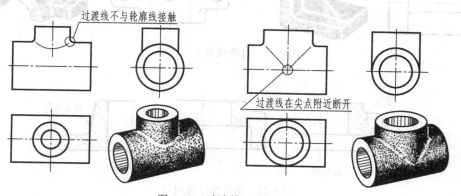

图 9-20　过渡线画法（一）

零件上肋板与圆柱结合时，其过渡线画法如图 9-21 所示。过渡线的形状，取决于肋板的断面形状以及肋板与圆柱面的结合方式。

（4）铸件壁厚

在浇铸零件时，为了避免各部分因冷却速度不均而产生缩孔或裂纹，铸件各部分的厚度应保持大致相等或逐渐变化，如图 9-22 所示。其中，图 9-22a 为错误结构，图 9-22b 为正确结构。

2. 机械加工工艺结构

（1）凸台和凹坑

零件的接触表面，一般都要加工。为减少加工面积，保证零件表面之间有良好的接触，常在铸件上设计出凸台、凹坑，如图 9-23 所示。

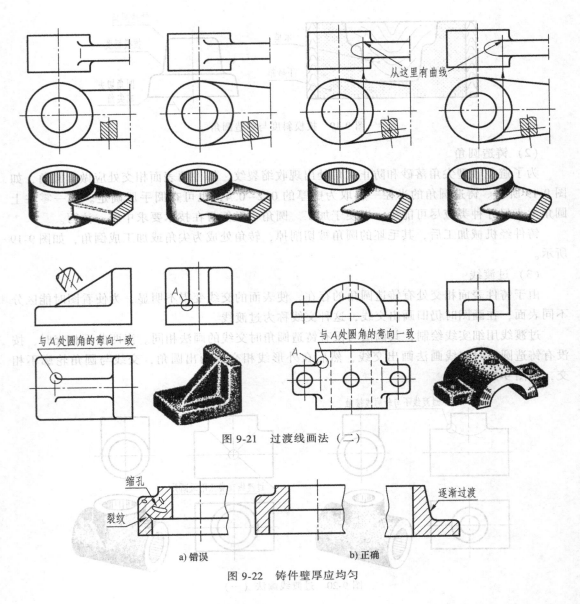

从这里有曲线

与A处圆角的弯向一致

A

与A处圆角的弯向一致

A

图 9-21　过渡线画法（二）

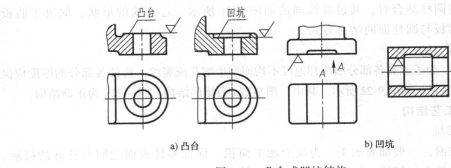

缩孔

裂纹

逐渐过渡

a) 错误

b) 正确

图 9-22　铸件壁厚应均匀

凸台

凹坑

A

A

a) 凸台

b) 凹坑

图 9-23　凸台或凹坑结构

（2）钻孔结构

钻孔时，为防止钻头折断或钻孔倾斜，被钻孔的端面应与钻头轴线垂直，如图 9-24 所示。

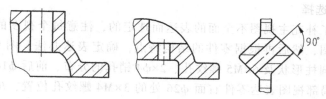

图 9-24 钻孔工艺结构

三、零件图的尺寸标注

1. 尺寸基准

叉架类零件标注尺寸时，通常选用安装基面或零件的对称面作为尺寸基准。如图 9-18 所示，在主视图中，标有 L 字母的端面为长度方向尺寸基准，φ20 孔的轴线（标有字母 H）为高度方向尺寸基准；在左视图中，包含 φ20 孔的轴线（标有字母 W）的面为宽度方向尺寸基准。

2. 尺寸标注

主视图中 15、45 为从长度方向尺寸基准标出的；80、30° 是从高度方向尺寸基准标出的定位尺寸；左视图中 16、6 等尺寸是从宽度方向尺寸基准标出的。其他尺寸，按结构标出定形尺寸和定位尺寸。

第五节　箱体类零件图

一、零件的视图选择

1. 分析零件的功用及形体

箱体类零件是组成机器或部件的主要零件，主要起支撑、包容、保护运动零件或其他零件的作用。常见结构有内腔、轴承孔、凸台、肋板、安装板、光孔和螺纹孔等结构。毛坯一般为铸件或焊接件，然后进行各种机械加工，如各种箱体、壳体、阀体、泵体等属于这类零件。

图 9-25 所示为箱体零件轴测图，从图中可看出，零件是由带阶梯孔的圆柱主体部分、底部安装板、支撑板三部分组成。主体部分形状为圆柱体，底板形状为长方体，支撑板断面形状为 T 字形。零件上还有安装沉孔、螺纹孔等结构。

2. 主视图选择

由于箱体类零件形状复杂，加工工序多，加工位

图 9-25 箱体零件轴测图

置多变，在选择主视图时，主要考虑工作位置和形状特征。如图 9-26 所示，主视图按工作位置放置，采用 A 向为投射方向，并采用全剖视图，既清楚地反映了内部结构、螺纹孔深度，又明显地表达了三个组成部分的相对位置关系。

3. 其他视图的选择

其他视图是为了补充主视图不全面的表达而选定的，注意每个视图的表达目的要明确。一般优先选用三视图，然后再根据零件的结构特点，确定表达办法。图 9-26 中，左视图用基本视图表达主体圆柱形状及 6×M5 螺纹孔、2×φ4 销孔的分布、前后 φ14 凸台、2×φ7 安装孔的结构等，C 向局部视图表达零件右面 φ26 处的 3×M4 螺纹孔位置，B—B 局部剖视图表达底板形状、安装孔形状及位置、支撑板断面形状。通过这一组视图，可以清楚、完整地表达零件的内外部形状。

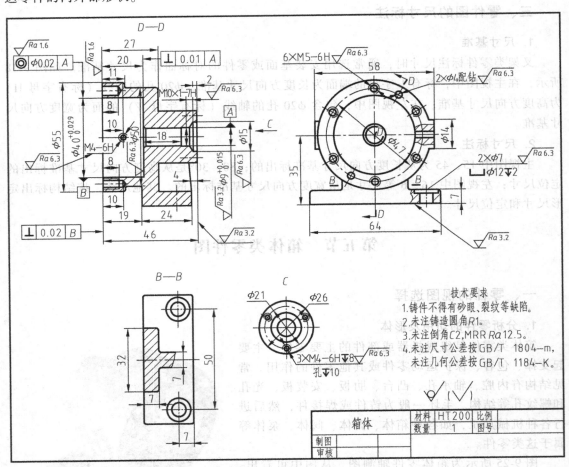

图 9-26　箱体零件图

二、零件图的尺寸标注

1. 尺寸基准

通常选用设计上要求较高的轴线、重要的安装面、接触面（或加工面）和箱体的对称面作为尺寸基准。对于箱体上需要切削加工的部分，要尽可能按便于加工和检验的要求来标注尺寸。在图 9-26 中，箱体三个方向的主要尺寸基准选择情况分析如下：

1）长度方向主要尺寸基准。选择箱体在主视图表示的零件左端面为长度方向主要尺寸基准，因为左端面是箱体、箱盖零件的结合面，以它为基准可保证长度方向上的尺寸精度。

2）高度方向主要尺寸基准。零件底面到 $\phi40$ 孔轴线的高度尺寸 35 是加工时确定孔位置的尺寸。加工时，应先加工底面，然后以底面为基准加工孔 $\phi40$、$\phi9$，所以，底面是高度方向的主要基准。

3）宽度方向主要尺寸基准。箱体的前后方向是对称的，因此选择该对称面为宽度方向主要尺寸基准。

2．按设计要求重要尺寸直接标注

图 9-26 中箱体的高度方向定位尺寸 35、M4-6H 螺纹孔长度方向定位尺寸 10、底板上两安装孔 $\phi7$ 的定位尺寸 50 等，都是从基准直接注出的。

3．标注其他尺寸

按照结构分析和形体分析方法，逐个标注组成箱体零件的各个部分的定形尺寸和定位尺寸。注意标注尺寸要清晰、合理、不封闭，并方便加工。

第六节 表面粗糙度

在零件图设计中，除了图形和尺寸外，还有制造零件时需要达到的一些加工要求，即技术要求，主要包括尺寸公差、表面粗糙度、几何公差、材料热处理等。

表面结构的各项要求在图样上的表示法在国家标准《产品几何技术规范（GPS） 技术产品文件中表面结构的表示法》（GB/T 131—2006）（以下简称标准）中都有具体规定。本节仅介绍零件图样上常用的表面粗糙度在图样上的表示法。未详尽处请参阅 GB/T 131—2006。

一、基本概念及术语

1．标准应用范围

标准规定了技术产品文件中表面结构的表示法。技术产品文件包括图样、说明书、合同、报告等，适用于对表面结构有要求时的表示法。表示法涉及下列参数：

（1）轮廓参数 R 轮廓（粗糙度参数）、W 轮廓（波纹度参数）、P 轮廓（原始轮廓参数）。

（2）图形参数 粗糙度图形、波纹度图形。

（3）与 GB/T 18778.2 和 GB/T 18778.3 相关的支撑率曲线参数 标准不适用于对表面缺陷（如孔、划痕等）的标注方法。

2．表面结构

表面结构是表面粗糙度、表面波纹度、表面缺陷、表面纹理和表面几何形状的总称。

（1）表面粗糙度

经机械加工后的零件表面，无论加工得多么光滑，在显微镜下观察，就会发现零件表面实际上是凹凸不平的。这是由于零件在加工时，受刀具在其表面上留下的刀痕、切削时金属表面的塑性变形和机床振动等因素的影响，使零件表面存在着间距较小的轮廓峰谷，如图

9-27 所示。零件加工表面的这种较小间距和峰谷所组成的微观几何形状误差，称为表面粗糙度。表面越光滑，粗糙度等级越高，加工成本越高；反之，表面越粗糙，粗糙度等级越低，加工成本也越低。

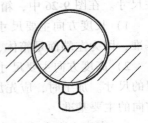

图 9-27　表面粗糙度概念

表面粗糙度不仅直接影响零件的外观，而且对运动面的摩擦与磨损、贴合面的密封等都有影响，还会影响定位精度、配合性质、疲劳强度、接触刚度、耐磨性和抗腐蚀性等。

（2）评定表面粗糙度常用的轮廓参数

轮廓参数（R 轮廓）是我国机械图样中目前最常用的评定参数。包括两个高度参数：算术平均偏差 Ra 和轮廓最大高度 Rz。

1）算术平均偏差 Ra。评定轮廓的算术平均偏差 Ra 是指在一个取样长度 l 内轮廓偏距绝对值的算术平均值，如图 9-28 所示。其数学表达式为

$$Ra = \frac{1}{l}\int_0^l |Y(x)|\, \mathrm{d}x$$

或近似为

$$Ra = \frac{1}{n}\sum_{i=1}^{n} |Y_i|$$

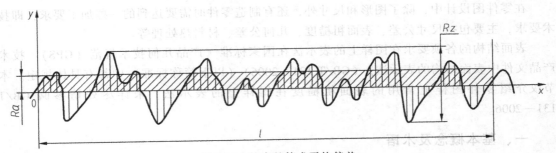

图 9-28　轮廓的算术平均偏差

表 9-3 列出了 Ra 由低到高的第一系列值，设计时应优先选用。

表 9-3　轮廓算术平均偏差 Ra 数值表　　　　　　　　　　（单位：μm）

Ra	100, 50, 25, 12.5, 6.3, 3.2, 1.6, 0.8, 0.4, 0.2, 0.1, 0.05, 0.025, 0.012

2）轮廓的最大高度 Rz。评定轮廓的轮廓的最大高度 Rz 是指在同一取样长度内，最大轮廓峰高和最大轮廓谷深之和的高度，如图 9-28 所示。表 9-4 列出了 Rz 由低到高的第一系列值，设计时应优先选用。

表 9-4　轮廓最大高度偏差 Rz 数值表　　　　　　　　　　（单位：μm）

Rz	1600, 800, 400, 200, 100, 50, 25, 12.5, 6.3, 3.2, 1.6, 0.8, 0.4, 0.2, 0.1, 0.05, 0.025

二、表面粗糙度在图样上的标注

1. 表面粗糙度符号

1）标注表面粗糙度要求时的图形符号种类、名称、尺寸及其含义见表 9-5。

表 9-5 表面粗糙度符号

符 号	意 义 及 说 明
√	基本图形符号，仅用于简化代号标注，没有补充说明时不能单独使用。如果基本图形符号与补充的或辅助的说明一起使用，则不需要进一步说明为了获得指定的表面是否应去除材料或不去除材料
∨	扩展图形符号，表示指定表面是用去除材料的方法获得，如：车、铣、钻、磨、剪切、抛光、腐蚀、电火花加工和气割等
∨○	扩展图形符号，表示指定表面是用不去除材料的方法获得，如：铸、锻、冲压、热轧、冷轧和粉末冶金等；也可用于表示保持上道工序形成的表面，不管这种状况是通过去除材料或不去除材料形成的
√ ∨ ∨○	完整图形符号。在上述三个符号的长边上均可加一横线，用于标注有关参数和说明
√○ ∨○ ∨○	在上述三个符号上均可加一小圆，表示所有表面具有相同的表面粗糙度要求

2）图形符号的画法如图 9-29 所示，图中参数取值见表 9-6。

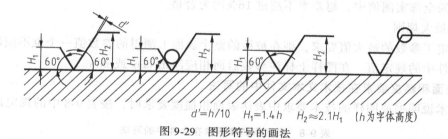

$$d'=h/10 \quad H_1=1.4h \quad H_2\approx2.1H_1 \quad (h\text{为字体高度})$$

图 9-29 图形符号的画法

表 9-6 图形符号的参数取值表

符号的尺寸	数字与大写字母（或和小写字母）的高度 h	2.5	3.5	5	7	10	14	20
	符号的线宽 d′ 数字与字母的笔画宽度 d	0.25	0.35	0.5	0.7	1	1.4	2
	高度 H_1	3.5	5	7	10	14	20	28
	高度 H_2	7.5	10.5	15	21	30	42	60

2. 表面粗糙度要求在图形符号中的注写位置

对于取样长度、加工工艺、表面纹理等要求，可按图 9-30 所示的标注位置进行标注。

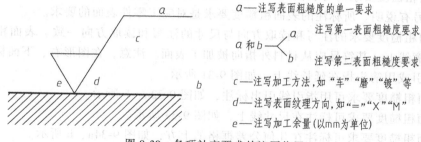

a——注写表面粗糙度的单一要求

a 注写第一表面粗糙度要求

a 和 b 注写第二表面粗糙度要求

c——注写加工方法，如"车""磨""镀"等

d——注写表面纹理方向，如"="、"X"、"M"

e——注写加工余量（以 mm 为单位）

图 9-30 各项补充要求的注写位置

3. 常用表面粗糙度要求标注示例及其意义（表9-7）

常用表面粗糙度要求标注示例及其意义见表9-7。

表9-7 常用表面粗糙度要求标注示例及其意义

代号示例	意义说明	代号示例	意义说明
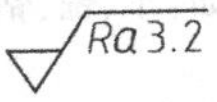 $\sqrt{Ra\,3.2}$	用去除材料的方法获得的表面，Ra 的上限值为 $3.2\mu m$	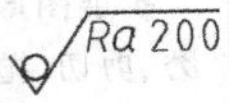 $\sqrt{Ra\,200}$	用不去除材料的方法获得的表面，Ra 的上限值为 $200\mu m$
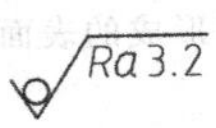 $\sqrt{Ra\,3.2}$	用不去除材料的方法获得的表面，Ra 的上限值为 $3.2\mu m$	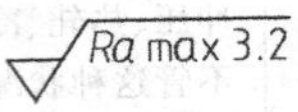 $\sqrt{Ra\,max\,3.2}$	用去除材料的方法获得的表面，Ra 的最大值为 $3.2\mu m$
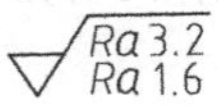 $\sqrt{\begin{array}{l}Ra\,3.2\\Ra\,1.6\end{array}}$	用去除材料的方法获得的表面，Ra 的上限值为 $3.2\mu m$，Ra 的下限值为 $1.6\mu m$	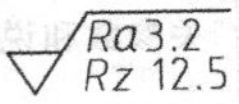 $\sqrt{\begin{array}{l}Ra\,3.2\\Rz\,12.5\end{array}}$	用去除材料的方法获得的表面，Ra 的上限值为 $3.2\mu m$，Rz 的下限值为 $12.5\mu m$

4. 测得值与公差极限值相比较的规则

（1）16%规则

对于按一个参数的上限值或上限值与下限值或下限值要求时，如果在所选参数都用同一评定长度的全部实测值中，超差率不超过16%的为合格。

（2）最大规则

若规定了参数的最大值要求，则在被检的整个表面上测得的参数值一个也不应超过图样或技术文件中的规定值。在图样上标注参数后面相应注出 max 或 min。

5. 表面粗糙度要求在技术文本文件中的写法

在技术说明书或图样的技术要求中表达表面粗糙度要求时，按表9-8中的规定进行。

表9-8 表面粗糙度要求在文件中的写法

序号	代号	含义	书写示例
1	APA	允许用任何工艺获得	APA $Ra0.8$
2	MRR	允许用去除材料的方法获得	MRR $Ra1.6$
3	NMR	允许用不去除材料的方法获得	NMR $Ra25$

三、表面粗糙度要求在图样中的注法

1. 基本注法

1）表面粗糙度要求对每表面一般只注一次，并尽可能注在相应的尺寸及其公差的同一图上，除非另有说明。所标注的表面粗糙度要求是对完工零件表面的要求。

2）表面粗糙度要求的注写和读取方向与尺寸的注写和读取方向一致。表面粗糙度要求可标注在轮廓线上，其符号应从材料外指向被加工表面。注意，在图形右、下面标注时，必须用箭头指引或用箭头指在延长线上，如图9-31所示。

3）表面粗糙度要求可用指引线引出标注，如图9-32a、b所示。

4）表面粗糙度要求可标注在尺寸线上，如图9-33所示。

5）表面粗糙度要求可标注在几何公差框格的上方，如图9-34a、b所示。

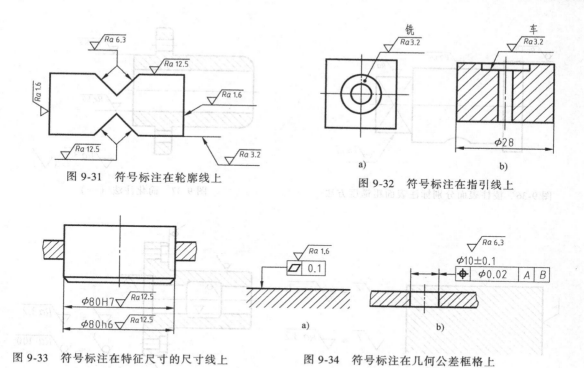

图 9-31 符号标注在轮廓线上

图 9-32 符号标注在指引线上

图 9-33 符号标注在特征尺寸的尺寸线上

图 9-34 符号标注在几何公差框格上

6）表面粗糙度要求可标注在圆柱特征视图的延长线上，如图 9-35 所示。

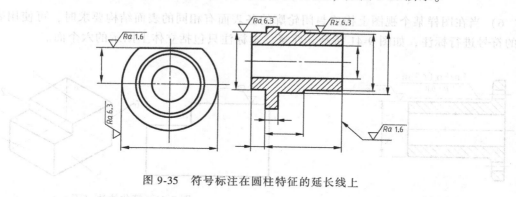

图 9-35 符号标注在圆柱特征的延长线上

2. 表面粗糙度要求简化注法

1）圆柱和棱柱表面的表面粗糙度要求只标注一次，如图 9-35 所示。如果每个棱柱表面有不同要求，则应分别单独标注，如图 9-36 所示。

2）多个表面有相同表面粗糙度要求时，可按图 9-37 所示标注。

3）用带字母的完整图形符号进行简化标注时，可按图 9-38 所示标注。

4）只用表面粗糙度要求符号简化标注时，按图 9-39 所示标注。

5）由几种不同的工艺方法获得的同一表面，当需要明确每种工艺方法的表面粗糙度要求时，可按图 9-40 所示标注。图中标注的含义为：第一道工序要求为 $Rz1.6\mu m$；第二道工序为镀铬，Fe—钢件，Ep—镀覆，Cr—铬，25—厚度为 $25\mu m$ 以上，b—组合镀覆层特征为光亮，表面结构要求为 $Ra0.8\mu m$。

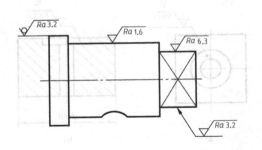

图 9-36　棱柱表面分别标注表面粗糙度方法

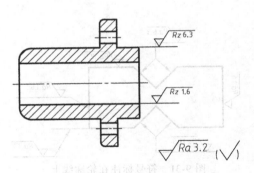

图 9-37　简化注法（一）

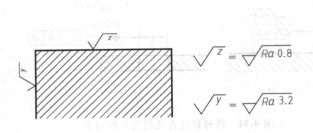

图 9-38　简化注法（二）

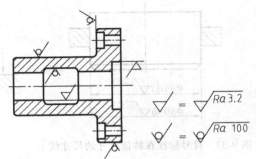

图 9-39　简化注法（三）

6）当在图样某个视图上构成封闭轮廓的各表面有相同的表面结构要求时，可使用表9-5中的符号进行标注，如图 9-41 所示。注意，本标注只包括立体上图示的六个面。

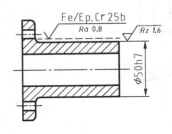

图 9-40　简化注法（四）

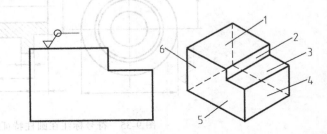

图 9-41　简化注法（五）

第七节　极限与配合

现代化的大规模生产，要求零件具有互换性，即在加工完的一批同规格的零件中不经任何挑选和修配，装配到部件或机器中去，就能满足使用要求。零件具有互换性，便于装配、维修，不仅提高了劳动生产率，保证了产品质量，而且降低了成本。因而互换性在生产中具有重要的经济意义。但零件在制造过程中，由于加工和测量等因素引起的误差，使得零件尺寸不可能绝对准确，而为了保证零件的互换性，必须控制零件尺寸的误差范围。为此，国家标准 GB/T 1800.1—2009 制定了产品几何技术规范（GPS）极限与配合标准，下面主要介绍基本概念和在图样上的标注（配合的知识将在装配图中应用）。

一、极限与配合的基本术语

基本术语的意义，如图9-42所示。

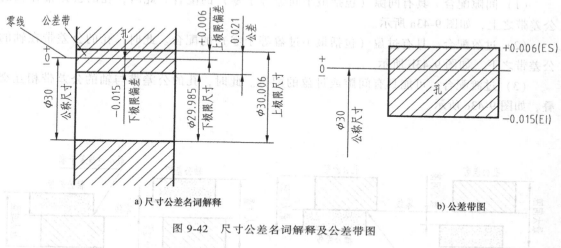

a) 尺寸公差名词解释   b) 公差带图

图9-42 尺寸公差名词解释及公差带图

1. 公称尺寸

公称尺寸指由图样规范确定的理想形状要素的尺寸。图9-42a中公称尺寸为$\phi 30$。

2. 极限尺寸

极限尺寸指尺寸要素允许的尺寸的两个极端，提取组成要素的局部尺寸应位于其中，也可达到实际尺寸。两个极端值中大的一个称为上极限尺寸；小的一个称为下极限尺寸。图9-42a中上极限尺寸为$\phi 30.006$，下极限尺寸为$\phi 29.985$。

3. 偏差

偏差指某一尺寸减其公称尺寸所得的代数差。尺寸偏差有

$$上极限偏差 = 上极限尺寸 - 公称尺寸$$
$$下极限偏差 = 下极限尺寸 - 公称尺寸$$

上、下极限偏差统称为极限偏差，上、下极限偏差可以是正值、负值或零。图9-42a中上极限偏差为+0.006，下极限偏差为-0.015。

孔的上极限偏差代号为ES，下极限偏差代号为EI；轴的上极限偏差代号为es，下极限偏差代号为ei。

4. 尺寸公差（简称公差）

尺寸公差是允许尺寸的变动量。公差等于上极限尺寸减下极限尺寸之差，或上极限偏差减下极限偏差之差。尺寸公差是一个没有符号的绝对值。图9-42a中尺寸公差为0.021。

5. 零线

零线是在极限与配合图解中，表示公称尺寸的一条直线，以其为基准确定偏差和公差。通常零线沿水平方向绘制，正偏差位于其上，负偏差位于其下，如图9-42所示。

6. 公差带

公差带是在公差带图解中，由代表上、下极限偏差或上、下极限尺寸的两条直线所限定

的一个区域。它是由公差大小和其相对零线的位置如基本偏差来确定的，如图9-42b所示。

7. 配合

配合指公称尺寸相同并且相互结合的孔和轴公差带之间的关系。根据使用要求不同，国家标准规定配合分三类：即间隙配合、过盈配合和过渡配合。

（1）间隙配合　具有间隙（包括最小间隙等于零）的配合。此时，孔的公差带在轴的公差带之上，如图9-43a所示。

（2）过盈配合　具有过盈（包括最小过盈等于零）的配合。此时，孔的公差带在轴的公差带之下，如图9-43b所示。

（3）过渡配合　可能具有间隙或过盈的配合。此时，孔的公差带与轴的公差带相互交叠，如图9-43c所示。

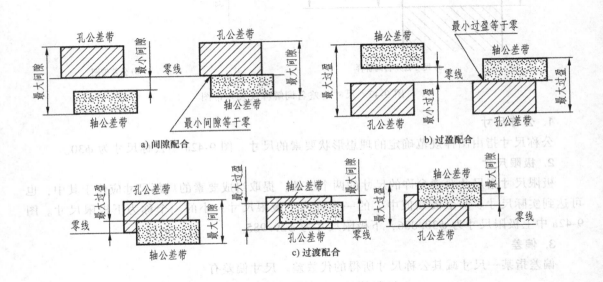

图 9-43　配合的类型

二、标准公差

1. 标准公差

标准公差指本标准极限与配合制中，所规定的任一公差。

2. 标准公差等级

在本标准极限与配合制中，同一标准公差等级（如IT7）对所有公称尺寸的一组公差被认为具有同等精确程度。

标准公差等级代号用符号IT和数字组成，如IT8。当其与代表基本偏差的字母一起组成公差带时，省略IT字母，如h8。极限与配合在公称尺寸500mm内规定了IT01、IT0、IT1至IT18共20个标准公差等级，在公称尺寸500~3150mm间规定了IT1至IT18共18个标准公差等级。IT01为最高尺寸精度等级，从IT01到IT18级依次降低。各级标准公差数值见表9-9。

三、基本偏差

基本偏差指在本标准极限与配合制中，确定公差带相对零线位置的那个极限偏差。它可以是上极限偏差或下极限偏差，一般为靠近零线的那个偏差，如图 9-44 所示。图 9-45 所示为孔、轴基本偏差系列示意图。

孔、轴基本偏差代号分别用大写、小写英文字母表示，孔用大写字母 A，…，ZC 表示；轴用小写字母 a，…，zc 表示，各 28 个。其中，基本偏差 H 代表基准孔；h 代表基准轴。

公称尺寸 500mm 内的轴、孔的极限偏差数值可由附录 D 查出。极限偏差与标准公差的关系可按下面算式计算

孔　　$ES = EI + IT$，　$EI = ES - IT$

轴　　$es = ei + IT$，　$ei = es - IT$

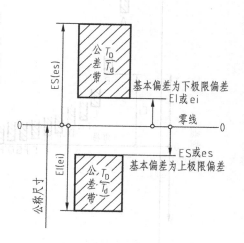

图 9-44　基本偏差示意图

表 9-9　标准公差数值表（GB/T 1800.1—2009）摘编

基本尺寸 /mm		标准公差等级																	
大于	至	IT1	IT2	IT3	IT4	IT5	IT6	IT7	IT8	IT9	IT10	IT11	IT12	IT13	IT14	IT15	IT16	IT17	IT18
		μm											mm						
—	3	0.8	1.2	2	3	4	6	10	14	25	40	60	0.10	0.14	0.25	0.40	0.60	1.0	1.4
3	6	1	1.5	2.5	4	5	8	12	18	30	48	75	0.12	0.18	0.30	0.48	0.75	1.2	1.8
6	10	1	1.5	2.5	4	6	9	15	22	36	58	90	0.15	0.22	0.36	0.58	0.90	1.5	2.2
10	18	1.2	2	3	5	8	11	18	27	43	70	110	0.18	0.27	0.43	0.70	1.10	1.8	2.7
18	30	1.5	2.5	4	6	9	13	21	33	52	84	130	0.21	0.33	0.52	0.84	1.30	2.1	3.3
30	50	1.5	2.5	4	7	11	16	25	39	62	100	160	0.25	0.39	0.62	1.00	1.60	2.5	3.9
50	80	2	3	5	8	13	19	30	46	74	120	190	0.3	0.46	0.74	1.20	1.90	3.0	4.6
80	120	2.5	4	6	10	15	22	35	54	87	140	220	0.35	0.54	0.87	1.4	2.2	3.5	5.4
120	180	3.5	5	8	12	18	25	40	63	100	160	250	0.40	0.63	1.00	1.6	2.5	4.0	6.3
180	250	4.5	7	10	14	20	29	46	72	115	185	290	0.46	0.72	1.15	1.85	2.9	4.6	7.2
250	315	6	8	12	16	23	32	52	81	130	210	320	0.52	0.81	1.30	2.10	3.2	5.2	8.1
315	400	7	9	13	18	25	36	57	89	140	230	360	0.57	0.89	1.40	2.30	3.6	5.7	8.9
400	500	8	10	15	20	27	40	63	97	155	250	400	0.63	0.97	1.55	2.50	4.00	6.3	9.7
500	630	9	11	16	22	32	44	70	110	175	280	440	0.7	1.1	1.75	2.8	4.4	7	11
630	800	10	13	18	25	36	50	80	125	200	320	500	0.8	1.25	2	3.2	5	8	12.5
800	1000	11	15	21	28	40	56	90	140	230	360	560	0.9	1.4	2.3	3.6	5.6	9	14
1000	1250	13	18	24	33	47	66	105	165	260	420	660	1.05	1.65	2.6	4.2	6.6	10.5	16.5
1250	1600	15	21	29	39	55	78	125	195	310	500	780	1.25	1.95	3.1	5	7.8	12.5	19.5
1600	2000	18	25	35	46	65	92	150	230	370	600	920	1.5	2.3	3.7	6	9.2	15	23
2000	2500	22	30	41	55	78	110	175	280	440	700	1100	1.75	2.8	4.4	7	11	17.5	28
2500	3150	26	36	50	68	96	135	210	330	540	860	1350	2.1	3.3	5.4	8.6	13.5	21	33

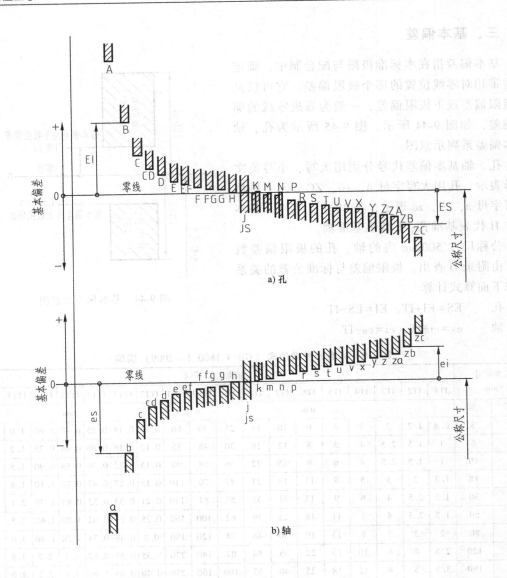

图 9-45　基本偏差系列示意图

四、配合制度

同一极限制孔和轴组成的一种配合制度，如图 9-46 所示。

1. 基孔制配合

基孔制配合是基本偏差为一定的孔的公差带，与不同基本偏差的轴的公差带形成各种配合的一种制度，如图 9-46a 所示。即在公称尺寸相同的配合中将孔的公差带位置固定，通过变换轴的公差带位置得到不同的配合。

基孔制的孔称为基准孔，国家标准中规定基准孔的下极限偏差为零，"H"为基准孔的基本偏差代号。

2. 基轴制配合

基轴制配合是基本偏差为一定的轴的公差带，与不同基本偏差的孔的公差带形成各种配合的一种制度，如图9-46b所示。即在公称尺寸相同的配合中将轴的公差带位置固定，通过变换孔的公差带位置得到不同的配合。

基轴制的轴称为基准轴，国家标准中规定基准轴的上极限偏差为零，"h"为基准轴的基本偏差代号。

从基本偏差系列图中可以看出：

在基孔制中，基准孔 H 与轴配合，a~h 用于间隙配合；j~n 主要用于过渡配合；（n、p、r 可能为过渡配合或过盈配合；）p~zc 主要用于过盈配合。

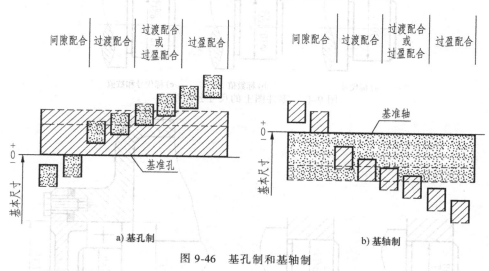

图 9-46　基孔制和基轴制

在基轴制中，基准轴 h 与孔配合，A~H 用于间隙配合；J~N 主要用于过渡配合；（N、P、R 可能为过渡配合或过盈配合；）P~ZC 主要用于过盈配合。

五、极限与配合在图样上的标注

1. 尺寸公差在零件图中的标注

零件图上的尺寸公差应按下面三种形式之一进行标注：

1）公称尺寸数字的右边注写公差带代号，即基本偏差和公差等级，如图9-47a所示。

2）在公称尺寸数字的右边注写极限偏差，如图9-47b所示。

3）当要求同时标注公差带代号和相应的极限偏差时，后者应加上括号，如图9-47c所示。

2. 极限与配合在装配图中的标注

在装配图中标注两个零件的配合关系有两种形式：

（1）标注公差带代号　如图9-48a所示，用分数的形式注出，分子为孔的公差带代号，分母为轴的公差带代号。

当标注标准件、外购件与零件（轴或孔）的配合关系时，可仅标注相配零件的公差带代号，如图 9-48b 所示。

（2）标注极限偏差　如图 9-49 所示，尺寸线的上方为孔的极限偏差，尺寸线的下方为轴的极限偏差。图 9-49b 明确指出了装配件的序号。

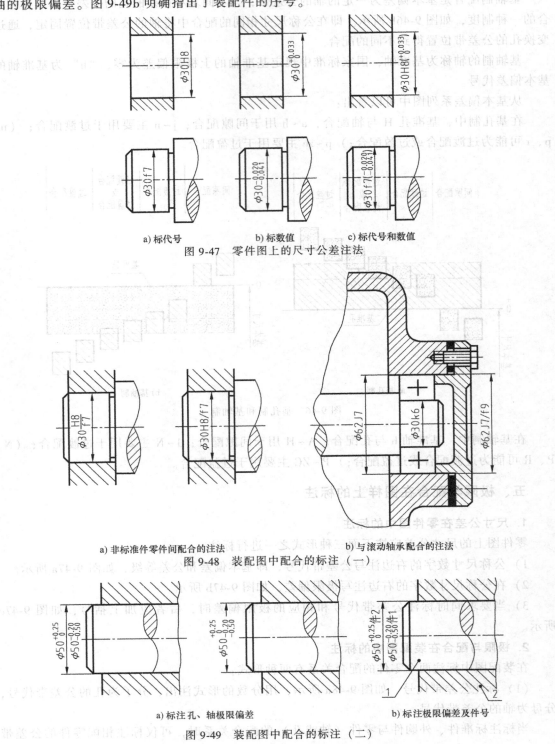

a) 标代号　　　　　b) 标数值　　　　c) 标代号和数值

图 9-47　零件图上的尺寸公差注法

a) 非标准件零件间配合的注法　　　　　b) 与滚动轴承配合的注法

图 9-48　装配图中配合的标注（一）

a) 标注孔、轴极限偏差　　　　　b) 标注极限偏差及件号

图 9-49　装配图中配合的标注（二）

第八节　几何公差简介

一、几何公差的基本概念

零件在加工时，不仅会产生尺寸误差，其构成要素的几何形状以及要素与要素之间的相对位置，也会产生误差。如图 9-50 所示，台阶轴加工后的各实际尺寸虽然都在尺寸公差范围内，但可能会出现鼓形、锥形、弯曲、正截面不圆等形状误差，这样，实际要素和理想要素之间就有一个变动量，即形状误差；轴加工后各段圆柱的轴线可能不在同一条轴线上，如图 9-51 所示。这样实际要素与理想要素在位置上也有一个变动量，即位置误差。

设计机器时，须对零件的形状、位置误差予以合理的限制，应执行国家标准《产品几何技术规范（GPS）　几何公差　形状、方向、位置和跳动公差标注》（GB/T 1182—2008）的规定。

（1）形状公差　单一实际要素的形状所允许的变动全量。

（2）方向公差、位置公差、跳动公差　关联实际要素的位置对基准要素所允许的变动全量。全量是指被测要素的整个长度而言。

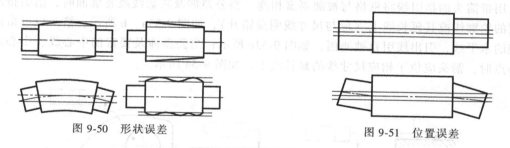

图 9-50　形状误差　　　　　　　　　　　　　　　　图 9-51　位置误差

国家标准规定了 14 个几何公差特征项目，各特征项目及符号见表 9-10。

表 9-10　几何公差特征项目及符号

公差类型	几何特征	符号	公差类型	几何特征	符号
形状公差	直线度	—	方向公差	平行度	//
	平面度	▱		垂直度	⊥
	圆度	○		倾斜度	∠
	圆柱度	⌭	位置公差	同轴（同心）度	◎
	线轮廓度	⌒		对称度	=
	面轮廓度	⌓		位置度	⊕
			跳动公差	圆跳动	↗
				全跳动	↗↗

二、几何公差在图样上的注法

一般情况下，几何公差在图样上应采用代号标注。当无法使用代号时，允许在技术要求中用文字说明。

1. 公差框格

用公差框格标注几何公差时，公差要求注写在划分成两格或多格的矩形框格内。框格用细实线画出，从左至右第一格填写几何特征符号；第二格填写公差值，以线性尺寸表示的量值（如果公差带为圆形或圆柱形，公差值前应加注符号"φ"；如果公差带为圆球形，公差值前应加注符号"Sφ"）；第三格填写基准，用一个字母表示单个基准或用几个字母表示基准体系或公共基准，如图9-52所示。

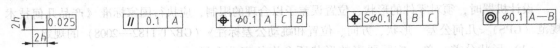

图 9-52　几何公差框格尺寸及填写（h 为字高）

2. 被测要素的注法

用带箭头的指引线将框格与被测要素相连。当公差涉及轮廓线或轮廓面时，箭头指向该要素的轮廓线或其延长线上（应与尺寸线明显错开），如图9-53a、b所示；箭头也可指向引出线的水平线，引出线引自被测面，如图9-53c所示；当公差涉及要素的中心线、中心面或中心点时，箭头应位于相应尺寸线的延长线上，如图9-54所示。

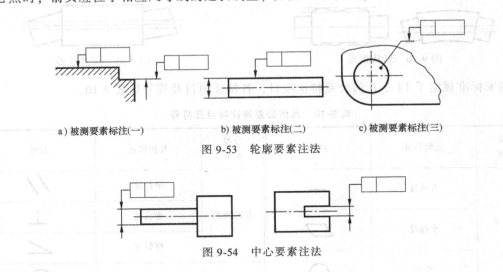

a) 被测要素标注(一)　　　b) 被测要素标注(二)　　　c) 被测要素标注(三)

图 9-53　轮廓要素注法

图 9-54　中心要素注法

3. 基准要素的注法

与被测要素相关的基准用一个大写字母表示，字母标注在基准方格（正方形）内，与一个涂黑或空白的等边三角形相连以表示基准，如图9-55所示。表示基准的字母还应标注在公差框格内。涂黑和空白的基准三角形意义相同。

当基准要素是轮廓线或轮廓面时，基准三角形放置在要素的轮廓线或其延长线上（与尺寸线明显错开），如图9-56a所示。基准三角形也可放置在该轮廓面引出线的水平线上，如图9-56b所示。

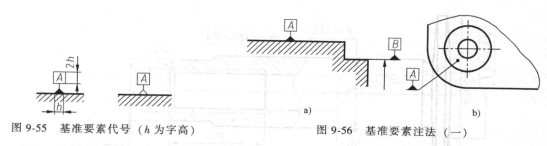

图 9-55 基准要素代号（h 为字高）   图 9-56 基准要素注法（一）

当基准要素是轴线、中心平面或由带尺寸的要素确定的点时，则基准符号中的细实线与尺寸线一致；如果尺寸线处安排不下两个箭头时，则另一箭头可用短横线代替，如图 9-57 所示。

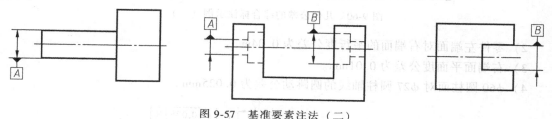

图 9-57 基准要素注法（二）

如果只以要素的某一局部作基准，则应用粗点画线示出该部分并加注尺寸，如图 9-58 所示。

当某项公差应用于几个相同要素时，应在公差框格的上方被测要素的尺寸之前注明要素的个数，并在两者之间加上符号"×"，如图 9-59a 所示。

当同一个被测要素有多项几何公差要求而标注形式又一致时，可将一个公差框格放在另一个的下面，如图 9-59b 所示。

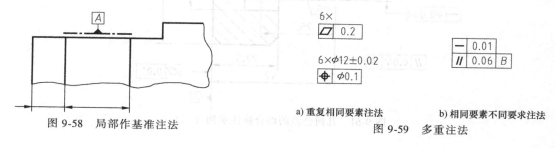

图 9-58 局部作基准注法

a) 重复相同要素注法   b) 相同要素不同要求注法

图 9-59 多重注法

三、几何公差标注示例

几何公差的综合标注示例（一），如图 9-60 所示，图中标注的几何公差代号各个框格的含义为：

1）φ16 圆柱的圆柱度公差为 0.005mm。

2）φ14 的轴线对 φ16 圆柱轴线的同轴度公差为 φ0.01mm。

3）SR50 的球面对 φ16 圆柱轴线的圆跳动公差为 0.003mm。

几何公差的综合标注示例（二），如图 9-61 所示，图中标注的几何公差代号各个框格的含义为：

1）φ27 圆柱轴线的直线度公差为 φ0.008mm。

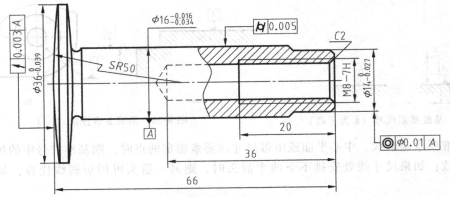

图 9-60　几何公差的综合标注示例（一）

2）零件左端面对右端面的平行度公差为 0.04mm。

3）右端面平面度公差为 0.01mm。

4）$\phi60$ 圆柱面对 $\phi27$ 圆柱轴线的圆跳动公差为 0.025mm。

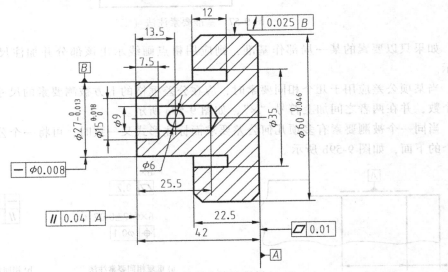

图 9-61　几何公差的综合标注示例（二）

第九节　零件测绘

零件测绘是根据现有的零件实物，徒手、目测画出零件草图，然后通过测量实际尺寸、确定零件的技术要求，整理、画出零件图。在仿制、改造引进设备和修配损坏的零件时，需要进行零件测绘工作。

一、零件测绘的方法和步骤

1. 了解和分析零件

分析零件在机器（或部件）中的位置、作用及与其他零件的相互关系，分析其结构特点、形状特征，确定其名称，鉴别其材料，了解其制造方法及使用时的要求。

2. 确定表达方案

图 9-62 所示为一支架零件，它由长方体底板、圆柱管、肋板、两个耳板组成，材料为铸铁。

（1）选择主视图　根据它的结构特点，采用 A 向作为主视图的投射方向，用半剖视图表达零件的内部孔和外部肋板、耳板。

（2）选择其他视图　俯视图用基本视图表达底板的形状和两个孔的位置，用局部剖表达耳板孔的长度；左视图用基本视图表达耳板的形状及位置；肋板的断面形状用重合断面在主视图上表达。

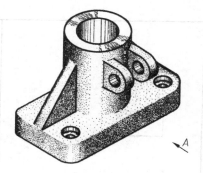

图 9-62　支架轴测图

3. 绘制零件草图

图 9-63 所示为支架零件草图的绘制过程。

（1）布图　根据实际零件的总体尺寸、确定大致比例。画出边框线、标题栏；布置图形，定出各视图的位置，画出各视图的主要轴线、中心线或基准线。

（2）目测、徒手画图　先画零件主要轮廓，再详细地画出零件的细部结构，注意利用形体分析法和线面分析法，将每个部分各投影对应起来画。零件上的工艺结构，如倒角、退刀槽、铸造圆角等，不得漏画。在不至于产生误解时，零件上的倒角、圆角可以省略，但必须在技术要求中加以说明。对于零件上存在的缺陷，如砂眼、裂纹、摩擦痕迹等，不应画在图上。

（3）选定尺寸基准　按结构分析和形体分析，本例选择零件左右对称面、φ24H8 孔轴线、底面分别为长、宽、高方向主要尺寸基准。然后，画出全部尺寸界线和尺寸线，如图9-63c 所示。

（4）测量尺寸　尺寸应集中测量，逐个、仔细、认真地填写。可运用各种测量方法，逐个测量各部分的定形、定位尺寸。

（5）标注尺寸

1）标注标准结构的尺寸。对于键槽、倒角、退刀槽等标准结构，可直接查阅相关国家标准，确定尺寸后注出。对于螺纹、轮齿经测量后与标准值核对，采用国家标准值。

2）通过零件所在装配图或其他相关资料能够获取的零件尺寸，可直接注出。

3）功能尺寸的标注。功能尺寸测量后，要根据实测尺寸和概率论理论，考虑到零件制造误差是由系统误差与随机误差造成的，其概率分布应符合正态分布曲线，故假定零件的实际尺寸应位于零件公差带的中部，即当只有一个实测值时，可将该实测值当成公差中值，其公称尺寸按附录 C 的标准尺寸和标准直径圆整。标准公差等级以 IT9 级为初选级别进行计算、比较，从而确定标准公差等级。根据零件在机器或部件中的工作状况、功能要求、拆卸时的松紧程度等，确定基本偏差代号，从而确定尺寸的极限偏差。

4）一般尺寸的标注。包括所有非功能性尺寸和非配合尺寸。这类尺寸一般不注出尺寸公差，按国家标准规定的未注公差来对待。公称尺寸一般圆整成整数。

（6）确定并填写技术要求　根据零件的性能和工作要求，参考类似图样及有关资料，用类比法并查阅有关国家标准确定零件的尺寸公差、表面粗糙度、几何公差等技术要求。

（7）整理复核　整理复核零件草图，准确无误后，再依此画出零件图。

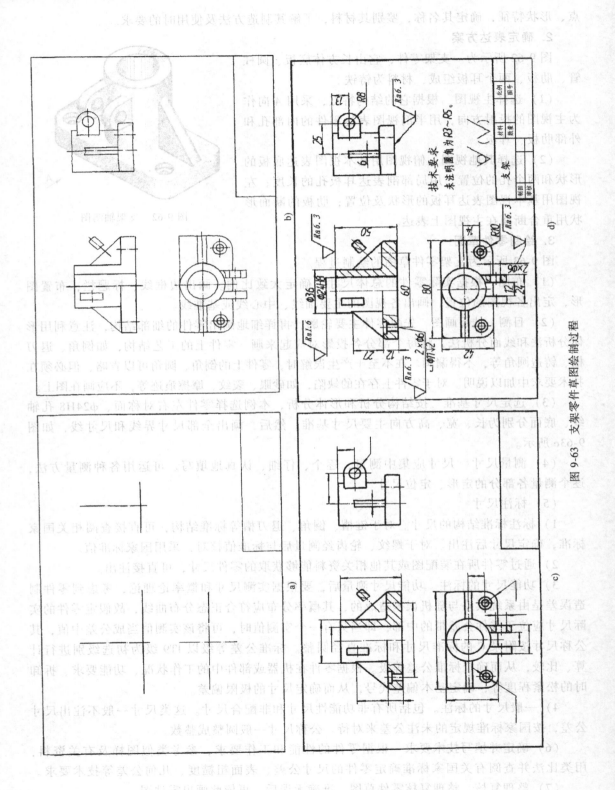

图9-63 支架零件草图绘制过程

二、零件尺寸的测量方法

测量尺寸是零件测绘过程中的重要步骤，应集中进行，这样既可提高工作效率和测量准确度，又可避免错误和遗漏。常用的基本量具及测量方法见表 9-11。

表 9-11　零件尺寸常用的测量方法示例

钢直尺和内卡尺配合使用测量中心高	钢直尺和外卡尺配合使用测量壁厚

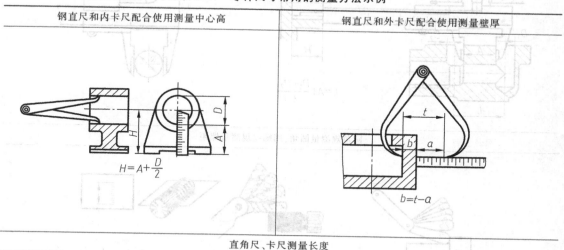

$$H=A+\frac{D}{2}$$

$$b=t-a$$

直角尺、卡尺测量长度

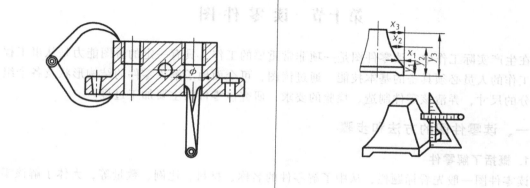

内、外卡尺分别使用测量孔径和厚度	钢直尺与三角板配合使用测量曲线、曲面尺寸

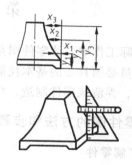

（续）

游标卡尺测量孔径、孔深及中心距、厚度等尺寸

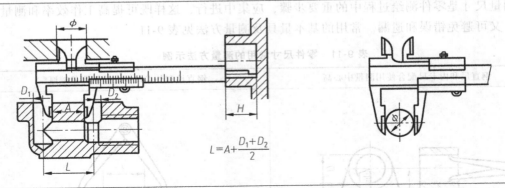

$$L = A + \frac{D_1 + D_2}{2}$$

圆角规测量圆角，用螺纹规测量螺距

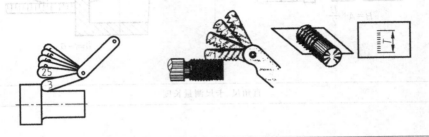

零件直接拓印法得到零件圆弧半径等尺寸

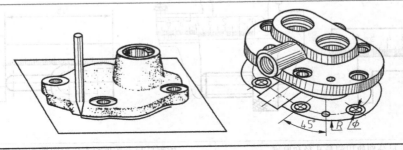

第十节　读零件图

在生产实际工作中，读零件图是一项非常重要的工作，具有一定的看图能力是从事工程技术工作的人员必须具备的基本技能。通过读图，可全面地了解该零件的结构形状及各个组成部分的尺寸，弄清该零件制造、检验的要求，研究该零件的主要加工过程。

一、读零件图的方法和步骤

1. 概括了解零件

读零件图一般先看标题栏，从中了解零件的名称、材料、比例、数量等，大体了解该零件的功用和形状。

2. 分析视图，想象形体

利用前面所讲的形体分析法和线面分析法看懂零件的内、外形体和结构是读懂零件图的重点。从基本视图着眼先看零件的大体外形，结合辅助视图、剖视及断面等，搞清零件的细部结构。

3. 分析尺寸

找出零件上长、宽、高方向的尺寸基准，了解零件的定形、定位及总体尺寸。

4. 分析技术要求

根据零件图上标注的代号、符号、文字信息，分析了解零件材料的热处理、表面粗糙度以及公差与配合和检验、测量等技术要求。

5. 综合起来想整体

通过上述看图步骤，将零件的内外形状、尺寸大小及技术要求等内容结合起来，想象出完整的零件实体。同时，还需要参考有关的技术资料，以便对零件的作用等有更全面的了解。

二、读零件图举例

例 9-1 读图 9-64 所示的连杆零件图。

解 具体读图步骤如下：

1. 概括了解零件

先看标题栏，从中了解零件名称是连杆，材料是铸铁，牌号 HT200，该零件是铸件。由此可推测到零件上应该有铸造圆角、拔模斜度等制造工艺结构。

2. 分析视图，想象零件的形状

（1）视图分析

连杆主视图采用了基本视图和局部剖的表达方法，表达外形和螺纹孔 M8、零件右上角形状；俯视图采用局部剖表达了左、中部圆柱孔及连接肋板的形状。A—A 剖视图主要反映连杆叉头部分对称的槽、孔、凸台等结构形状和宽度；移出断面反映了左侧连接肋板的断面形状。

（2）分析形体

连杆零件的各个组成部分形状特点较明显，左侧、中部主体为圆柱管，右上角主体为前后对称的两个部分圆柱体，且开了 $\phi10$ 圆孔和方槽，两处连接肋板均为"⊥"字形断面，右侧相对于左侧是倾斜的结构。

（3）分析尺寸

分析尺寸要解决两个问题，一是找出三个方向上的尺寸基准；二是找到零件上各个组成部分的定位尺寸，明确零件各个部分的定形尺寸。连杆长度和高度方向的主要尺寸基准是 $\phi16$ 圆柱孔的轴线。由此作为设计基准定出 $\phi12$ 圆孔和两共轴孔 $\phi10$ 轴线的定位尺寸分别为 84 和 42、46、30°。宽度方向的主要尺寸基准是零件的前后对称面，由此标注定位尺寸 15。各个部分的定形尺寸可从图中方便地找到，如 $\phi16$、$\phi24$、28、5、20 和 6 等。

（4）分析技术要求

零件上有较高尺寸公差要求的尺寸为 $\phi16$、$\phi12$、$\phi10$ 和 15。$\phi16$ 孔表面的表面粗糙度要求最高，$Ra = 1.6\mu m$，$\phi12$、$\phi10$ 内孔表面粗糙度要求次之，大部分表面为铸造表面。

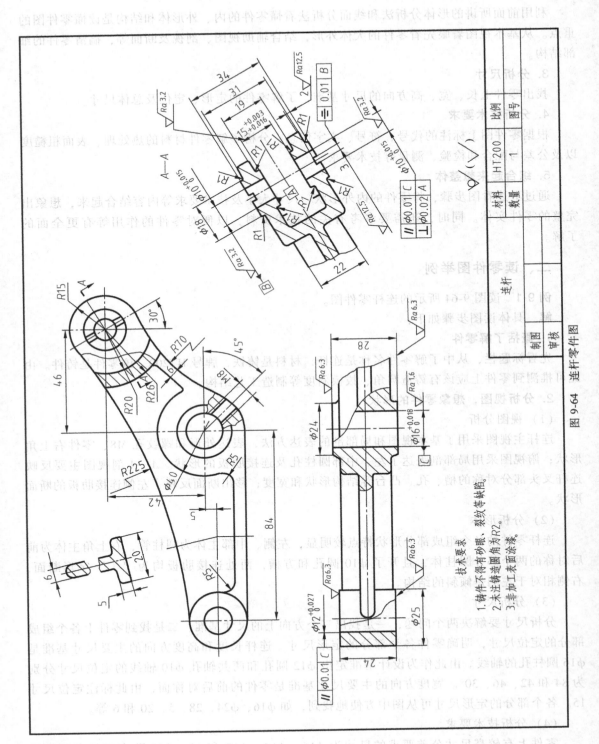

技术要求
1. 铸件不得有砂眼、裂纹等缺陷。
2. 未注铸造圆角为R2。
3. 非加工表面涂漆。

图 9-64　连杆零件图

图 9-64 中有三处四项几何公差要求，φ12、φ10 轴线分别对 φ16 轴线的平行度公差要求为 φ0.01mm；槽宽为 3mm 的槽对 φ10 轴线的对称度公差要求为 0.01mm；φ10 轴线对尺寸 15 所指的平面的垂直度公差要求为 φ0.02mm。

通过以上分析，就可以对零件有一个全面的认识。该零件轴测图如图 9-65 所示。

例 9-2 读图 9-66 所示的座体零件图。

解 具体读图步骤如下：

1. 概括了解零件

先看标题栏，从中了解零件名称是座体，材料是铸铁，牌号 HT200，该零件是铸件。由此可推测到零件上应该有铸造圆角、拔模斜度、过渡线等结构。

图 9-65 连杆轴测图

2. 分析视图，想象零件的形状

（1）视图分析

主视图采用了基本视图和局部剖的表达方法，表达了中间圆柱和内部圆孔、三处螺纹孔以及槽尺寸为 11mm 的安装板的形状及位置；俯视图采用局部剖，表达了零件前面螺纹孔、上部标有 2×φ6 尺寸的安装板的形状及槽尺寸为 11mm 的安装板前后形状；左视图采用局部剖，表达 2×φ6 孔结构、槽尺寸为 11mm 的安装板的该方向的实际形状。

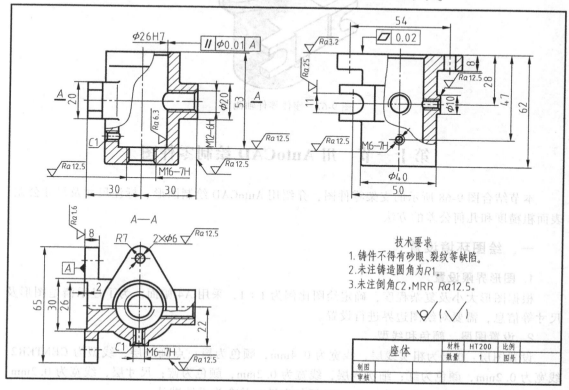

技术要求
1. 铸件不得有砂眼、裂纹等缺陷。
2. 未注铸造圆角为 R1。
3. 未注倒角 C2，MRR Ra12.5。

座体	材料	HT200	比例	
	数量	1	图号	
制图				
审核				

图 9-66 座体零件图

（2）分析形体

通过上述分析后，零件中间核心部分为外直径 $\phi40$、内直径为 $\phi26$ 的圆柱；左中部为尺寸为 65、8、11、20 和 50 等标注的安装板，主体形状为长方体；零件上部为尺寸 $R7$、$2\times\phi6$、54、8 和 $\phi40$ 等形成的上安装板；零件右侧的尺寸为 $\phi20$、零件前面的 $\phi10$ 标明的两处圆柱凸台，内部为螺纹孔。

（3）分析尺寸

座体长度方向的主要尺寸基准是左侧安装板表面，高度方向的主要尺寸基准是零件上表面，宽度方向的主要尺寸基准是通过 $\phi26H7$ 圆柱孔的轴线的平面。由此找出零件的定位尺寸分别为 30、47、54、50 和 28 等。各个部分的定形尺寸可从图中方便地找到，如 $\phi26H7$、$\phi40$、20 和 65 等。

（4）分析技术要求

零件上有较高尺寸公差要求的尺寸为 $\phi26H7$、M12、M16 等。零件左端面表面粗糙度要求最高，$Ra=1.6\mu m$；零件上表面的表面粗糙度要求次之，$Ra=3.2\mu m$；大部分表面为铸造表面。

图中有两处几何公差要求，$\phi26H7$ 轴线对左端面的平行度公差要求为 $\phi0.01mm$；零件上表面的平面度公差为 0.02mm。

通过以上分析，就可以对零件有一个全面的认识。该零件轴测图如图 9-67 所示。

图 9-67　座体零件轴测图

第十一节　用 AutoCAD 绘制零件图

本节结合图 9-68 所示的支架零件图，介绍用 AutoCAD 绘制图形、标注尺寸及尺寸公差、表面粗糙度和几何公差的方法。

一、绘图环境设置

1. 图形界限设置

根据图形大小及复杂程度，确定绘图比例为 $1:1$，采用 A4 幅面。为了显示清楚图形及尺寸等信息，需要对绘图边界进行设置。

2. 设置图层、颜色和线型

设置图层：0 层为粗实线层，线宽为 0.4mm，颜色为黑；点画线层，线型为 CENTER2，线宽为 0.2mm，颜色为红；细实线层，线宽为 0.2mm，颜色为蓝；尺寸层，线宽为 0.2mm，颜色为黑；剖面线层，线宽为 0.2mm，颜色为黑；其余为系统默认。

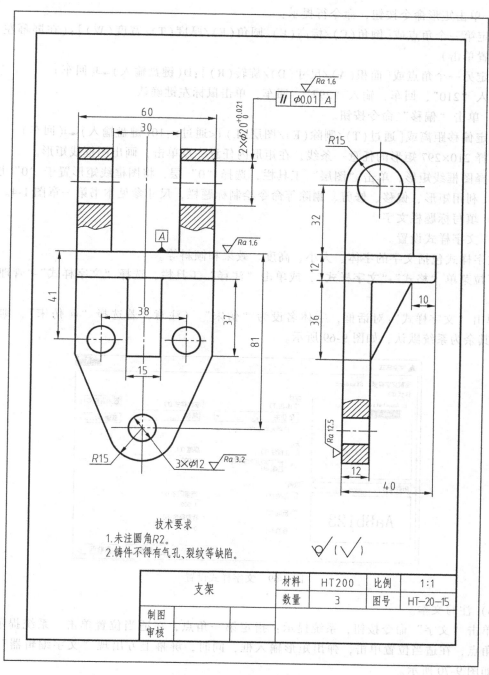

图 9-68 支架零件图

二、绘制图形

1. 绘制 A4 图框及标题栏

1）单击图层工具栏，选择"细实线"层。

2）单击矩形命令按钮，命令行提示：

指定第一个角点或［倒角（C）/标高（E）/圆角（F）/厚度（T）/宽度（W）］：（在屏幕左下角适当位置单击）

指定另一个角点或［面积（A）/尺寸（D）/旋转（R）］：D（键盘输入）↵（回车）

输入"210"，回车，输入"297"，回车，单击鼠标左键确认。

3）单击"偏移"命令按钮。

指定偏移距离或［通过（T）/删除（E）/图层（L）］<通过>：10（键盘输入）↵（回车）

选择210×297矩形的任意一条线，在矩形内任意一点单击，画出图框线矩形。

选择图框线矩形，单击"图层"工具栏，选择"0"层，将图框线矩形置于"0"层。

4）利用矩形、偏移、修剪、删除等命令绘制标题栏，尺寸参见本书第一章图1-4。

5）填写标题栏文字。

a）文字样式设置。

文字样式包括文字的字体、大小、高度、效果和倾斜等。

下拉菜单"格式"-"文字样式"，或单击"注释"工具栏，选择"文字样式"-"管理文字样式"。

弹出"文字样式"对话框，字体名设为"仿宋"（注意，若选择"@仿宋"，则为竖排），其余为系统默认，如图9-69所示。

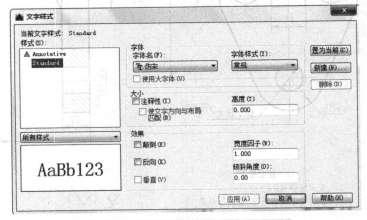

图9-69　文字样式设置

b）注写文本。

单击"文字"命令按钮，系统提示：指定第一角点，在适当位置单击。系统提示：指定对角点，在适当位置单击，弹出矩形输入框，同时，屏幕上方出现"文字编辑器"工具栏，如图9-70所示。

在"文字高度"输入工具栏中，输入"3.5"；在输入框内，输入"制图"，回车。

图9-70　"文字编辑器"工具栏

采用同样方法注写其他文字。

2. 绘制主、左视图

1）用圆、直线、矩形、样条曲线、圆角、偏移和裁剪等命令绘制主、左视图，如图9-71所示。

2）用"图案填充"命令绘制剖面线。单击"图案填充"命令按钮，弹出"图案填充创建"工具栏，单击"ANSI31"图案，在"填充图案比例"框中，输入"15"。命令行提示：拾取内部点或［选择对象］［放弃］［设置］，在要绘制剖面线的区域内任意一点单击，出现剖面线填充预览，回车，确认，如图9-72所示。

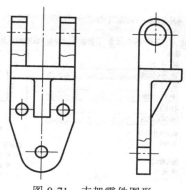

图9-71　支架零件图形

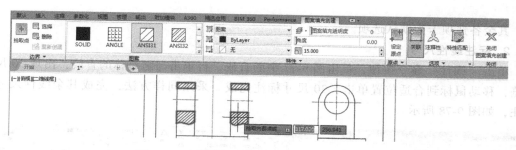

图9-72　图案填充创建

三、标注尺寸

1. 创建标注样式

1）下拉菜单"格式"-"标注样式"。

2）单击"注释"工具栏，单击下拉菜单中"标注样式"，单击下拉菜单中"管理标注样式"。

　　a）弹出"标注样式管理器"对话框，单击"修改"，弹出"修改标注样式管理器"对话框，在"线"选项卡中设置基线间距为7，超出尺寸线为2，起点偏移量为0，其余为默认，如图9-73所示。

　　b）在"符号和箭头"选项卡中设置箭头大小为3，圆心标记选"无"，其余为默认，如图9-74所示。

　　c）在"文字"选项卡中设置文字高度为3.5，垂直选"上"，文字对齐选"与尺寸线对齐"，从尺寸线偏移为"1"，其余为默认，如图9-75所示。

　　d）在"主单位"选项卡中设置精度为0，小数分隔符为"句点"，其余为默认，如图9-76所示。

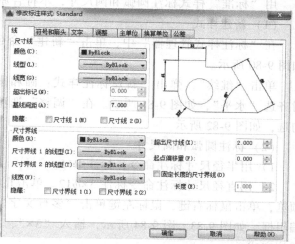

图9-73　修改标注样式（一）

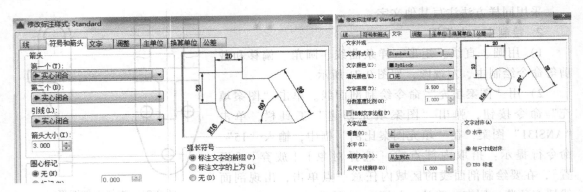

图 9-74　修改标注样式（二）　　　　　　　图 9-75　修改标注样式（三）

其余各选项卡为默认选项。

2. 标注线性尺寸

单击"线性"命令按钮，单击图 9-77 中的直线，再单击与之对称的直线，出现 30 尺寸预览，移动鼠标到合适位置单击，30 尺寸标注完成。采用同样方法，完成其余线性尺寸的标注，如图 9-78 所示。

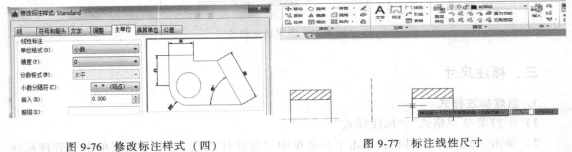

图 9-76　修改标注样式（四）　　　　　　　图 9-77　标注线性尺寸

3. 标注圆和圆弧尺寸

用"标准"样式标注圆弧和圆尺寸，不符合原图要求，如图 9-79 所示，需要新建样式。

（1）新建样式

在"标注样式管理器"中，单击"新建"命令，在"新样式名"中输入"圆和圆弧"，如图 9-80 所示。

单击"继续"，弹出"新建标注样式：圆和圆弧"对话，在"文字"选项卡中，文字对齐选"水平"，如图 9-81 所示。在"调整"选项卡中，调整选项选"文字"，优化两项均勾选，如图 9-82 所示。

（2）标注圆弧和圆尺寸

1）用半径尺寸标注命令，标注 R15。

2）用直径尺寸标注命令标注 3×ϕ12。单击直径尺寸标注命令，单击圆弧，随鼠标出现预览，单击鼠标右键，鼠标左键单击"多行文字"命令，弹出"文字编辑器"和尺寸文字编辑框，如图 9-83、图 9-84 所示，输入"3×"，如图 9-85 所示，确定，在合适位置单击，标注完成。

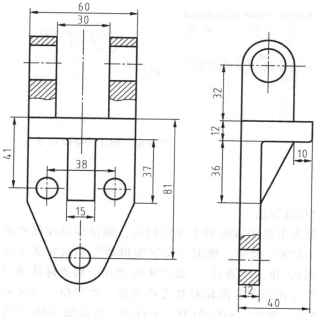

图 9-78　完成线性尺寸标注

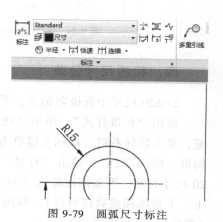

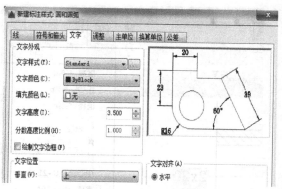

图 9-79　圆弧尺寸标注

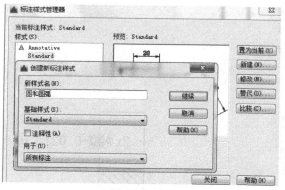

图 9-80　创建新标注样式（一）

图 9-81　创建新标注样式（二）

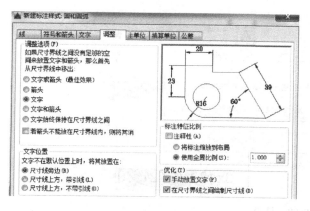

图 9-82　创建新标注样式（三）

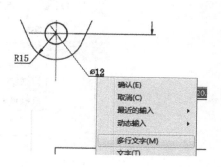

图 9-83　标注 3×φ12 尺寸（一）

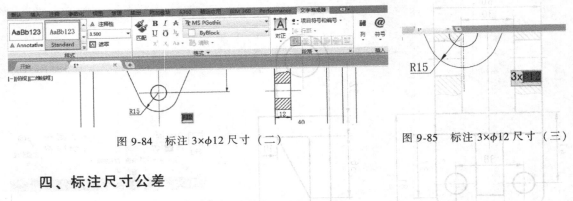

图 9-84　标注 3×φ12 尺寸（二）　　　　图 9-85　标注 3×φ12 尺寸（三）

四、标注尺寸公差

2×φ20 尺寸中有极限偏差，下面介绍标注方法。

使用"标准样式"，单击"线性"，单击主视图 φ20 的上下转向线，随鼠标出现尺寸预览，单击鼠标右键。鼠标左键单击"多行文字"命令，弹出"文字编辑器"和尺寸文字编辑框，输入"2×"，单击"符号"命令按钮，单击"直径"，如图 9-86 所示。将光标移动到 20 尺寸右侧，键盘依次输入"+0.021^0"（注意下极限偏差 0 之前需要一个空格，以保证上、下极限偏差数位对齐），如图 9-87 所示，选中"+0.021^0"字符串，单击图 9-88 中的"堆叠"，完成极限偏差标注。

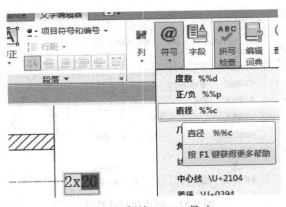

图 9-86　标注 2×φ20 尺寸

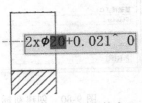

图 9-87　输入字符串

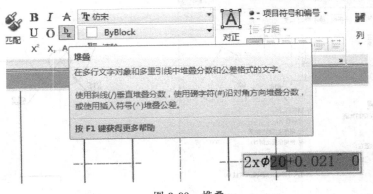

图 9-88　堆叠

五、标注表面粗糙度

1. 绘制表面粗糙度符号。

按照图 9-89 所示尺寸，使用"直线""偏移""裁剪"等命令，绘制表面粗糙度符号，如图 9-90 所示。

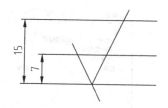

图 9-89 表面粗糙度符号尺寸

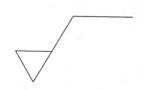

图 9-90 表面粗糙度符号

2. 创建带属性的块

属性是块上的注释文字。表面粗糙度符号上需要注写要求。用户可以先将 Ra 定义为属性，再创建带属性的块。

（1）定义属性

下拉菜单"绘图"-"块"-"定义属性"，弹出"属性定义"对话框，如图 9-91 所示。在属性选项栏的标记文本框输入"Ra"，在提示文本框中输入"请输入数值"，在默认文本框中输入"Ra"。单击确定按钮，在表面粗糙度符号 c 线下适当位置单击，指定属性的插入点，完成定义属性 Ra。

（2）创建块

下拉菜单"绘图"-"块"-"创建块"，弹出"块定义"对话框，在名称下拉文本框输入"表面粗糙度"，如图 9-92 所示。单击基点选项栏中的"拾取点"按钮，在绘图区域内捕捉表面粗糙度符号的下尖点为插入基点后，回到对话框。单击对象选项栏中的"选择对象"按钮，在绘图区域内选择该表面粗糙度符号和属性，回车，返回对话框。单击"确定"按钮，弹出如图 9-93 所示的"编辑属性"对话框，在请输入表面粗糙度要求文本框中再次输入"Ra"，单击"确定"按钮，即可将带有属性的表面粗糙度符号定义为块。

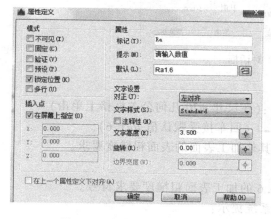

图 9-91 "属性定义"对话框

图 9-92 "块定义"对话框

（3）写块

当用户使用创建块定义一个块时，该块只能在存储该块定义的图形文件中使用。如果需要在其他文件中再次使用该块，就需要借助 wblock 命令来满足这一要求。

命令：wblock

利用该命令可将带属性的块保存为"表面粗糙度.dwg"，如图 9-94 所示。

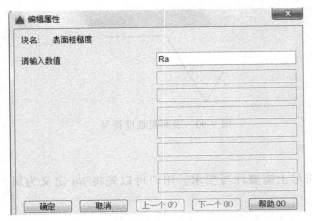

图 9-93　"编辑属性"对话框（一）

图 9-94　"编辑属性"对话框（二）

3. 标注表面粗糙度要求

（1）标注 $\phi20$ 圆柱面表面粗糙度要求

下拉菜单"插入"-"块"，弹出"插入"对话框，单击"确定"按钮，如图 9-95 所示。

图 9-95　"插入"对话框

系统提示：

指定插入点或[基点(B)/比例(S)/旋转(R)]:（在尺寸 $\phi20$ 几何公差框格上单击）。

输入属性值：请输入表面粗糙度要求<Ra>:　↵（回车接受默认值 Ra1.6）。

结果如图 9-96 所示。同样，再按照此法标注其他加工表面的表面粗糙度要求。

（2）标注其余表面的表面粗糙度要求

同样方法在标题栏附近，插入两个 Ra 值为 1.6 的加工表面粗糙度要求符号。

单击下拉菜单"修改"-"分解"，选择对象，系统提示：

选择两个表面粗糙度要求符号：　↵（回车）。

使用"删除"命令删除多余的直线。使用"单行文字"命令在基本符号两侧画圆括号。用"圆"-"3p"方式画出与三角形相切的小圆，如图9-97所示，删除多余的线。

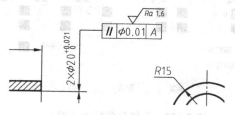

图 9-96　标注表面粗糙度要求

图 9-97　不加工表面粗糙度标注

六、标注几何公差

1. 绘制基准符号

使用"直线""正多边形""修剪"等命令绘制基准符号，如图9-98所示。

a) 基准符号尺寸　　　b) 画正方形　　　c) 基准符号

图 9-98　绘制基准符号

2. 创建基准符号块

按照前述表面粗糙度块的创建方法，创建基准符号块。

3. 使用"插入"-"块"命令，将"基准符号"块插入到主视图中，并进行调整

4. 标注几何公差框格

在命令行输入"leader"，回车。

系统提示"指定引线起点"，单击φ20上尺寸线与尺寸界线的交点，如图9-99所示。

系统提示"指定下一点"，单击φ20上尺寸线端点，如图9-100所示。

系统提示"指定下一点或……<注释>"，向右移动鼠标到合适位置单击，回车，再回车，如图9-101所示。

弹出"输入注释选项"菜单，单击"公差"，弹出"形位公差"对话框，按图9-102所示进行设置，单击"确定"，完成几何公差框格标注。

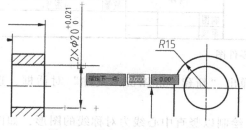

图 9-99　几何公差标注（一）

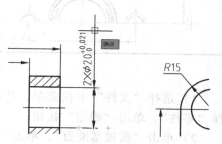

图 9-100　几何公差标注（二）

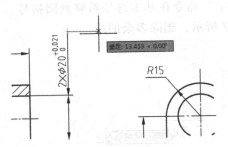

图 9-101　几何公差标注（三）

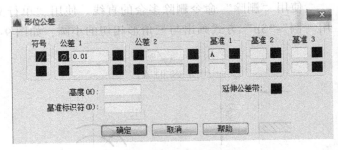

图 9-102　几何公差标注（四）

完成支架零件图绘制，命名存盘。

第十二节　用 SolidWorks 绘制零件图

一、阀体三维造型

1. 基体造型

阀体零件图如图 9-103 所示。

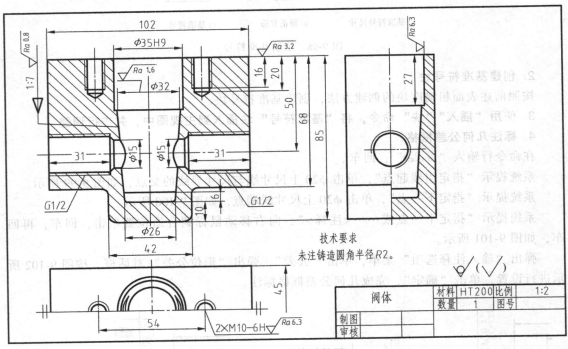

图 9-103　阀体零件图

1）选择"文件"下拉菜单，选择"新建"弹出"新建 SolidWorks 文件"对话框，选择"零件"，单击"确定"按钮。

2）单击"前视基准面"，单击"草图绘制"，绘制以竖直中心线为对称线的图形，如图 9-104 所示。

3）单击"特征"-"拉伸凸台/基体"，在"凸台-拉伸"面板中，如图 9-105 所示，选择"两侧对称"为终止条件，深度为 45mm，单击"√"按钮，完成基体的创建。

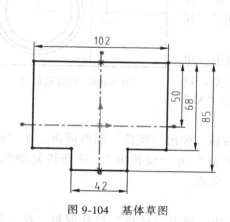

图 9-104 基体草图

图 9-105 "凸台-拉伸"面板

2. 阀芯孔

单击"前视基准面"为草图绘制基准面，单击"正视于"，单击右键，在弹出的快捷菜单中选择"草图绘制"，绘制如图 9-106 所示的草图，单击"特征"-"旋转切除"，单击"√"按钮，完成造型。

3. 螺纹孔

1）单击"特征"选项卡，单击"异型孔向导"按钮，在类型选项卡中设置如图 9-107 所示的参数。

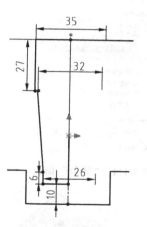

图 9-106 阀芯孔草图

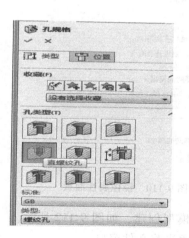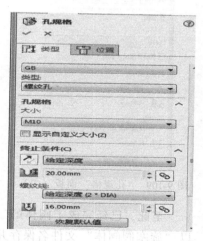

图 9-107 "孔规格"面板（一）

2）确定孔的位置，单击"位置"选项卡，单击"基体上表面"，单击"正视于"，在基体上平面找出螺纹孔中心，使用尺寸和中心线确定"螺纹孔中心"，如图 9-108 所示，单击"√"按钮，完成一个 M10 螺纹孔造型。

3）单击"右视基准面"为草图绘制基准面，单击"正视于"，单击右键，在弹出的快捷菜单中选择"草图绘制"，以系统坐标原点为圆心，绘制 φ15 圆。单击"特征"-"拉伸切除"在"切除-拉伸"面板中，选择"两侧对称"为终止条件，深度为102mm，单击"√"按钮，完成。

4）单击"特征"选项卡，单击"异型孔向导"按钮，在类型选项卡中"类型"选择"直管螺纹孔"，其他参数设置如图9-109所示。

5）确定G1/2孔的位置，单击"位置"选项卡，单击"基体左表面"，在基体左平面上找出螺纹孔中心，以φ15圆柱孔的圆心确定插入异形孔的位置，单击"√"按钮，完成一个G1/2螺纹孔造型。

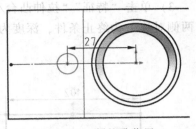

图9-108　螺纹孔位置

6）在"特征"工具栏中单击"镜像"命令按钮，弹出"镜像"属性面板。在"镜像"属性面板中，如图9-110所示，选择"右视基准面"为"镜像面"，选择待复制的特征（M10螺纹孔、G1/2螺纹孔），单击"√"按钮，完成。

4. 倒圆

在"特征"工具栏中，单击"圆角"命令按钮，弹出"圆角"属性面板，在"圆角"属性面板中，选择待倒圆的边线，输入圆角半径"2mm"，其他选项默认，如图9-111所示，单击"√"按钮，完成。

图9-109　"孔规格"面板（二）

图9-110　镜像属性面板

图9-111　"圆角"面板

至此，已经完成了阀体的三维模型创建，如图9-112所示。以"旋塞阀阀体"文件名保存并关闭当前文件窗口。

二、创建阀体工程图

1）选择"文件"下拉菜单，选择"新建"，弹出"新建SolidWorks文件"对话框，选择"工程图"，单击"确定"按钮，新建一个工程图。

2）选择"图纸1"，单击右键，如图9-113所示，在弹出的

图9-112　阀体造型

快捷菜单中选择"属性",弹出"图纸属性"对话框,比例设置"1：1"投影类型选择"第一视角",单击"浏览"选择已经创建的A3图纸模板。

3)选择"图纸1",单击右键,在弹出的快捷菜单中选择"编辑图纸格式",双击标题栏中"组合体",如图9-114所示,输入"阀体",单击绘图区右上角图标,退出编辑图纸格式。

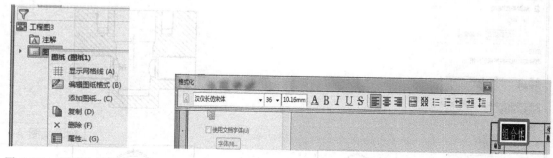

图9-113 图纸快捷菜单   图9-114 输入图名

4)单击"视图布局",单击"模型视图",弹出"模型视图"属性面板,如图9-115所示。在"模型视图"属性面板中,单击"浏览",选择已经创建的"旋塞阀阀体"。在再次弹出的"模型视图"属性面板中,如图9-116所示,"标准视图"选择"上视",将俯视图插入到工程图适当位置。在弹出的"投影视图"属性面板中,如图9-117所示,单击"√"按钮。

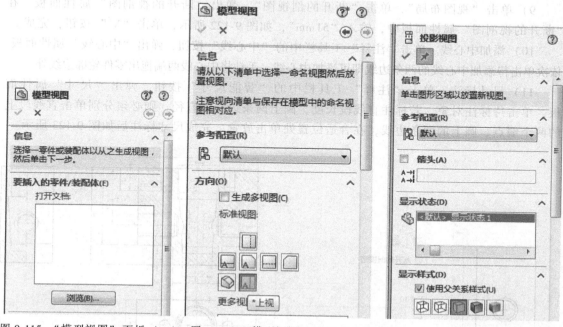

图9-115 "模型视图"面板(一) 图9-116 "模型视图"面板(二) 图9-117 "投影视图"属性面板

5)单击"视图布局",单击"剖面视图",在"剖面视图"属性面板中,选择"水平"切割线,如图9-118所示,将光标移至阀体的中心点,单击确认切割线的位置后,在弹出的对话框中（图 9-119），单击"√"按钮，完成切割线的位置放置，同时预览剖面视图。

6）将光标移至"俯视图"上方合适位置处，单击将其放置，如图 9-120 所示。

7）单击"视图布局"，单击"投影视图"，在绘图区单击"主视图剖面视图"，将光标移至"主视图"右方合适位置处，单击将其放置。

图 9-118 "剖面视图辅助"   图 9-119 切割线通过阀体中心   图 9-120 剖面视图
          属性面板

8）选择"草图"选项卡，选择"矩形"命令，过左视图阀体轮廓上边线中点绘制矩形，如图 9-121 所示。

9）单击"视图布局"，单击"断开的剖视图"，弹出"断开的视剖图"属性面板。在"断开的视剖图"属性面板中，输入"51mm"，如图 9-122 所示，单击"√"按钮，完成。

10）添加中心线。单击"注释"工具栏中的"中心线"按钮，弹出"中心线"属性面板。依次单击待添加中心线的两条边线即可添加中心线，手动将中心线两端拖出零件轮廓边线外。

11）尺寸标注。单击"注释"工具栏中的"智能尺寸"按钮，弹出"尺寸"属性面板，单击待标注对象。若标注直线段长度，圆上两条边线的直径，则必须分别单击直线段上的两个端点、圆上的两条边线，在合适位置处单击放置。完成尺寸标注后如图 9-123 所示。

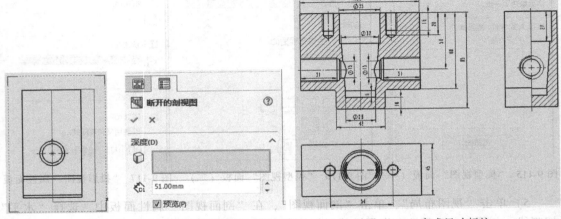

图 9-121 矩形框   图 9-122 "断开的剖视图"属性面板   图 9-123 完成尺寸标注

12）设置尺寸公差。单击工程视图上尺寸 φ35，在弹出的"尺寸"属性面板中设置尺寸公差各种选项，尺寸公差选项如图 9-124 所示。单击"√"按钮，完成尺寸公差标注。

13）标注管螺纹尺寸。单击"注释"工具栏上的"注释"，弹出"注释"属性面板，在该面板中设定选项，如图 9-125 所示，选"下划线引线""无箭头"箭头样式。单击管螺纹大径，在适当位置单击放置引线，生成边界框，输入文字。

14）锥度标注。第一步，单击"注释"工具栏上的"注释"，弹出"注释"属性面板，在"注释"属性面板设定选项，如图 9-126 所示。在圆锥孔边线处单击放置引线第一点，在图形外适当位置单击放置引线第二点，拖动引线合适位置双击，生成边界框，输入"空格"单击"√"按钮。第二步，单击"注释"工具栏上的"注释"，弹出"注释"属性面板，在"注释"属性面板设定角度270°，单击"添加符号"弹出符号列表，选择"圆锥锥度"，如图 9-127 所示。第三步，移动"锥度符号的中线"，使其与"引线竖直线"重合，如图 9-128 所示。第四步，使用"注释"命令标注"1∶7"，如图 9-129 所示。

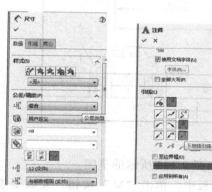

图 9-124　设置尺寸公差　　　图 9-125　设置引线　　　图 9-126　设置锥度引线图　　　图 9-127　设置锥度符号

15）插入表面粗糙度。单击"注释"工具栏上"表面粗糙度"按钮，弹出"表面粗糙度"属性面板，在面板中设定属性，如图 9-130 所示。在图形区域单击以放置符号。如果符号带引线，单击一次放置引线，然后再次单击以放置符号。单击"√"按钮，完成。采用同样方法插入其余表面粗糙度。

16）标注技术要求。单击"注释"工具栏上的"注释"，弹出"注释"属性面板，在适当位置单击，生成边界框，输入文字即可。

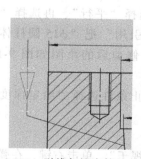

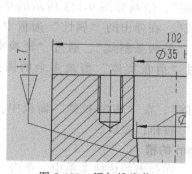

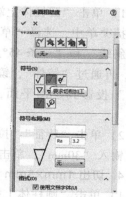

图 9-128　引线与锥度符号对齐　　　图 9-129　添加锥度值　　　图 9-130　"表面粗糙度"属性面板

三、阀芯三维造型

1. 基体造型

1）选择"文件"下拉菜单，选择"新建"，弹出"新建 SolidWorks 文件"对话框，选择"零件"，单击"确定"按钮，新建一个 part 模型。阀芯零件图如图 9-131 所示。

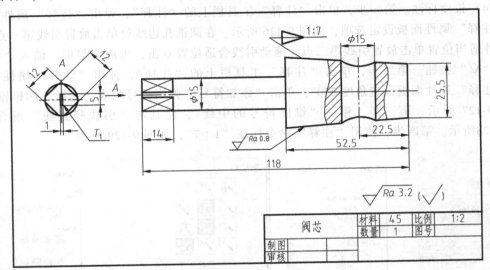

图 9-131　阀芯零件图

2）单击"前视基准面"，单击"草图绘制"，绘制如图 9-132 所示的草图。

3）单击"特征"-"旋转凸台/基体"，在"旋转"面板中，单击"√"按钮，完成基体的创建。

2. φ15mm 圆柱孔创建

1）单击"右视基准面"，单击"正视于"，单击右键，在弹出的快捷菜单中，选择"草图绘制"，以系统坐标原点为圆心绘制 φ15mm 的圆。

2）单击"特征"-"拉伸切除"，在"切除-拉伸"面板中，终止条件选择"两侧对称"，深度输入"30mm"单击"√"按钮，完成。

3. 切出四个小平面

1）单击"圆柱体上端面"，在弹出的快捷菜单中，单击"正视于"，单击右键，在弹出的快捷菜单中，选择"草图绘制"，绘制如图 9-133 所示的草图。按住"Ctrl"键选中"两条粗斜线"和"一条 45°点画线"，在弹出的"属性"面板中，选择"平行"、再选择"对称"。再通过"镜像"，镜像出"另两条斜线"。通过"转换实体引用"把"φ15 圆柱体轮廓线"投影到绘图平面，通过"剪裁实体"剪裁多余的圆弧。修剪后的草图如图 9-134 所示。

2）单击"特征"-"拉伸切除"，在"切除-拉伸"面板中，终止条件选择"给定深度"，深度输入"30mm"，单击"√"按钮，完成。

4. 切出 1mm×5mm 深 1mm 的槽

1）单击"圆柱体上端面"，在弹出的快捷菜单中，单击"正视于"，单击右键，在弹出

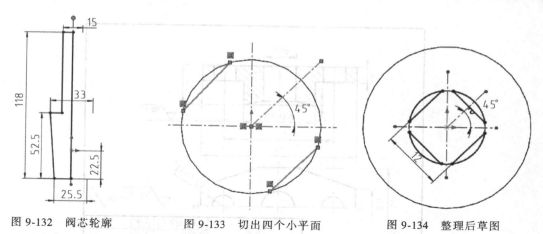

图 9-132　阀芯轮廓　　　　　图 9-133　切出四个小平面　　　　　图 9-134　整理后草图

的快捷菜单中，选择"草图绘制"，使用"中心矩形"，以系统坐标原点为中心，绘制5mm×1mm矩形，如图 9-135 所示。

　　2）单击"特征"-"拉伸切除"，在"切除-拉伸"面板中，深度输入"1mm"，单击"√"按钮，完成，如图 9-136 所示。

　　至此，已经完成了阀芯的三维模型创建，以"阀芯"为文件名保存并关闭当前文件窗口。

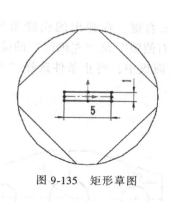

图 9-135　矩形草图

图 9-136　完成阀芯造型

四、压盖三维造型

1. 基体造型

　　1）选择"文件"下拉菜单，选择"新建"弹出"新建 SolidWorks 文件"对话框，选择"零件"，单击"确定"按钮，新建一个 part 模型。压盖零件图如图 9-137 所示。

　　2）单击"上视基准面"，单击"草图绘制"，使用"中心矩形"命令，以系统坐标原点为中心，绘制 76mm×40mm 矩形，再绘制斜线。然后利用"镜像""剪裁实体"命令整理出如图 9-138 所示的草图。

　　3）单击"特征"-"拉伸凸台/基体"，在"凸台-拉伸"面板中，单击"箭头"选择"反向"，深度输入"8mm"，单击"√"按钮。

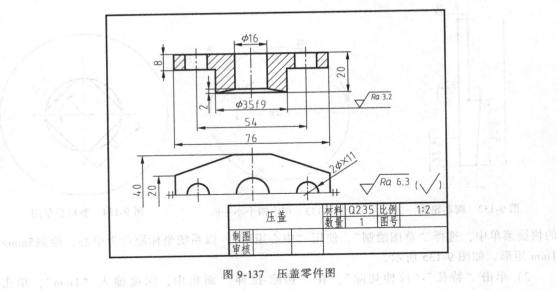

图 9-137　压盖零件图

4）单击"形体下表面"，在弹出的快捷菜单中，单击"正视于"，单击右键，在弹出的快捷菜单中，选择"草图绘制"，以系统坐标原点为中心，绘制 φ35mm 圆。

5）单击"特征"-"拉伸凸台/基体"，在"凸台-拉伸"面板中，深度输入"12mm"，单击"√"按钮。

2. 三个圆柱孔创建

1）单击"形体上表面"，单击"正视于"，单击右键，在弹出的快捷菜单中，选择"草图绘制"，绘制如图 9-139 所示的三个圆，其中"右侧圆"是"左侧圆"的镜像。

2）单击"特征"-"拉伸切除"，在"切除-拉伸"面板中，终止条件选择"完全贯穿"，单击"√"按钮。

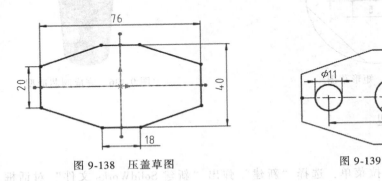

图 9-138　压盖草图　　　　　　　　图 9-139　三个圆草图

3. 倒角

单击"特征"-"倒角"，在"倒角"面板中，选择"距离-距离"，"距离 1"输入"2mm"，"距离 2"输入"9.5mm"，选择"φ16 圆柱孔与 φ35 圆柱体下端面的交线"，如图 9-140 所示，单击"√"按钮。

至此，已经完成了压盖的三维模型创建，以"压盖"为文件名保存并关闭当前文件窗口。

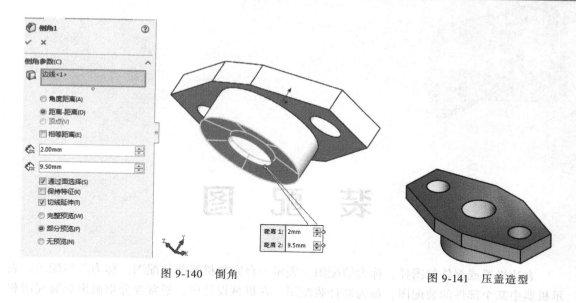

图 9-140　倒角

图 9-141　压盖造型

四、垫圈三维造型

1）选择"文件"下拉菜单，选择"新建"弹出"新建 SolidWorks 文件"对话框，选择"零件"，单击"确定"按钮，新建一个 part 模型。垫圈零件图如图 9-142 所示。

2）单击"上视基准面"，单击"草图绘制"，使用"圆"命令，以系统坐标原点为圆心，绘制两个同心圆，直径分别为 φ17、φ34。

3）单击"特征"-"拉伸凸台/基体"，在"凸台-拉伸"面板中，深度输入"3mm"，单击"√"按钮。完成了垫圈的三维模型创建，以"垫圈"为文件名保存并关闭当前文件窗口。

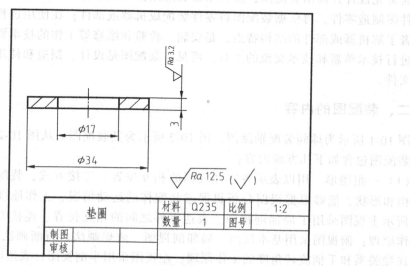

图 9-142　垫圈零件图

第十章

装 配 图

表达机器或部件的图样，称为装配图。表示一台完整机器的装配图，称为总装配图，表示机器中某个部件的装配图，称为部件装配图。在机械设计中，通常要分别画出总装配图和部件装配图。

第一节 装配图的作用和内容

一、装配图的作用

装配图用来表达机器或部件的工作原理、零件间装配和连接关系、主要零件的形状、结构特点，以及装配体在装配、安装、检验、使用等环节的技术要求等。在新产品的设计过程中，通常先设计并画出装配图，然后根据装配图拆画出零件图；在生产过程中，根据拆画出的零件图制造零件，再依据装配图将零件装配成机器或部件；在使用过程中，装配图可帮助使用者了解机器或部件的结构特点，是安装、检验和维修等工作的技术资料。此外，装配图也是进行技术革新和技术交流的工具。可见，装配图是设计、制造和使用机器或部件的重要技术文件。

二、装配图的内容

图 10-1 所示为球阀装配轴测图，图 10-2 所示为其装配图。从图 10-2 中可看出，一张完整的装配图包含如下几方面内容：

（1）一组图形 用以表示各零件之间的相互位置、连接方式、装配关系，主要零件基本结构和形状，能够根据视图分析机器或装配体的运动情况、工作原理和装拆顺序等。图10-2 所示主视图采用了局部剖视图，表达零件之间的相互位置、连接方式、装配关系和主要工作原理；俯视图采用基本视图、局部剖视图、假想画法、折断画法等，表达部件外形、螺柱连接关系和手柄旋转角度的工作原理；左视图采用半剖视图，表达阀芯与阀杆之间的关系和部件部分形状。

（2）必要尺寸 在装配图中要标注与机器或装配体性能（规格）及装配等有关的尺寸。与零件图相比，尺寸数量较少，如性能尺寸 $\phi20$、安装尺寸 M36×2 等。

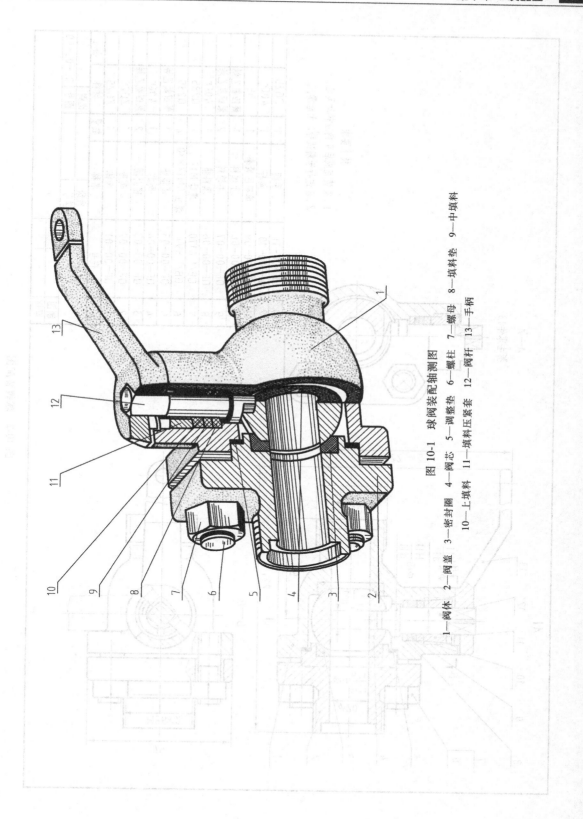

图 10-1 球阀装配轴测图

1—阀体 2—阀盖 3—密封圈 4—阀芯 5—调整垫 6—螺柱 7—螺母 8—填料垫 9—中填料
10—上填料 11—填料压紧套 12—阀杆 13—手柄

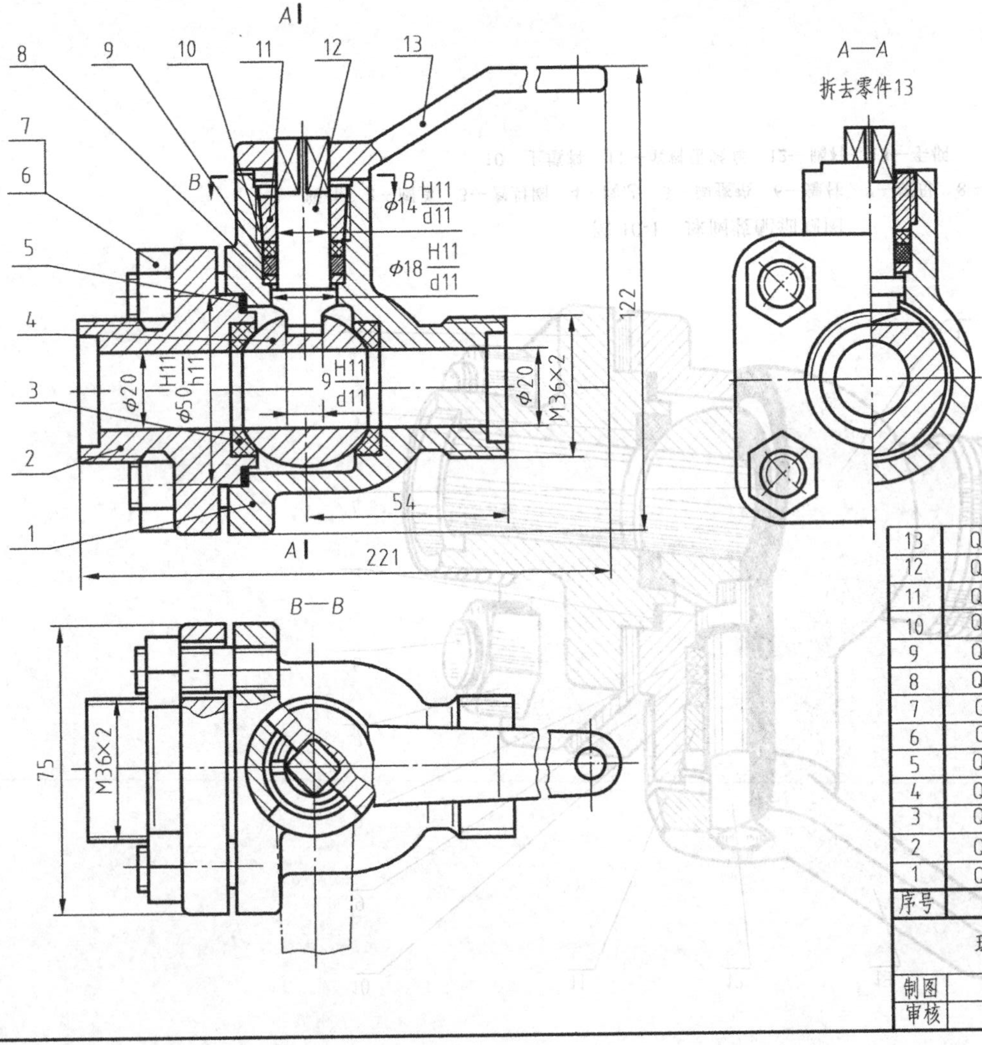

图 10-2 球阀装配图

技术要求

1. 安装完成后手柄应转动灵活。
2. 应进行泄漏试验，无泄漏。

序号	代号	名称	数量	材料	备注
13	QF-00-11	手柄	1	ZG25	
12	QF-00-10	阀杆	1	40Cr	
11	QF-00-09	填料压紧套	1	35	
10	QF-00-08	上填料	1	聚四氟乙烯	
9	QF-00-07	中填料	2	聚四氟乙烯	
8	QF-00-06	填料垫	1	40Cr	
7	GB/T 6170	螺母 M12	4	Q235	
6	GB/T 897	螺柱 AM12×30	4	Q235	
5	QF-00-05	调整垫	1	聚四氟乙烯	
4	QF-00-04	阀芯	1	40Cr	
3	QF-00-03	密封圈	2	聚四氟乙烯	
2	QF-00-02	阀盖	1	ZG25	
1	QF-00-01	阀体	1	ZG25	

比例　图号 QF-00-00

球阀

制图
审核

班级　学号

（3）技术要求　用文字或符号说明机器或装配体的装配、调试、验收和使用等要求。如图 10-2 所示提出了安装和试漏要求。

（4）零件序号、明细栏、标题栏　用来表明零件的序号、名称、数量、材料等信息。

第二节　装配图采用的表达方法

装配图和零件图一样，应按技术制图、机械制图国家标准规定，将装配体的内外部结构和主要形状表达出来，但两种图样的作用不同，所表达的侧重点也不同。因此，国家标准对装配图的画法另有规定。

一、一般表达法

本书第七章所介绍的视图、剖视图、断面图等有关机件的表达方法都适用于装配图。

二、规定画法

1. 剖面线的画法

在装配图中，两个相邻零件的剖面线方向应相反，如果两个以上零件相邻时，可改变第三个零件剖面线的间隔或使剖面线错开，如图 10-3 中上、下被连接件的剖面线方向是相反的。同一零件在各剖视图和断面图中剖面线倾斜方向和间隔应一致，图 10-2 中零件 1 阀体在主视图和左视图中的剖面线方向和间隔都是相同的。

2. 标准件及实心件的画法

在装配图中，对于一些标准件（如螺母、螺栓、键、销等）及实心杆件（如轴、球、拉杆等），若剖切平面通过其轴线（或对称线）剖切这些零件时，则这些零件按不剖绘制，图 10-2 中零件 12 阀杆按不剖绘制，只画外形。当这类零件的某些结构（如凹槽、键槽、销孔等）需要表达时，可用局部剖视图画出，图 0-2 中机用虎钳装配图中零件 8 螺杆，为了表达销孔的结构，用了局部剖视图的表达方法。

3. 零件接触面与配合面的画法

在装配图中，两个零件的接触表面和配合表面只画一条线，而不接触表面或非配合表面，无论间隙大小，都应画成两条线，如图 10-3 所示。

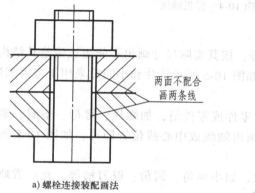

两面接触画一条线

两面不配合画两条线

两面配合画一条线

a) 螺栓连接装配画法　　　　　　b) 轴孔配合画法

图 10-3　装配图规定画法

三、装配图的特殊表达法

1. 拆卸画法

当零件在某一视图中遮住了其他需要表达的部分时，可假想沿零件的结合面剖切或假想将某些零件拆卸后再画出该视图，这种方法称为拆卸画法。需要说明时，在相应视图上方应加标注"拆去××等"，如图10-2所示的左视图，是拆去了零件13手柄后的半剖视图。

2. 单个零件表示法

在装配图中，当某个零件的形状未表达清楚而对理解装配关系、工作原理等有影响时，允许单独画出该零件的某个视图（或剖视图、断面图等），但必须进行标注。如图0-2所示，用局部视图单独画出了零件2钳口板，主要表明其上有两个螺钉实现钳口板拆换；同时用简化画法表示了零件2上的网纹结构，表明零件2实现夹紧零件的方式。

3. 假想画法

当需要表示运动零件的运动范围或极限位置时，可先画出它们的一个极限位置，其余的极限位置用双点画线画出其轮廓。如图10-2所示的俯视图中，零件13手柄的两个位置互成90°。图10-4中成45°的手柄位置，采用的就是这种画法。

有时，为了表达与本装配体有装配关系又不属于本装配体的其他相邻零部件时，也可用双点画线将其他零部件主要轮廓画出，如图10-4中下部轮廓线所示。

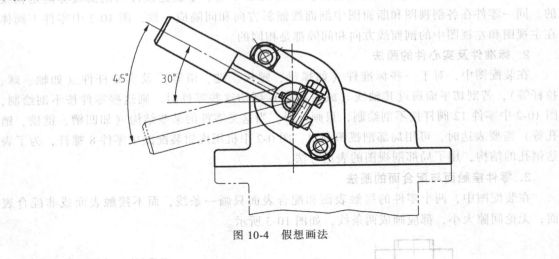

图10-4 假想画法

4. 夸大画法

有些薄垫片、微小间隙、小锥度等，按其实际尺寸画出不能表达清楚其结构时，允许把尺寸适当加大后画出，一般约2mm，如图10-5所示垫片和小间隙采用了夸大画法。

5. 简化画法

1）装配图中若干装配关系相同的零件或零件组，如螺栓、螺母、垫圈、螺钉等，允许较详细地画出一处或几处，其余只要画出轴线或中心线位置即可，如图10-5所示，图中只画出一个螺钉，其余画出了轴线位置。

2）在装配图中，零件的工艺结构，如小圆角、倒角、退刀槽等，允许省略不画，如图10-5所示，图中多处用直角代替了倒角。

3）在剖视图中，表示滚动轴承时，可按第八章的表 8-3 执行，如图 10-5 所示，图中滚动轴承采用了通用画法。

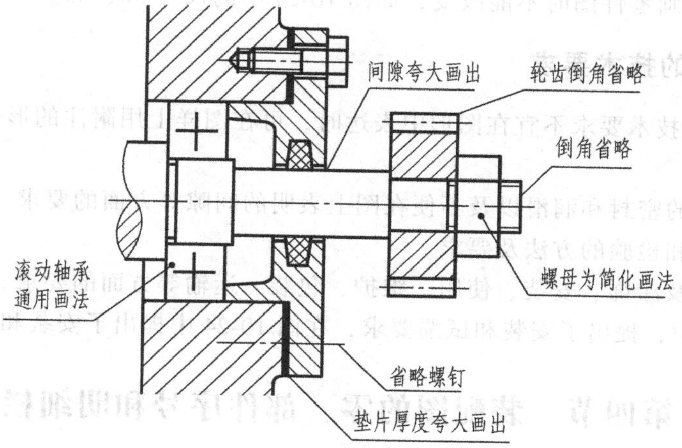
间隙夸大画出
轮齿倒角省略
倒角省略
滚动轴承
通用画法
螺母为简化画法
省略螺钉
垫片厚度夸大画出

图 10-5 装配图特殊画法

第三节 装配图的尺寸标注和技术要求

一、装配图的尺寸标注

装配图与零件图在生产中的作用不同，对标注尺寸的要求也不相同。装配图中只标注与装配体的性能（规格）、装配、检验、安装及使用等有关的尺寸。

1. 性能尺寸（规格尺寸）

用来表明装配体的性能或规格的尺寸称为性能尺寸。这些尺寸在设计时就已确定，这也是设计、了解和选用机器的依据。图 10-2 球阀装配图中进口和出口尺寸 $\phi20$，图 0-2 机用虎钳装配图中的尺寸 0~70 等。

2. 装配尺寸

（1）配合尺寸　表示两个零件之间配合性质的尺寸，如图 10-2 球阀装配图中的 $\phi18H11/d11$ 等。它是拆画零件图时，确定零件尺寸公差的依据。

（2）相对位置尺寸　表示装配机器和拆画零件图时，需要保证的零件间相对位置的尺寸，如图 10-2 球阀装配图中的 54，图 10-24 齿轮油泵装配图中的 27±0. 02 等。

3. 外形尺寸

外形尺寸是表示机器或部件外形轮廓的尺寸，即总长、总宽和总高，这些尺寸是机器或部件包装、运输以及厂房设计和安装机器时都需要考虑的，如图 10-2 球阀装配图的外形尺寸为总长 221、总宽 75、总高 122。

4. 安装尺寸

机器或部件安装在基础上或与其他机器（或部件）相连接时所需要的尺寸是安装尺寸。如图 10-2 所示，球阀与管路附件相连，尺寸 M36×2 属于安装尺寸；图 10-23 中，滑动轴承将与其他部件相连，13、140 也属于这类尺寸。

5. 其他重要尺寸

其他重要尺寸是在设计中经过计算确定或选定的尺寸，但又未包括在上述几类尺寸之中，这类尺寸在拆画零件图时不能改变，如图 10-24 中的尺寸 50、65。

二、装配图的技术要求

机器或部件的技术要求不宜在图形中表达时，可在图样上用附注的形式表示，一般有下列内容：

1）有关部件的密封和润滑以及不便在图上表明的间隙等方面的要求。

2）有关试验和检验的方法及要求。

3）产品性能及涂饰、安装、使用、维护、包装、运输等方面的要求。

如在图 10-2 中，提出了安装和试漏要求，在图 10-24 中提出了安装和齿轮啮合的要求。

第四节　装配图的零、部件序号和明细栏

装配图上对每种零件或组件都必须编注序号或代号，并填写明细栏，以便统计零件信息，进行生产准备。同时，看装配图时，也是根据序号查阅明细栏了解零件的名称、材料和数量等，以利于看图和图样管理。

一、零、部件序号编写及注法

1）每种零件只编写一次序号（数量在明细栏中填明）。

2）对于标准化组件，如油杯、滚动轴承、电动机等，可看作一个整体，只编写一个序号。

3）指引线用细实线画出，并从零件的可见轮廓线范围内引出，在末端画一个黑点。另一端画一水平线或小圆，在水平线之上或小圆之内填写序号。

4）水平线和小圆均用细实线画出，水平线长度和小圆的直径大小可适当控制，以醒目为原则，同时要考虑整齐美观。若指引线处不能画小黑点（很薄零件或涂黑断面），可改画箭头指向零件轮廓，如图 10-6 所示。

5）同一装配图中，编注序号的形式应一致。

6）为清晰起见，指引线不能相交，当通过剖面区域时，指引线尽量不与剖面线平行。必要时，允许将指引线画成折线，但只准折一次，如图 10-7 所示。

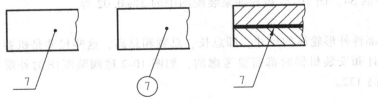

图 10-6　零件的编号形式

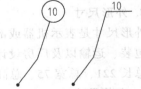

图 10-7　指引线画成折线

7）同一种螺纹紧固件组成的装配关系清楚的零件组，允许采用公共指引线，如图 10-8 所示。

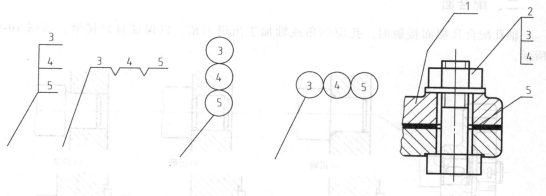

图 10-8 紧固件的编号形式

8）序号字高要比图样上尺寸数字字高大一号，以便于查阅。

9）序号编写位置一般以主视图周围区域为主，以顺时针或逆时针方向按水平或垂直方向排列整齐，如图 10-2 所示。也可根据需要，部分序号排列在其他视图周围。

二、明细栏

装配图的明细栏画在标题栏上方，侧外框为粗实线，最上格为细实线。如需要，也可在标题栏的左方再画一排或多排，如图 10-23、图 10-24 所示。明细栏中，零件序号编写顺序是自下而上，以便增加零件时，可继续向上画格。在实际生产中，明细栏也可不画在装配图内，而在单独的明细栏（格式及尺寸请查阅相关国家标准）中按零件分类和一定格式填写。

第五节 装配结构简介

在设计绘图时，应考虑装配结构的合理性，以保证机器性能的要求，并给零件的加工和装拆带来方便，下面对常见的装配结构作简要介绍。

一、接触面

两零件在同一方向上，一般只能有一对接触面接触，如图 10-9 所示，图 10-9a、c 为错误结构，图 10-9b、d 为正确结构。这样既保证了零件接触良好，又降低了加工要求。

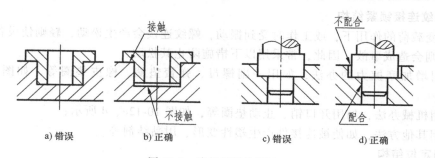

a) 错误　　b) 正确　　c) 错误　　d) 正确

图 10-9 接触面结构画法

二、配合面

轴孔配合且端面接触时，孔应倒角或轴加工出退刀槽，以保证良好接触，如图 10-10 所示。

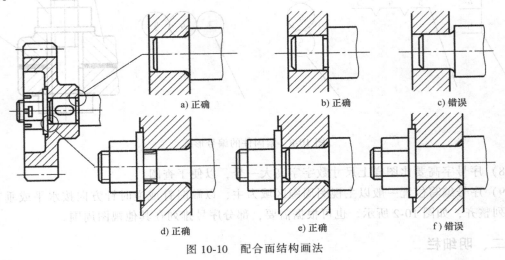

图 10-10　配合面结构画法

三、安装拆卸结构

1. 螺纹紧固件连接结构

螺纹紧固件连接时，孔的位置与箱壁之间应留有足够的空间，以保证安装与拆卸方便，如图 10-11 所示。

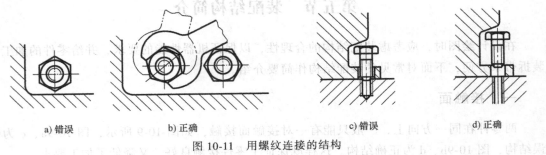

图 10-11　用螺纹连接的结构

2. 螺纹连接锁紧结构

在交变载荷的作用下，或工作时受到振动，螺纹连接会产生松动，轻则使设备不能正常工作，重则会造成事故。因此，常采用以下措施防止其松动：

1）用增加摩擦力的办法，如用一副螺母、弹簧垫圈、橡皮垫圈等，如图 10-12a、b 所示。

2）用机械办法，如用开口销、止动垫圈等，如图 10-12c、d 所示；

3）用其他方法，如使被连接件产生塑性变形、用黏结剂等。

3. 销定位结构

为了保证两零件在装配与拆卸前后不降低装配精度，通常用圆柱销（或圆锥销）将两

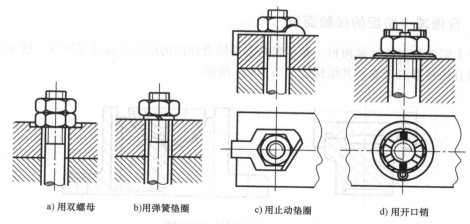

a) 用双螺母　　　b)用弹簧垫圈　　　c) 用止动垫圈　　　d) 用开口销

图 10-12　螺纹连接锁紧结构

零件定位，但在可能的情况下，应将销孔做成通孔的形式，以便在拆卸时取出销，如图 10-13b 所示为合理结构。

4. 滚动轴承装配结构

与外圈结合零件的轴孔直径及与内圈结合的轴肩直径应取合适的尺寸（查阅相关国家标准）以便于轴承的拆卸。图 10-14b、d 所示为合理结构。

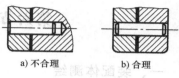

a) 不合理　　　b) 合理

图 10-13　销定位结构

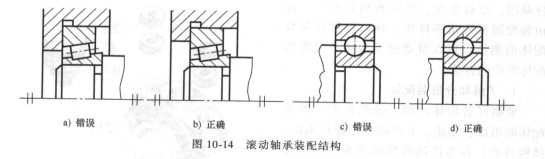

a) 错误　　　b) 正确　　　c) 错误　　　d) 正确

图 10-14　滚动轴承装配结构

四、密封结构

为防止机器内部的流体外泄，也为防止外部灰尘、杂物等进入机器，常采用密封结构。图 10-15 所示为常见密封结构示例。

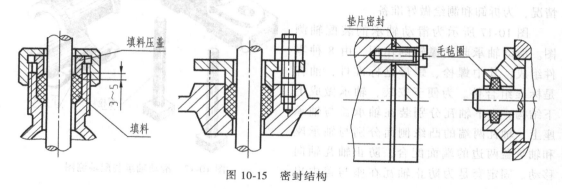

填料压盖

垫片密封

毛毡圈

3～5

填料

图 10-15　密封结构

五、合理减少装配的接触面积

零件上需要加工的接触面积，在不影响零件结合性能的前提下应尽量减少。这不仅节省工时，而且使接触更可靠，其结构应如图 10-16 所示。

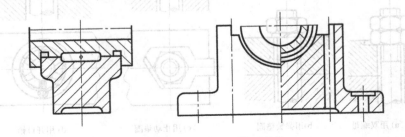

图 10-16　减少零件接触面结构

第六节　装配体测绘和装配图画法

一、装配体测绘

对原有设备进行改造或仿造时，需要对该机器的零件进行测绘。先画出装配示意图、零件草图，经过整理，然后画出装配图，再由装配图拆画出零件图，这一过程称为装配体的测绘。现以滑动轴承为例，说明装配体测绘的方法。

1. 了解和分析装配体

要搞好装配体测绘，必须首先了解装配体的用途、性能、工作原理、传动系统、结构特点、各零件间的装配关系、相互位置和各配合表面的配合性质等。因此，应阅读装配体的说明书和有关资料，参考同类产品图样。同时还需对装配体进行详细的观察，分析该装配体的结构和工作运转情况，为拆卸和测绘做好准备。

图 10-17 所示为滑动轴承的装配轴测图。滑动轴承起支撑轴的作用，由 8 种零件组成，其中螺栓、螺母是标准件，油杯是标准组合件。为便于安装，轴承做成上下结构。上下轴瓦分别装在轴承盖与轴承座上，轴瓦两端的凸缘侧面分别与轴承座和轴承盖两边的端面配合，防止轴瓦轴向移动。固定套是为防止轴瓦在座与盖中出

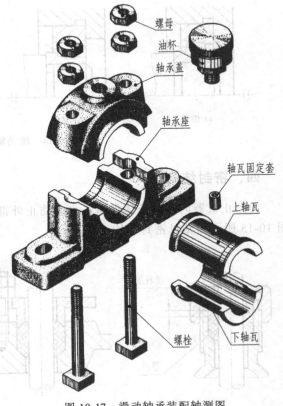

图 10-17　滑动轴承装配轴测图

现转动。为防松，每个螺栓上用两个螺母紧固。油杯中填满油脂，拧动杯盖，即可将油脂挤入轴瓦内起到润滑的作用。

2. 拆卸零件和画装配示意图

1）在拆卸之前，要先分析，确定拆卸顺序，再按顺序拆卸。过盈配合的零件原则上不拆。对过渡配合的零件，如不影响测量和画图也可不拆。

2）将拆卸的零件编号，妥善保管，避免丢失，防止碰伤、变形、生锈，以免影响零件精度。

3）对于较复杂的装配体，为了便于拆后重装，一般需要画出装配示意图，用来表达零件间的相对位置关系，装配示意图一般是用国家标准规定的机构运动简图符号和简单图线画出组成装配体各零件的大致轮廓，用来说明零件之间的相对位置关系和工作原理等。图形画好之后，再注写各零件名称。图 10-18 所示为滑动轴承的装配示意图。

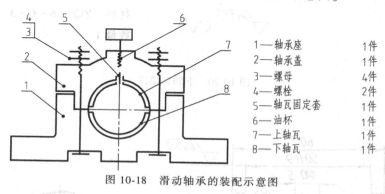

1—轴承座	1件
2—轴承盖	1件
3—螺母	4件
4—螺栓	2件
5—轴瓦固定套	1件
6—油杯	1件
7—上轴瓦	1件
8—下轴瓦	1件

图 10-18　滑动轴承的装配示意图

3. 画出零件草图

零件草图是画装配图和零件工作图的依据，因此，在拆卸完成后，即对零件进行测绘，画出草图，如图 10-19、图 10-20、图 10-21 所示为部分零件草图。

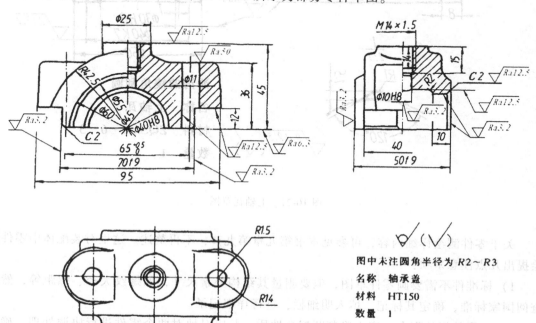

图中未注圆角半径为 $R2 \sim R3$

名称　**轴承盖**

材料　HT150

数量　1

图 10-19　轴承盖草图

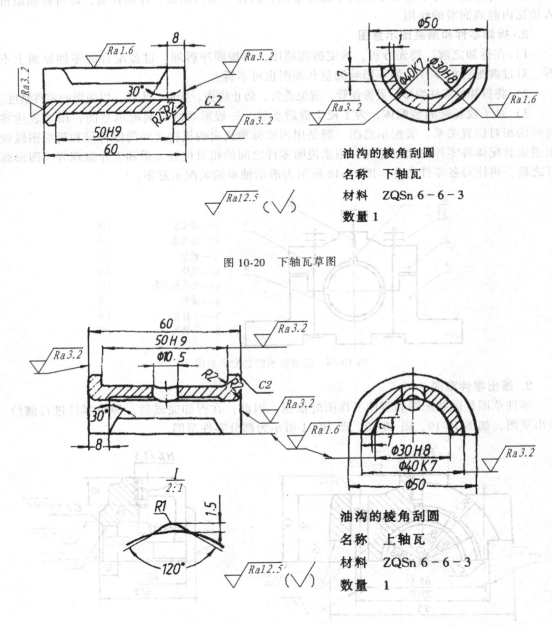

油沟的棱角刮圆
名称　下轴瓦
材料　ZQSn 6－6－3
数量 1

图 10-20　下轴瓦草图

油沟的棱角刮圆
名称　上轴瓦
材料　ZQSn 6－6－3
数量　1

图 10-21　上轴瓦草图

关于零件测绘详细内容，可参见本书第九章第九节，不再赘述。这里对装配体中零件测绘提出几点注意事项：

1）标准件不需要画零件草图，但要测量其结构要素尺寸，如螺纹大径、螺距等，然后查阅国家标准，确定其标记，填入明细栏，进行详细记录。

2）对零件间的配合，应正确判断配合性质，并成对地对两个零件进行协调处理，确定公差带代号。

3）与标准件配合的一般零件，如滚动轴承与轴及轴承座，其形状、尺寸要与该标准件一致。

4）零件材料的确定，一般可先判断是钢、铸铁、有色金属等大类，然后再根据零件的作用和工作条件，对比同类型产品选定材料。

4. 画装配草图和装配工作图

根据零件草图和装配示意图画装配草图和装配工作图。

5. 拆画零件图

根据装配工作图拆画零件图。测绘结束。

二、画装配图

1. 确定表达方案

（1）决定装配体的摆放位置

通常将装配体按工作位置放置，使装配体主要轴线或主要安装面呈水平或垂直位置。对本装配体，应按其工作位置摆放。

（2）确定主视图的投射方向和表达方法

因装配体由许多零件装配而成，所以通常以最能反映工作原理、传动系统、装配体结构特点和较多地反映装配关系的方向，作为主视图的投射方向。对滑动轴承而言，则以平行于轴孔轴线方向为主视图的投射方向，图 10-23 所示即为以该方向投射后的装配图。主视图采用半剖视图，表达了全部零件的装配关系和工作原理。

（3）选择其他视图

根据表达需要，选用较少数量的视图、剖视、断面等，准确、完整、简便地表达出装配关系及主要零件的主要形状。俯视图用沿图 10-23 中零件 1、2 上下结合面剖切的方法得到半剖视图，表达了零件 1、2 的形状和装配体外形。同时，拆去了轴承盖等零件，如图 10-23 所示。

2. 画装配图的步骤

（1）定位布局

表达方案确定以后，画出各视图的主要基准线，一般是装配体的对称线、主要轴线、主要零件的中心线或轴线，以及零件上较大的平面或端面。对滑动轴承装配图，应先画出主视图轴孔中心线，俯视图的对称线，如图 10-22a 所示。

（2）逐层画出主要零件的投影

围绕着装配干线由里向外逐个画出零件的图形，可避免不必画出的被遮盖部分的轮廓线也被画出。对剖开的零件，应直接画成剖开后的形状。作图时，应几个视图配合起来画，以提高绘图速度，同时应解决好零件装配时的工艺结构问题，如轴向定位，零件的接触面等，如图 10-22b、c、d 所示。

（3）画出部件的次要结构

完成主要零件的投影后，再画出次要结构，如螺栓、轴瓦固定套、油杯等。

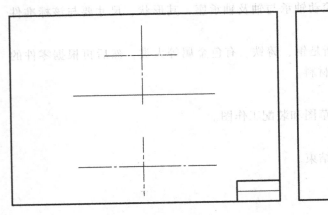

a) 画出主、俯视图定位线

b) 画出零件1的投影

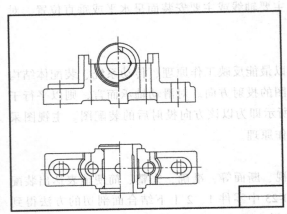

c) 画出零件7、8的投影

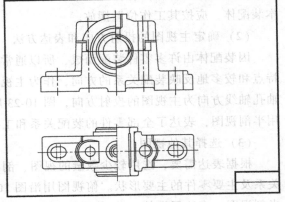

d) 画出零件2的投影

图 10-22　滑动轴承装配图画图主要步骤

（4）注出必要的尺寸及技术要求

在标注装配图中的尺寸时，要按照前述装配图尺寸标注的特点，分析需要标注的各类尺寸。技术要求可提出装配体安装、调试、使用等过程中应达到的要求。如图 10-23 中提出了对上下轴瓦的要求。

（5）编写序号，填写明细栏及标题栏

图中各零部件应按顺序编号，填入明细栏中。标题栏中的内容也应填写完全。

（6）校对，描深

校对画出的图线的长度、位置。确认无误后，按照国家标准规定描深描粗图线。

（7）检查，修饰

检查全图有无缺漏，修饰图面，如图 10-23 所示。

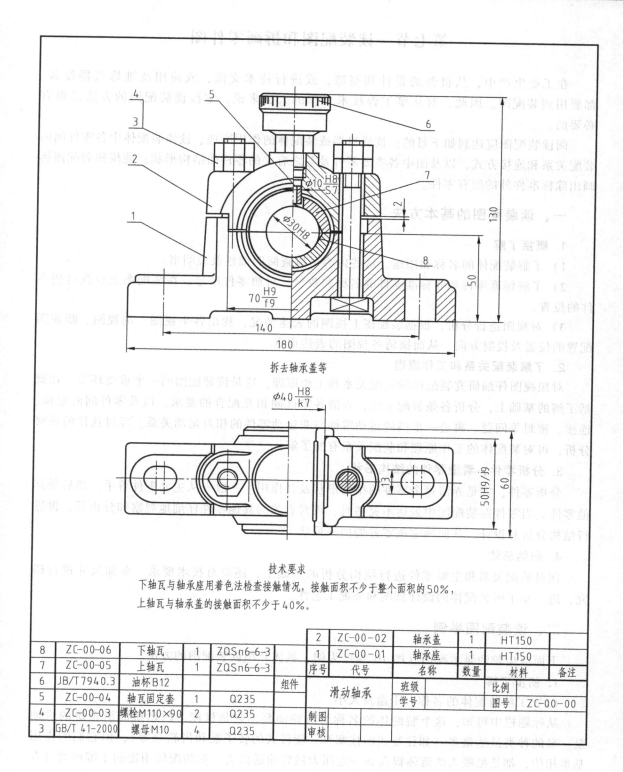

拆去轴承盖等

技术要求

下轴瓦与轴承座用着色法检查接触情况，接触面积不少于整个面积的50%，

上轴瓦与轴承盖的接触面积不少于40%。

8	ZC-00-06	下轴瓦	1	ZQSn6-6-3		2	ZC-00-02	轴承盖	1	HT150	
7	ZC-00-05	上轴瓦	1	ZQSn6-6-3		1	ZC-00-01	轴承座	1	HT150	
6	JB/T 7940.3	油杯B12			组件	序号	代号	名称	数量	材料	备注
5	ZC-00-04	轴瓦固定套	1	Q235		滑动轴承		班级		比例	
4	ZC-00-03	螺栓M110×90	2	Q235		制图		学号		图号	ZC-00-00
3	GB/T 41-2000	螺母M10	4	Q235		审核					

图 10-23 滑动轴承装配图

第七节　读装配图和拆画零件图

在工业生产中，从机器的设计到制造，或进行技术交流，或使用及维修机器设备，都要用到装配图。因此，对从事工程技术工作的人员来说，掌握读装配图的方法是很有必要的。

阅读装配图应达到如下目的：读懂机器或装配体的作用原理、读懂装配体中各零件间的装配关系和连接方式，以及图中各主要零件及与之有关的零件的结构形状；能按照装配图拆画出除标准件外的所有零件。

一、读装配图的基本方法

1. 概括了解

1）了解装配体的名称和用途，这些内容可以查阅明细栏及说明书。

2）了解标准零件和非标准零件的名称和数量，对照零件序号，在装配图上查找这些零件的位置。

3）对视图进行分析，根据装配图上视图的表达情况，找出各个视图、剖视图、断面图配置的位置及投射方向，从而搞清各视图的表达重点。

2. 了解装配关系和工作原理

对照视图仔细研究装配体的装配关系和工作原理，这是读装配图的一个重要环节。在概括了解的基础上，分析各条装配干线，弄清各零件间相互配合的要求，以及零件间的定位、连接、密封等问题。再进一步搞清运动零件与非运动零件的相对运动关系。经过这样的观察分析，可对装配体的工作原理和装配关系有所了解。

3. 分析零件，看懂零件的结构形状

分析零件，就是弄清每个零件的结构形状及其作用。一般先从主要零件着手，然后是其他零件。当零件在装配图中表达不完整时，可对有关的其他零件仔细地观察和分析后，再进行结构分析和设计，从而确定该零件的内外形状。

4. 归纳总结

在对装配关系和主要零件进行结构分析的基础上，还要对技术要求、全部尺寸进行研究，进一步了解装配体的设计意图和装配工艺性。

二、读装配图举例

下面以齿轮油泵装配图（图 10-24）为例，具体介绍读装配图的方法。

1. 初步了解

（1）了解装配体的名称、用途及大小

从标题栏中得知，这个装配体的名称为齿轮油泵，它是机床、内燃机润滑系统的供油泵。泵的种类虽然繁多（如往复式的柱塞泵、旋转式的转子泵和齿轮泵等），但它们的作用基本相仿，都是把吸入的流体提高到一定压力然后输送出去。对装配体用途的了解可通过查阅有关资料（如产品说明书等）得到。

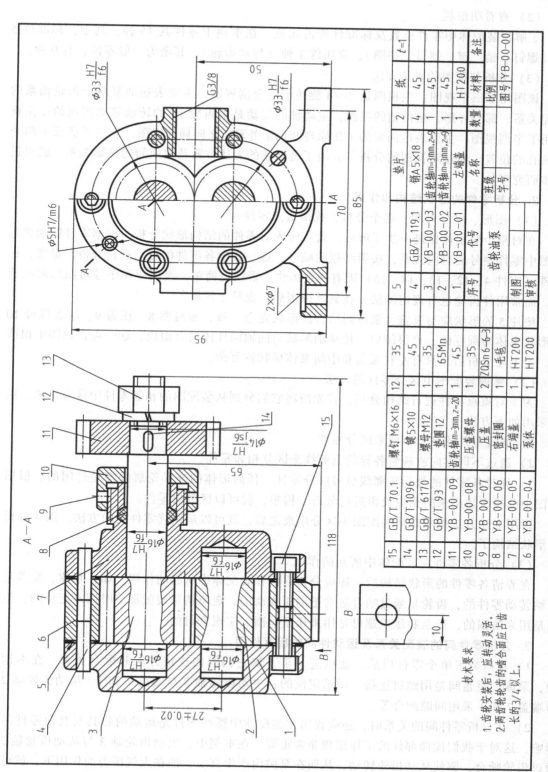

序号	代号	名称	数量	材料	备注
5	GB/T 119.1	销A5×18	2	35	t=1
4	GB/T 119.1	垫片	4	纸	
3	YB-00-03	齿轮轴m=3mm,z=9	1	45	
2	YB-00-02	齿轮轴m=3mm,z=9	1	45	
1	YB-00-01	左端盖	1	HT200	
序号	代号	名称	数量	材料	备注

15	GB/T 70.1	螺钉M6×16	12	35	
14	GB/T 1096	键5×10	1	45	
13	GB/T 6170	螺母M12	1	35	
12	GB/T 93	垫圈12	1	65Mn	
11	YB-00-09	齿轮轴m=3mm,z=20	1	45	
10	YB-00-08	压盖螺母	1	35	
9	YB-00-07	压盖	2	ZQSn6-6-3	
8	YB-00-06	密封圈	1	毛毡	
7	YB-00-05	右端盖	1	HT200	
6	YB-00-04	泵体	1	HT200	

图号 YB-00-00 齿轮油泵 比例 t=1

技术要求

1. 齿轮安装后，应转动灵活。
2. 两齿轮齿的啮合齿面应占齿长的3/4以上。

图10-24 齿轮油泵装配图

（2）查看明细栏

了解该装配体中零件总数及标准件所占比重。在本例中零件共 15 种，其中，标准件 5 种（螺钉、销、键、螺母、垫圈），常用件 1 种（传动齿轮），其余为一般零件，有 9 种。

（3）分析装配图的表达方法

该图用了三个视图：主视图是 A—A 旋转剖的全剖视图，主要表达油泵两个齿轮轴系的装配关系、部分外形、定位销的结构，主动轴的运动是由齿轮 11 的转动带动实现的；左视图用了半剖视图，主要表达油泵的工作原理及油泵外形。B 向局部视图，表达了底板上两个安装孔的位置。通过对视图的分析，弄清了装配图的表达方案及视图间的投影关系，就可进一步研究零件。

2．分析零件的形状结构和作用

（1）图形、序号对照，逐个分析，找出重点零件

在对整个装配体作进一步了解后，就可转入对零件的结构形状分析。根据零件明细栏与视图中零件序号的对应关系，按明细栏的顺序，逐一找出各零件的轮廓进行分析。显然，标准件（零件 4、12、13、14、15）因有规定画法，形状也简单，经图形和序号对照后就能看懂。而常用件齿轮也有规定画法，找到其视图后，也易于理解。

垫片 5 的形状应与泵盖、泵体间结合面形状完全一致，密封圈 8、压盖 9、压盖螺母 10 的形状主体为圆柱体，也很简单。传动轴形状为同轴圆柱体组合而成，这一点在视图中很清楚。经上述分析后，只有左右泵盖和中间泵体形状较复杂。

（2）掌握装配图中区分零件的方法

为了对重点零件进行结构分析，首先应将它们分别从装配图的相邻零件中区分出来，通常采用如下方法：

1）通过零件的序号不同来区分零件。

2）通过不同方向或疏密各异的剖面线来区分相邻零件。

3）通过各零件的外形轮廓线也可区分零件。任何形体的外形轮廓线都是封闭的。根据视图中已经表达出来的相应投影进行分析、构想，就可以区分出零件。

运用上述方法把零件从装配图中区分出来之后，就可以运用读零件图的方法，深入分析其形状结构了。

（3）分析各零件在装配体中所起的作用

在弄清各零件的形状结构后，还应分析它们在装配体中所起的作用。如，泵体、泵盖是容纳转动零件的，齿轮是通过啮合运动把油压提高的，定位销是装配加工时用来定位的，毡圈是用来防漏的，压盖和压盖螺母是用来压紧毡圈、实现密封的。

3．分析零件间的装配关系及运动件间的相互作用

1）在研究了单个零件以后，就应进一步了解它们间的连接方法和配合关系。在本例中，泵体、泵盖间是用螺钉连接、用销定位的；主动齿轮轴 3 与端盖 7 和 1、从动齿轮轴 2 与端盖 7 和 1 采用间隙配合等。

2）在分析零件间的关系时，还应找出在装配体中哪些零件是运动的和其对其他零件的影响，这对于我们读懂部件的工作原理非常重要。在本例中，主动齿轮轴 3 与从动齿轮轴 2 通过齿轮啮合，驱使从动齿轮转动，从而在泵腔内产生真空，油在大气压力的作用下，就可源源不断地吸入泵体。

4．分析尺寸及技术要求

（1）尺寸

该装配图中标注了齿轮油泵的总体尺寸118、95、85，性能尺寸G3/8、ϕ33，装配尺寸ϕ16H7/f6、ϕ14H7/js6、ϕ5H7/m6，安装尺寸2×ϕ7、70、10，重要定位尺寸50、65、27±0.02等。

（2）技术要求

在装配图中一般都要注写技术要求，如本例中有两点要求：

1）齿轮安装后，应运转灵活。

2）两齿轮轮齿的啮合面应占齿长的3/4以上。

5．归纳、总结

1）通过上述分析，就可得知装配体的工作原理，如图10-25所示为齿轮油泵工作原理示意图。

2）该装配体中的主要零件有：泵体、泵盖、主、从动齿轮轴。其中，泵体的主体形状为上部带圆柱孔的圆柱体，其上还有和两个泵盖相连的六个螺纹孔、两个定位销孔、两个螺纹孔（进出油孔）；下部为带安装孔的长方体。其他零件至此也可以分析出来。

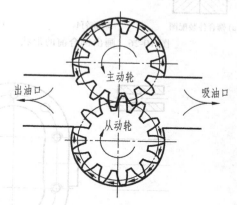

图10-25　齿轮油泵工作原理

三、由装配图拆画零件图

1．由装配图拆画零件图的步骤

1）读懂装配图，看懂部件的工作原理、装配关系及零件的结构形状。

2）分离零件，将所要拆画的零件从装配图中分离出来。

3）按照零件图一章中对于零件图绘制的要求画出零件图。

2．拆画零件图要注意的问题

拆画零件图是在读懂装配图的基础上进行的。装配图不能表达每个零件的形状，拆画零件图时，需要将那些未表达清楚的结构补画出来，因此，拆画零件图的过程是一个设计过程。要注意以下问题：

（1）确定零件结构形状

由于装配图重点表达装配关系，对于各零件特别是结构比较复杂的零件，其结构形状往往表达得并不完整，对零件的某些工艺结构（如倒角、倒圆、退刀槽等）也未完全表达。拆画零件图时，应结合设计要求和工艺要求，补画出这些结构。如零件上某部分需要与某些零件装配时一起加工，则应在零件图上注明；当零件上采用弯曲卷边等变形方法连接时，也应画出其连接前的形状，如图10-26、图10-27所示。

运用已有的分离零件的知识，分离要拆画的零件，从装配图中分离零件6泵体的图形，如图10-28所示。

（2）确定零件视图表达方案

零件在装配图中的表达是为了满足装配图的表达要求，是从部件整体的角度来考虑的。因此，拆画零件图时，不能简单照抄。零件的表达方案要根据零件的功用、结构形状特点、加工制造要求等综合考虑后再确定，相关内容请参阅第九章。如图10-29所示，泵体零件图

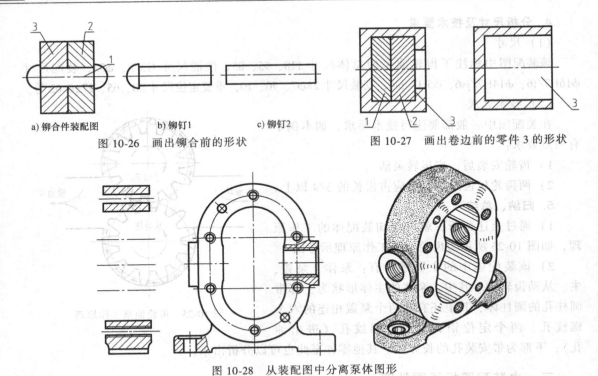

a) 铆合件装配图　　　　b) 铆钉1　　　　c) 铆钉2

图 10-26　画出铆合前的形状

图 10-27　画出卷边前的零件 3 的形状

图 10-28　从装配图中分离泵体图形

采用了三个视图表达，与其在装配图中的表达不是完全一致的。

（3）零件图上尺寸的处理

装配图尺寸只标注与部件性能、装配、检验、安装及使用有关的一些尺寸，零件图上大量的尺寸并没有注出。因此，需要确定，对尺寸的处理一般有以下几种方法：

1）抄注。装配图上已注出的尺寸，可在有关的零件图上直接注出。对于配合尺寸、相对位置尺寸要注出极限偏差数值。如图 10-24 所示关于泵体的 70、85、G3/8、$\phi33$、$2×\phi7$、$27±0.02$ 等尺寸可抄注。

2）查找。与标准件结合或配合的有关尺寸，如螺纹尺寸、销孔尺寸等，要从相应的国家标准中查得，如泵体上销孔尺寸要查明细栏中所注出的 GB/T 119.1 标准确定。

3）计算。根据装配图所给的数据需要进行计算的尺寸，如齿轮的分度圆、齿顶圆直径尺寸等，根据齿数、模数等已知数据，经过计算，然后标注。

4）量取。在装配图上没有标注出的其他部分的尺寸数据，可按装配图的比例在图上量取后设计确定。

（4）零件图上的技术要求

零件图上技术要求主要包括表面粗糙度、尺寸公差、几何公差、材料及热处理等。各项要求要根据其作用和要求来确定，详见零件图一章相关内容。对泵体零件，因其前后面和内孔表面是重要表面，故表面粗糙度要求较高；因两 $\phi33$ 孔要安装齿轮，故对其轴线对前后面的垂直度有较高要求。此外，还对两 $\phi33$ 孔及中心距有较高要求，规定了相应公差，如图 10-29 所示。

图 10-30 所示为镜头架装配图。经过分析，拆画了架体的零件图，如图 10-31 所示，其余由读者自行分析。

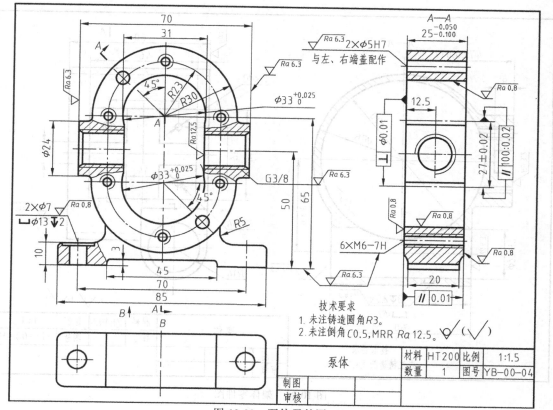

图 10-29　泵体零件图

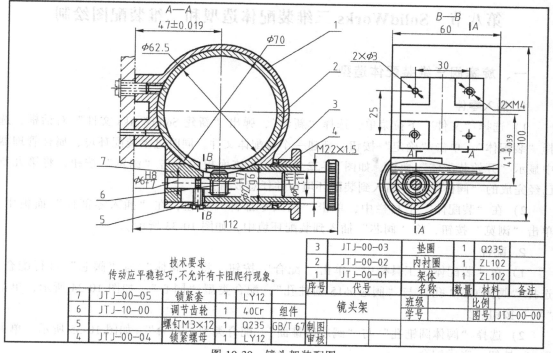

技术要求
传动应平稳轻巧,不允许有卡阻爬行现象。

3	JTJ-00-03	垫圈	1	Q235	
2	JTJ-00-02	内衬圈	1	ZL102	
1	JTJ-00-01	架体	1	ZL102	
序号	代号	名称	数量	材料	备注

7	JTJ-00-05	锁紧套	1	LY12	
6	JTJ-10-00	调节齿轮	1	40Cr	组件
5		螺钉M3×12	1	Q235	GB/T 67
4	JTJ-00-04	锁紧螺母	1	LY12	

镜头架		班级		比例	
		学号		图号	JTJ-00-00
		制图			
		审核			

图 10-30　镜头架装配图

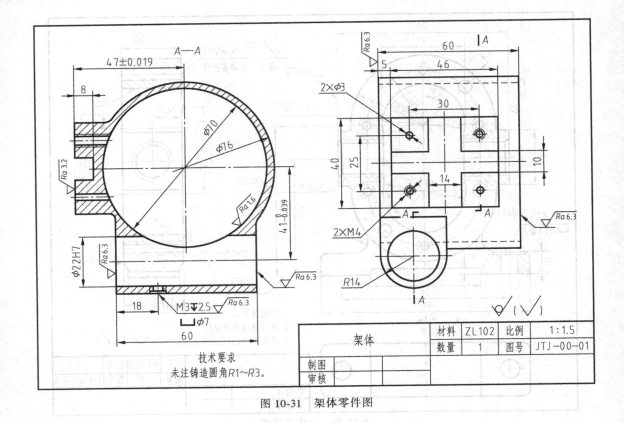

图 10-31　架体零件图

第八节　SolidWorks 三维装配体造型和二维装配图绘制

一、旋塞阀三维装配体造型

1. 插入零件

1）选择"文件"下拉菜单，选择"新建"，弹出"新建 SolidWorks 文件"对话框，选择"装配体"，单击"确定"按钮，新建一个装配体文件，同时进入装配环境，属性管理器中显示"开始装配体"面板，如图 10-32 所示。在该面板中单击"浏览"按钮，将第九章已经完成的"阀体"零件插入到装配环境中并任意放置。

2）在"装配体"工具栏中，单击"插入零部件"按钮，在"插入零部件"面板中，单击"浏览"按钮，将"阀芯"插入到装配环境中，如图 10-33 所示。

2. 配合

1）在"装配体"工具栏中，单击"配合"按钮，将"阀体"与"阀芯"进行配合，选择"阀体 G1/2 孔"与"阀芯 φ15 圆柱孔"，配合类型"同心"，如图 10-34 所示，单击"√"按钮。

2）选择"阀体圆锥孔"与"阀芯圆锥面"，配合类型"重合"，如图 10-35 所示，单击"√"按钮，完成配合。

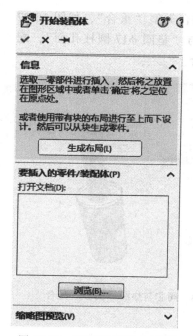

图 10-32 "开始装配体"面板

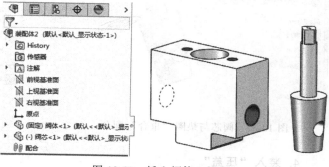

图 10-33 插入阀体、阀芯

3. 装入"垫圈"

1）在"装配体"工具栏中，单击"插入零部件"按钮，在"插入零部件"面板中，单击"浏览"按钮，将"垫圈"插入到装配环境中。

2）配合。在"装配体"工具栏中，单击"配合"按钮，将"阀芯"与"垫圈"进行配合，为了配合方便，单击"阀体"，在弹出的快捷菜单中选择"压缩"，如图 10-36 所示。

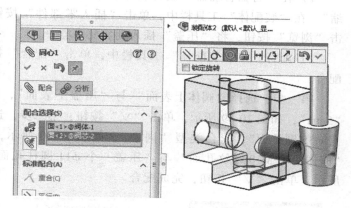

图 10-34 阀体阀芯"同心"配合

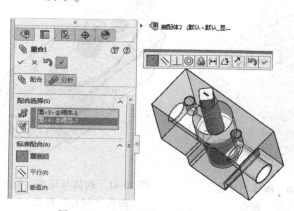

图 10-35 阀体阀芯"重合"配合

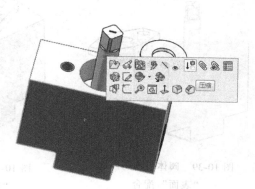

图 10-36 压缩阀体

第一步，选择"阀芯圆锥上端面"与"垫圈下表面"，配合类型"重合"，如图 10-37 所示，单击"√"按钮；第二步，选择"阀芯 φ15 圆柱面"与"垫圈 φ17 圆柱孔面"，配合类型"同心"，如图 10-38 所示，单击"√"按钮，完成配合。

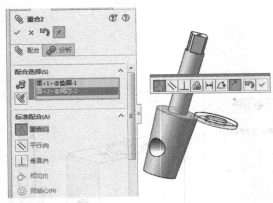

图 10-37　阀芯与垫圈"重合"配合　　　　　图 10-38　阀芯与垫圈"同心"配合

4. 装入"压盖"

1）在"特征管理器"设计树中，单击"阀体"，在弹出的快捷菜单中选择"解除压缩"。在"装配体"工具栏中，单击"插入零部件"按钮，在"插入零部件"面板中，单击"浏览"按钮，将"压盖"插入到装配环境中。

2）配合。在"装配体"工具栏中，单击"配合"按钮，将"阀芯"与"压盖"进行配合。

第一步，选择"阀体上表面"与"压盖下表面"，配合类型"平行"，"距离"输入"5mm"，如图 10-39 所示，单击"√"按钮；第二步，选择"阀体 φ35 圆柱孔面"与"压盖 φ35 圆柱面"，配合类型"同心"，如图 10-40 所示，单击"√"按钮；第三步，选择"阀体一个 M10 螺纹孔面"与"压盖一个 φ11 圆柱孔面"，配合类型"同心"，如图 10-41 所示，单击"√"按钮，完成配合。

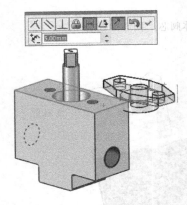

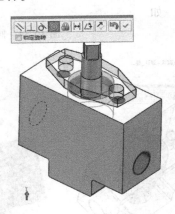

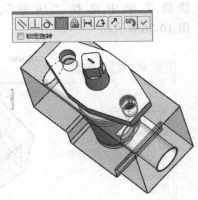

图 10-39　阀体表面与压盖　　　　图 10-40　阀体与压盖　　　　图 10-41　阀体与压盖一侧
　　　　　"表面"配合　　　　　　　　　　"同心"配合　　　　　　　　　圆孔"同心"配合

5. 创建"填料"

1）在"装配体"工具栏中，单击"插入零部件"按钮，在列表中选择"新零件"，如图 10-42 所示，弹出"SolidWorks"提示对话框，选择"取消"，如图 10-43 所示，在新弹出的提示对话框中单击"确定"按钮，在弹出"新建 SolidWorks 文件"对话框中，如图 10-44 所示，选择"gb_part"，单击"确定"按钮。

图 10-42　新零件

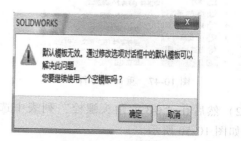

图 10-43　建立空模板

2）单击"特征管理器"设计树中"阀体"的"前视基准面"，通过"转换实体引用""直线"绘制如图 10-45 所示的草图。

图 10-44　零件模板

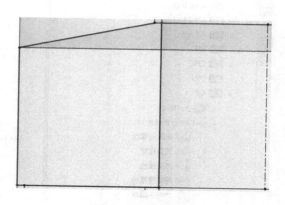

图 10-45　填料草图

3）单击"特征"-"旋转凸台/基体"，单击"√"按钮，完成"填料"的创建，如图 10-46 所示。

4）单击"零件 2^装配体 2"，在弹出的快捷菜单（图10-47）中选择"重新命名零件"，更名为"填料^装配体 2"，再次单击"填料^装配体 2"，在弹出的快捷菜单（图10-48）中选择"保存零件（在外部文件中）"，弹出"另存为"对话框，选择"指定路径"，把"填料"保存到与"阀体"相同的文件夹。单击绘图区右上角图标，完成"填料"造型和保存。

6. 调入标准件

1）在"设计库"面板中展开 Toolbox 库，找到"GB"-"六角头螺栓"，如图 10-49 所示。

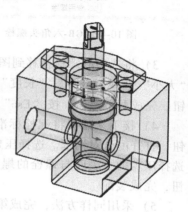

图 10-46　旋转创建填料

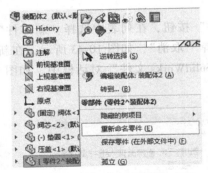

图 10-47　重命名零件

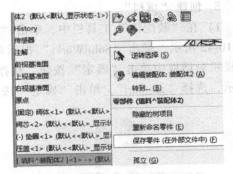

图 10-48　在外部文件中保存零件

2）然后在"GB 六角头螺栓"列表中选择"六角头螺栓 GB/T 5781—2000"螺栓标准件，如图 10-50 所示。

图 10-49　GB-六角头螺栓

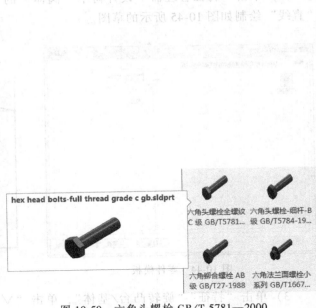

hex head bolts-full thread grade c gb.sldprt

六角头螺栓全螺纹C 级 GB/T5781…　六角头螺栓-细杆-B 级 GB/T5784-19…

六角铰合螺栓 AB 级 GB/T27-1988　六角法兰面螺栓小系列 GB/T1667…

图 10-50　六角头螺栓 GB/T 5781—2000

3）将选中的螺栓拖移到图形区中的空白区城，然后再选择螺栓参教，如图 10-51 所示，"大小"选择"M10"，"长度"选择"25"，"螺纹线显示"选择"装饰"，单击"√"按钮，完成两个螺栓，按"Esc"键结束。

4）接下来需要将螺栓标准件装配到装配体。单击"装配体"选项卡中的"配合"按钮，打开配合对话框。选择压盖的 φ11 圆柱孔与螺栓杆进行同轴心约束，如图 10-52 所示。选择压盖的上表面与螺栓的螺栓头下表面进行重合约束，如图 10-53 所示。单击"√"按钮，完成装配。

5）采用同样方法，完成第二条螺栓的配合。

至此，已经完成了旋塞阀装配体的创建，保存文件。

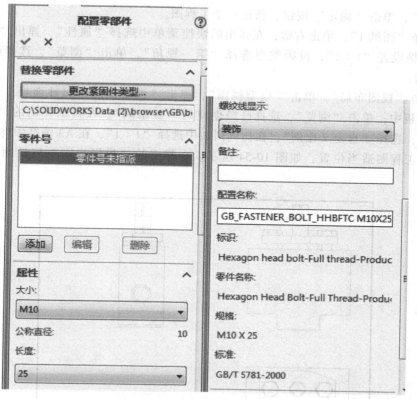

图 10-51　"配置零部件"面板

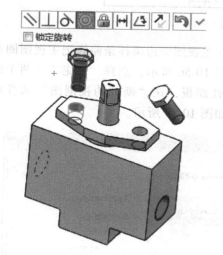

图 10-52　螺栓与压盖"同心"配合

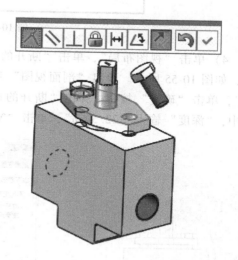

图 10-53　螺栓与压盖表面"重合"配合

二、创建旋塞阀工程图

1. 创建视图及标注尺寸

1）选择"文件"下拉菜单，选择"新建"，弹出"新建 SolidWorks 文件"对话框，选择"工程图",单击"确定"按钮,新建一个工程图。

2）选择"图纸 1",单击右键,在弹出的快捷菜单中选择"属性",弹出"图纸属性"对话框,比例设置"1∶1",投影类型选择"第一视角",单击"浏览",选择已经创建的A3 图纸模板。

3）单击"视图布局",单击"模型视图",弹出"模型视图"属性面板,在"模型视图"属性面板中,单击"浏览",选择已经创建的"旋塞阀"。在再次弹出的"模型视图"属性面板中,选择"自定义比例",在比例列表中选择"1∶1",在 A3 图纸中将主、俯、左视图插入到工程图适当位置,如图 10-54 所示。在弹出的"投影视图"属性面板中,单击"√"按钮。

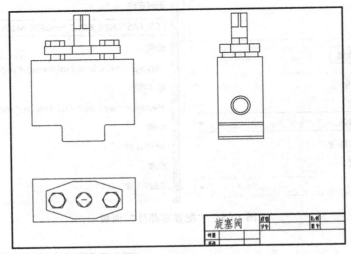

图 10-54　配置视图

4）单击"视图布局",单击"断开的剖视图",在主视图周边画样条曲线把主视图圈起来,如图 10-55 所示。弹出"剖面视图"对话框,如图 10-56 所示,选择"阀芯""两个螺栓",单击"确定"按钮。弹出"断开的视剖图"属性面板,在"断开的视剖图"属性面板中,"深度"输入"22.5mm",单击"√"按钮,如图 10-57 所示。

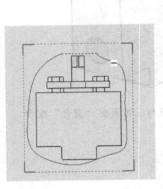

图 10-55　绘制样条曲线

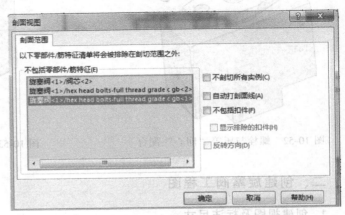

图 10-56　剖面视图"剖面范围"

5）添加螺纹装饰线。单击"主视图"，单击"注解"，单击"模型项目"，在"模型项目"属性面板中，选择"装饰螺纹线"，如图 10-58 所示，单击"√"按钮，在弹出的提示对话框中，单击"是"按钮。

6）单击"视图布局"，单击"断开的剖视图"，在阀芯 φ15 圆柱孔周边画样条曲线如图 10-59 所示，弹出"剖面视图"对话框，单击"确定"按钮。弹出"断开的视剖图"属性面板，在"断开的视剖图"属性面板中，"深度"输入"22.5mm"，单击"√"按钮，完成。

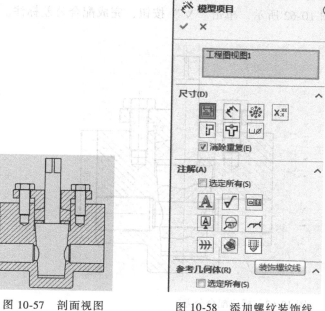

图 10-57　剖面视图

图 10-58　添加螺纹装饰线

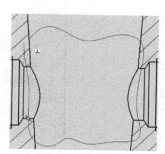

图 10-59　绘制样条曲线

7）在样条曲线范围内单击，弹出"断开的视剖图"属性面板，单击"材质剖面线"复选框，取消"√"。角度选 90°，如图 10-60 所示。单击"√"按钮，完成。再把多余的样条曲线隐藏。

8）同样方法，修改填料的剖面线，如图 10-61 所示。

图 10-60　设置阀芯剖面线

图 10-61　设置填料剖面线

9）添加中心线。单击"注解"工具栏中的"中心线"按钮，弹出"中心线"属性面板。依次单击待添加中心线的两条边线即可添加中心线，手动将中心线两端拖出零件轮廓边线外。

10）尺寸标注。单击"注解"工具栏中的"智能尺寸"按钮，弹出"尺寸"属性面板，单击待标注对象。若标注直线段长度、圆上2条边线的直径，则必须分别单击直线段上的2个端点、圆上的2条边线，在合适位置处单击放置。标注管螺纹尺寸。

11）设置配合公差。单击工程视图上尺寸 $\phi35$，在弹出"尺寸"属性面板中设置尺寸公差各种选项，配合公差选项如图 10-62 所示。单击"√"按钮，完成配合公差标注。

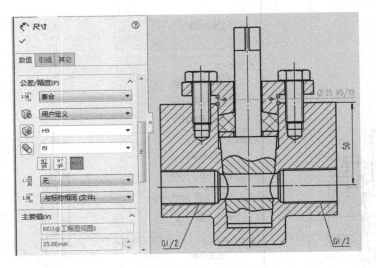

图 10-62　标注配合公差

12）单击"注解"，单击"零件序号"对零件编号，如图 10-63 所示。

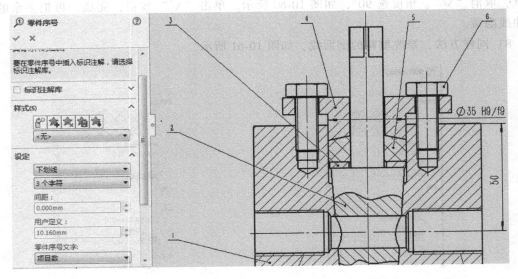

图 10-63　零件序号

2. 生成材料明细表

1）选择"插入"下拉菜单，选择"表格"菜单，再选择"材料明细表"，打开材料明细表面板，如图 10-64 所示。单击主视图，再次出现"材料明细表"面板，如图 10-65 所示，单击"√"按钮，指针移至合适位置单击放置。

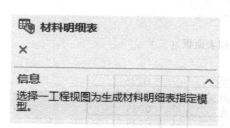

图 10-64　材料明细表面板（一）　　　　图 10-65　材料明细表面板（二）

2）编辑表格内容，在工程图中生成材料明细表后，用户可以双击材料明细表并编辑材料明细表的内容。可以使用"表格标题在下"命令实现将标题栏转移到表格底部，如图 10-66所示，并且零件顺序由下至上编排，符合制图国家标准。

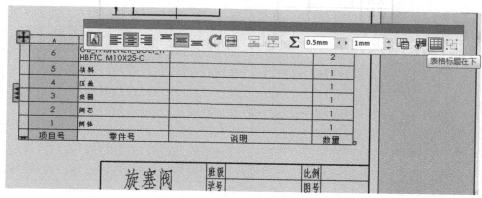

图 10-66　"表格标题在下"命令

3）编辑表格格式，右键单击表格区域，在弹出的快捷菜单中选择相应命令对表格进行编辑，如图 10-67 所示。这些编辑命令包括插入左/右列、插入上/下行、删除表格、隐藏表格、格式化和排序等，通过这些命令的使用，实现对表格的处理。整理后的明细栏如图 10-68所示。

3. 注写技术要求

单击"注解"工具栏上的"注解"，弹出"注解"属性面板，在适当位置单击，生成边界框，输入文字即可。

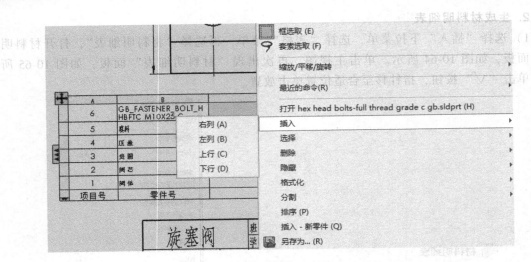

图 10-67　材料明细表面板（三）

6	GB/T5781—2000	螺栓M10×25	2	Q235	
5	XS-00-05	填料	1	聚四氟乙烯	
4	XS-00-04	压盖	1	Q235	
3	XS-00-03	垫圈	1	Q235	
2	XS-00-02	阀芯	1	45	
1	XS-00-01	阀体	1	HT200	
序号	代号	名称	数量	材料	备注

旋塞阀		班级		比例	
		学号		图号	
制图					
审核					

图 10-68　明细栏

292

附录 A　螺纹结构及参数

表 A-1　普通螺纹直径与螺距系列（GB/T 193—2003）、基本尺寸（GB/T 196—2003）摘编

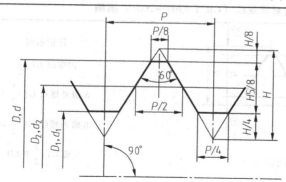

d——外螺纹大径；

D——内螺纹大径；

d_1——外螺纹小径；

D_1——内螺纹小径；

d_2——外螺纹中径；

D_2——内螺纹中径；

P——螺距；

H——原始三角形高度。

标记示例：

M12-5g（粗牙普通外螺纹，公称直径 $d=12$，右旋，中径及大径公差带均为 5g，中等旋合长度）

M12×1.5-6H-LH（普通细牙内螺纹，公称直径 $D=12$，螺距 $P=1.5$，左旋，中径及小径公差带均为 6H，中等旋合长度）

（单位：mm）

公称直径 D、d		螺距 P		粗牙螺纹中径 D_2、d_2	粗牙螺纹小径 D_1、d_1
第1系列	第2系列	粗牙	细牙		
4		0.7		3.545	3.242
	4.5	0.75	0.5	4.013	3.688
5		0.8		4.480	4.134
6		1		5.350	4.917
	7	1	0.75	6.350	5.917
8		1.25	1、0.75	7.188	6.647
10		1.5	1.25、1、0.75	9.026	8.376
12		1.75	1.25、1	10.863	10.106
	14	2	1.5、1.25、1	12.701	11.835

（续）

公称直径 D、d		螺距 P		粗牙螺纹 中径 D_2、d_2	粗牙螺纹 小径 D_1、d_1
第 1 系列	第 2 系列	粗牙	细牙		
16		2	1.5、1	14.701	13.835
	18	2.5		16.376	15.294
20		2.5		18.376	17.294
	22	2.5	2、1.5、1	20.376	19.294
24		3		22.051	20.752
	27	3		25.051	23.752
30		3.5	（3）、2、1.5、1	27.727	26.211
	33	3.5	（3）、2、1.5	30.727	29.211
36		4		33.402	31.670
	39	4	3、2、1.5	36.402	34.670
42		4.5		39.077	37.129
	45	4.5	4、3、2、1.5	42.077	40.127
48		5		44.752	42.587

表 A-2 55°非密封管螺纹（GB/T 7307—2001）摘编

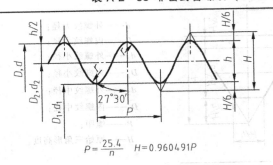

标记示例

内螺纹 G1$\frac{1}{2}$

A 级外螺纹 G1$\frac{1}{2}$A

B 级外螺纹 G1$\frac{1}{2}$B

左旋 G1$\frac{1}{2}$B-LH

$$P = \frac{25.4}{n} \quad H = 0.960491P$$

（单位：mm）

尺寸 代号	每 25.4mm 内的牙数 n	螺距 P	牙高 h	圆弧半径 r	基本直径		
					大径 $d=D$	中径 $d_2=D_2$	小径 $d_1=D_1$
1/8	28	0.907	0.581	0.125	9.728	9.147	8.566
1/4	19	1.307	0.856	0.179	13.157	12.301	11.445
3/8	19	1.307	0.856	0.179	16.662	15.806	14.950
1/2	14	1.814	1.162	0.249	20.955	19.793	18.631
5/8	14	1.814	1.162	0.249	22.911	21.749	20.587
3/4	14	1.814	1.162	0.249	26.441	25.279	24.117
7/8	14	1.814	1.162	0.249	30.201	29.039	27.877
1	11	2.309	1.479	0.317	33.249	31.770	30.291
1$\frac{1}{8}$	11	2.309	1.479	0.317	37.897	36.418	34.939
1$\frac{1}{4}$	11	2.309	1.479	0.317	41.910	40.431	38.952
1$\frac{1}{2}$	11	2.309	1.479	0.317	47.803	46.324	44.854

（续）

尺寸代号	每25.4mm内的牙数 n	螺距 P	牙高 h	圆弧半径 r	基本直径		
					大径 $d=D$	中径 $d_2=D_2$	小径 $d_1=D_1$
$1\frac{3}{4}$	11	2.309	1.479	0.317	53.746	52.267	50.788
2	11	2.309	1.479	0.317	59.614	58.135	56.656
$2\frac{1}{4}$	11	2.309	1.479	0.317	65.710	64.231	62.752
$2\frac{1}{2}$	11	2.309	1.479	0.317	75.184	73.705	72.226

表 A-3 55°密封管螺纹（GB/T 7306.1~7306.2—2000）摘编

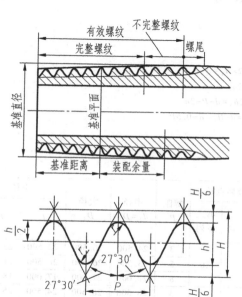

有效螺纹
不完整螺纹
完整螺纹
螺尾
基准直径
基准平面
基准距离
装配余量

圆柱内螺纹的设计牙型

圆锥螺纹的设计牙型

螺纹轴线

标记示例

GB/T 7306.1—2000
尺寸代号 3/4，右旋，圆柱内螺纹：Rp3/4
尺寸代号 3，右旋，圆锥外螺纹：$R_1$3
尺寸代号 3/4，左旋，圆柱内螺纹：Rp3/4 LH
右旋圆锥外螺纹、圆柱内螺纹螺纹副：Rp/$R_1$3

GB/T 7306.2—2000
尺寸代号 3/4，右旋，圆锥内螺纹：Rc3/4
尺寸代号 3，右旋，圆锥外螺纹：$R_2$3
尺寸代号 3/4，左旋，圆锥内螺纹：Rc3/4 LH
右旋圆锥内螺纹、圆锥外螺纹螺纹副：Rc/$R_2$3

尺寸代号	每25.4mm内所含的牙数 n	螺距 P/mm	牙高 h/mm	基准平面内的基本直径			基准距离（基本）/mm	外螺纹的有效螺纹不小于/mm
				大径（基准直径）$d=D$/mm	中径 $d_2=D_2$/mm	小径 $d_1=D_1$/mm		
1/16	28	0.907	0.581	7.723	7.142	6.561	4	6.5
1/8	28	0.907	0.581	9.728	9.147	8.566	4	6.5
1/4	19	1.337	0.856	13.157	12.301	11.445	6	9.7
3/8	19	1.337	0.856	16.662	15.806	14.950	6.4	10.1
1/2	14	1.814	1.162	20.955	19.793	18.631	8.2	13.2
3/4	14	1.814	1.162	26.441	25.279	24.117	9.5	14.5
1	11	2.309	1.479	33.249	31.770	30.291	10.4	16.8
$1\frac{1}{4}$	11	2.309	1.479	41.910	40.431	38.952	12.7	19.1
$1\frac{1}{2}$	11	2.309	1.479	47.803	46.324	44.845	12.7	19.1
2	11	2.309	1.479	59.614	58.135	56.656	15.9	23.4
$2\frac{1}{2}$	11	2.309	1.479	75.184	73.705	72.226	17.5	26.7
3	11	2.309	1.479	87.884	86.405	84.926	20.6	29.8
4	11	2.309	1.479	113.030	111.551	110.072	25.4	35.8
5	11	2.309	1.479	138.430	136.951	135.472	28.6	40.1
6	11	2.309	1.479	163.830	162.351	160.872	28.6	40.1

表 A-4　梯形螺纹直径与螺距系列（GB/T 5796.2—2005）、基本尺寸（GB/T 5796.3—2005）摘编

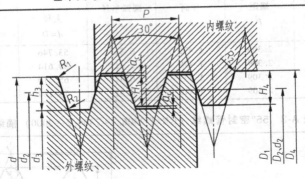

- a_c——牙顶间隙
- D_4——设计牙型上的内螺纹大径；
- D_2——设计牙型上的内螺纹中径；
- D_1——设计牙型上的内螺纹小径；
- d——设计牙型上的外螺纹大径(公称直径)；
- d_2——设计牙型上的外螺纹中径；
- d_3——设计牙型上的外螺纹小径；
- H_1——基本牙型牙高；
- H_4——设计牙型上的内螺纹牙高；
- h_3——设计牙型上的外螺纹牙高；
- P——螺距。

$$D_1 = d - 2 \times H_1 = d - P$$
$$D_4 = d + 2a_c$$
$$d_3 = d - 2h_3 = d - P - 2a_c$$
$$d_2 = D_2 = d - H_1 = d - 0.5P$$

| 公称直径 d | | 螺距 P | 中径 $d_2=D_2$ | 大径 D_4 | 小径 | | 公称直径 d | | 螺距 P | 中径 $d_2=D_2$ | 大径 D_4 | 小径 | |
第一系列	第二系列				d_3	D_1	第一系列	第二系列				d_3	D_1
8		1.5	7.250	8.300	6.200	6.500		26	3	24.500	26.500	22.500	23.000
	9	1.5	8.250	9.300	7.200	7.500		26	5	23.500	26.500	20.500	21.000
	9	2	8.000	9.500	6.500	7.000		26	8	22.000	27.000	17.000	18.000
10		1.5	9.250	10.300	8.200	8.500	28		3	26.500	28.500	24.500	25.000
10		2	9.000	10.500	7.500	8.000	28		5	25.500	28.500	22.500	23.000
	11	2	10.000	11.500	8.500	9.000	28		8	24.000	29.000	19.000	20.000
	11	3	9.500	11.500	7.500	8.000		30	3	28.500	30.500	26.500	27.000
12		2	11.000	12.500	9.500	10.000		30	6	27.000	31.000	23.000	24.000
12		3	10.500	12.500	8.500	9.000		30	10	25.000	31.000	19.000	20.000
	14	2	13.000	14.500	11.500	12.000	32		3	30.500	32.500	28.500	29.000
	14	3	12.500	14.500	10.500	11.000	32		6	29.000	33.000	25.000	26.000
16		2	15.000	16.500	13.500	14.000	32		10	27.000	33.000	21.000	22.000
16		4	14.000	16.500	11.500	12.000		34	3	32.500	34.500	30.500	31.000
	18	2	17.000	18.500	15.500	16.000		34	6	31.000	35.000	27.000	28.000
	18	4	16.000	18.500	13.500	14.000		34	10	29.000	35.000	23.000	24.000
20		2	19.000	20.500	17.500	18.000	36		3	34.500	36.500	32.500	33.000
20		4	18.000	20.500	15.500	16.000	36		6	33.000	37.000	29.000	30.000
	22	3	20.500	22.500	18.500	19.000	36		10	31.000	37.000	25.000	26.000
	22	5	19.500	22.500	16.500	17.000		38	3	36.500	38.500	34.500	35.000
	22	8	18.000	23.000	13.000	14.000		38	7	34.500	39.000	30.000	31.000
24		3	22.500	24.500	20.500	21.000		38	10	33.000	39.000	27.000	28.000
24		5	21.500	24.500	18.500	19.000	40		3	38.500	40.500	36.500	37.000
24		8	20.000	25.000	15.000	16.000	40		7	36.500	41.000	32.000	33.000
							40		10	35.000	41.000	29.000	30.000

附录 B 常用标准件

表 B-1 六角头螺栓 A 级和 B 级（GB/T 5782—2016）、六角头螺栓 全螺纹 A 级和 B 级（GB/T 5783—2016）摘编

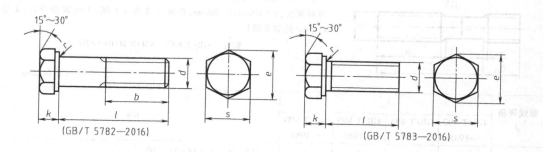

(GB/T 5782—2016)　　　　　　　　　　　　　(GB/T 5783—2016)

标记示例

螺纹规格 d=M12，公称长度 l=80mm，性能等级为 8.8 级，表面不经处理，产品等级为 A 级的六角头螺栓：

螺栓 GB/T 5782 M12×80

（单位：mm）

螺纹规格 d		M3	M4	M5	M6	M8	M10	M12	(M14)	M16	(M18)	M20	(M22)	M24	(M27)	M30
k（公称）		2	2.8	3.5	4	5.3	6.4	7.5	8.8	10	11.5	12.5	14	15	17	18.7
s（公称=max）		5.5	7	8	10	13	16	18	21	24	27	30	34	36	41	46
e（min）	A 级	6.01	7.66	8.79	11.05	14.38	17.77	20.03	23.36	26.75	30.14	33.53	37.72	39.98	—	—
	B 级	5.88	7.50	8.63	10.89	14.20	17.59	19.85	22.78	26.17	29.56	32.95	37.29	39.55	45.2	50.85
b（参考）	l≤125	12	14	16	18	22	26	30	34	38	42	46	50	54	60	66
	125<l≤200	18	20	22	24	28	32	36	40	44	48	52	56	60	66	72
	l>200	31	33	35	37	41	45	49	53	57	61	65	69	73	79	85
商品规格范围	l（GB/T 5782）	20~30	25~40	25~50	30~60	40~80	45~100	50~120	60~140	65~160	70~180	80~200	90~220	90~240	100~260	110~300
	l（全螺纹）（GB/T 5783）	6~30	8~40	10~50	12~60	16~80	20~100	25~120	30~140	30~200	35~200	40~200	45~200	50~200	55~200	60~200
l 长度系列		6,8,10,12,16,20,25,30,35,40,45,50,55,60,65,70,80,90,100,110,120,130,140,150,160,180,200,220,240,260,280,330														

注：尽可能不采用括号内的规格。

表 B-2　双头螺柱（$b_m = 1d$ GB/T 897—1988，$b_m = 1.25d$ GB/T 898—1988，
$b_m = 1.5d$ GB/T 899—1988，$b_m = 2d$ GB/T 900—1988）摘编

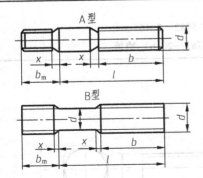

标记示例

1. 两端均为粗牙普通螺纹，$d = 10$mm，$l = 50$mm，性能等级为 4.8 级，不经表面处理，B 型，$b_m = 1d$ 的双头螺柱：

　　　　　螺柱　GB/T 897　M10×50

2. 旋入机体一端为粗牙普通螺纹，旋螺母一端为螺距 $P = 1$mm 的细牙普通螺纹，$d = 10$mm，$l = 50$mm，性能等级为 4.8 级，不经表面处理，A 型，$b_m = 1d$ 的双头螺柱：

　　　　　螺柱　GB/T 897　AM10-M10×1×50

（单位：mm）

螺纹规格 d	b_m				l/b
	GB/T 897 —1988	GB/T 898 —1988	GB/T 899 —1988	GB/T 900 —1988	
M2			3	4	（12~16）/6，（18~25）/10
M2.5			3.5	5	（14~18）/8，（20~30）/11
M3			4.5	6	（16~20）/6，（22~40）/12
M4			6	8	（16~22）/8，（25~40）/14
M5	5	6	8	10	（16~22）/10，（25~50）/16
M6	6	8	10	12	（20~22）/10，（25~30）/14，（32~75）/18
M8	8	10	12	16	（20~22）/12，（25~30）/16，（32~90）/22
M10	10	12	15	20	（25~28）/14，（30~38）/16，（40~120）/26，130/32
M12	12	15	18	24	（25~30）/16，（32~40）/20，（45~120）/30，（130~180）/36
（M14）	14	18	21	28	（30~35）/18，（38~45）/25，（50~120）/34，（130~180）/40
M16	16	20	24	32	（30~38）/20，（40~55）/30，（60~120）/38，（130~200）/44
（M18）	18	22	27	36	（35~40）/22，（45~60）/35，（65~120）/42，（130~200）/48
M20	20	25	30	40	（35~40）/25，（45~65）/35，（70~120）/46，（130~200）/52
（M22）	22	28	33	44	（40~45）/30，（50~70）/40，（75~120）/50，（130~200）/56
M24	24	30	36	48	（45~50）/30，（55~75）/45，（80~120）/54，（130~200）/60
（M27）	27	35	40	54	（50~60）/35，（65~85）/50，（90~120）/60，（130~200）/66
M30	30	38	45	60	（60~65）/40，（70~90）/50，（95~120）/66，（130~200）/72，（210~250）/85
M36	36	45	54	72	（65~75）/45，（80~110）/60，120/78，（130~200）/84，（210~300）/97
M42	42	52	63	84	（70~89）/50，（85~110）/70，120/90，（130~200）/96，（210~300）/109
M48	48	60	72	96	（80~90）/60，（95~110）/80，120/102，（130~200）/108，（210~300）/121
l（系列）	12，（14），16，（18），20，（22），25，（28），30，（32），35，（38），40，45，50，（55），60，（65），70，（75），80，（85），90，（95），100，110，120，130，140，150，160，170，180，190，200，210，220，230，240，250，260，280，300				

注：尽可能不采用括号内的规格。d_m = 螺纹中径，$x_{max} = 2.5P$（螺距）。

表 B-3　开槽圆柱头螺钉（GB/T 65—2016）、开槽盘头螺钉（GB/T 67—2016）、

开槽沉头螺钉（GB/T 68—2016）摘编

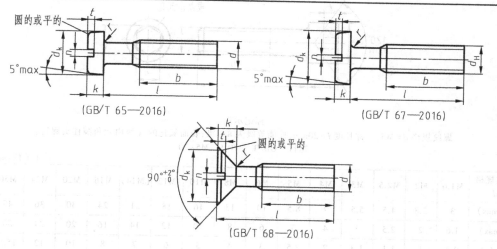

标记示例

螺纹规格 d=M5，公称长度 l=20mm，性能等级为4.8级，不经表面处理的 A 级开槽圆柱头螺钉：

螺钉　GB/T 65　M5×20

（单位：mm）

	螺纹规格 d	M1.6	M2	M2.5	M3	M4	M5	M6	M8	M10
GB/T 65—2016	d_k（公称=max）	3	3.8	4.5	5.5	7	8.5	10	13	16
	k（公称=max）	1.1	1.4	1.8	2	2.6	3.3	3.9	5	6
	t（min）	0.45	0.6	0.7	0.85	1.1	1.3	1.6	2	2.4
	l	2~16	3~20	3~25	4~35	5~40	6~50	8~60	10~80	12~80
	全螺纹时最大长度	全螺纹					40	40	40	40
GB/T 67—2016	d_k（公称=max）	3.2	4	5	5.6	8	9.5	12	16	20
	k（公称=max）	1	1.3	1.5	1.8	2.4	3	3.6	4.8	6
	t（min）	0.35	0.5	0.6	0.7	1	1.2	1.4	1.9	2.4
	l	2~16	2.5~20	3~25	4~30	5~40	6~50	8~60	10~80	12~80
	全螺纹时最大长度	全螺纹					40	40	40	40
GB/T 68—2016	d_k（公称=max）	3	3.8	4.7	5.5	8.4	9.3	11.3	15.8	18.3
	k（公称=max）	1	1.2	1.5	1.65	2.7	2.7	3.3	4.65	5
	t（min）	0.32	0.4	0.5	0.6	1	1.1	1.2	1.8	2
	l	2.5~16	3~20	4~25	5~30	6~40	8~50	8~60	10~80	12~80
	全螺纹时最大长度	全螺纹					45	45	45	45
	n	0.4	0.5	0.6	0.8	1.2	1.2	1.6	2	2.5
	b	25					38			
	l 系列	2,2.5,3,4,5,6,8,10,12,(14),16,20,25,30,35,40,45,50,(55),60,(65),70,(75),80								

表 B-4　内六角圆柱头螺钉（GB/T 70.1—2008）摘编

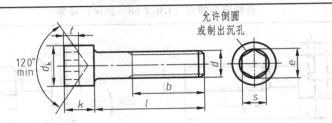

标记示例

螺纹规格 d=M5,公称长度 l=20mm,性能等级为 8.8 级,表面氧化的 A 级内六角圆柱头螺钉:

螺钉　GB/T　70.1　M5×20

（单位:mm）

螺纹规格 d	M1.6	M2	M2.5	M3	M4	M5	M6	M8	M10	M12	(M14)	M16	M20	M24	M30	M36
d_k(max)	3	3.8	4.5	5.5	7	8.5	10	13	16	18	21	24	30	36	45	54
k(max)	1.6	2	2.5	3	4	5	6	8	10	12	14	16	20	24	30	36
t(min)	0.7	1	1.1	1.3	2	2.5	3	4	5	6	7	8	10	12	15.5	19
s(公称)	1.5	1.5	2	2.5	3	4	5	6	8	10	12	14	17	19	22	27
e(min)	1.73	1.73	2.3	2.87	3.44	4.58	5.72	6.86	9.15	11.43	13.72	16	19.44	21.73	25.15	30.85
b(参考)	15	16	17	18	20	22	24	28	32	36	40	44	52	60	72	84
l	2.5~16	3~20	4~25	5~30	6~40	8~50	10~60	12~80	16~100	20~120	25~140	25~160	30~200	40~240	45~300	55~300
全螺纹时最大长度	16	16	20	20	25	25	30	35	40	50	55	60	70	80	100	110
l 系列	2.5,3,4,5,6,8,10,12,16,20,25,30,35,40,45,50,55,60,65,70,80,90,100,110,120,130,140,150,160,180,200,220,240,260,280,300															

注:尽可能不采用括号内的规格。

表 B-5　1 型六角螺母　C 级（GB/T 41—2016）、1 型六角螺母（GB/T 6170—2015）、六角薄螺母（GB/T 6172.1—2016）摘编

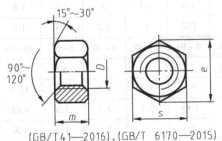

(GB/T 41—2016)、(GB/T 6170—2015)

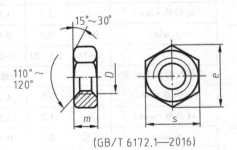

(GB/T 6172.1—2016)

标记示例

螺纹规格为 M12,性能等级为 5 级,不经表面处理、产品等级为 C 级的 1 型六角螺母:

螺母　GB/T 41　M12

螺纹规格为 M12,性能等级为 8 级,不经表面处理、产品等级为 A 级的 1 型六角螺母:

螺母　GB/T 6170　M12

标记示例

螺纹规格为 M12,性能等级为 04 级,不经表面处理、产品等级为 A 级,倒角的六角薄螺母:

螺母　GB/T 6172.1　M12

（单位:mm）

（续）

螺纹规格 D		M3	M4	M5	M6	M8	M10	M12	(M14)	M16
e 近似		6	7.7	8.8	11	14.4	17.8	20	23.4	26.8
s（公称=max）		5.5	7	8	10	13	16	18	21	24
m（max）	GB/T 6170	2.4	3.2	4.7	5.2	6.8	8.4	10.8	12.8	14.8
	GB/T 6172.1	1.8	2.2	2.7	3.2	4	5	6	7	8
	GB/T 41			5.6	6.4	7.9	9.5	12.2	13.9	15.9
螺纹规格 D		(M18)	M20	(M22)	M24	(M27)	M30	M36	M42	M48
e 近似		29.6	35	37.3	39.6	45.2	50.9	60.8	72	82.6
s（公称=max）		27	30	34	36	41	46	55	65	75
m（max）	GB/T 6170	15.8	18	19.4	21.5	23.8	25.6	31	34	38
	GB/T 6172.1	9	10	11	12	13.5	15	18	21	24
	GB/T 41	16.9	19	20.2	22.3	24.7	26.4	31.9	34.9	38.9

注：1. 表中 e 为圆整近似值。

2. 尽可能不采用括号内的规格。

3. A 级用于 D≤16 的螺母；B 级用于 D>16 的螺母。

表 B-6　1 型六角开槽螺母　A 和 B 级（GB/T 6178—2000）、1 型六角开槽螺母　C 级（GB/T 6179—2000）、2 型六角开槽螺母　A 和 B 级（GB/T 6180—1986）、六角开槽薄螺母　A 和 B 级（GB/T 6181—2000）摘编

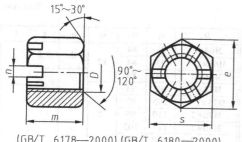

（GB/T 6178—2000）、（GB/T 6180—2000）、（GB/T 6181—2000）

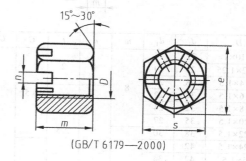

（GB/T 6179—2000）

标记示例

螺纹规格 D＝M12，性能等级为 8 级，表面氧化，A 级的 1 型六角开槽螺母：

　　　　螺母　GB/T 6178 M12

标记示例

螺纹规格 D＝M5，性能等级为 5 级，不经表面处理，C 级的 1 型六角开槽螺母：

　　　　螺母　GB/T 6179 M5

螺纹规格 D＝M12，性能等级为 04 级，不经表面处理，A 级的六角开槽薄螺母：

　　　　螺母　GB/T 6181 M12

（单位：mm）

螺纹规格 D	M5	M6	M8	M10	M12	(M14)	M16	M20	M24	M30	M36
n（min）	1.4	2	2.5	2.8	3.5	3.5	4.5	4.5	5.5	7	7
e（min）	8.79	11.05	14.38	17.77	20.03	23.35	26.75	32.95	39.55	50.85	60.79
s（max）	8	10	13	16	18	21	24	30	36	46	55

（续）

螺纹规格 D		M5	M6	M8	M10	M12	（M14）	M16	M20	M24	M30	M36
m（max）	GB/T 6178	6.7	7.7	9.8	12.4	15.8	17.8	20.8	24	29.5	34.6	40
	GB/T 6179	7.6	8.9	10.94	13.54	17.17	18.9	21.9	35	30.3	35.4	40.9
	GB/T 6180	7.1	8.2	10.5	13.3	17	19.1	22.4	26.3	31.9	37.6	43.7
	GB/T 6181	5.1	5.7	7.5	9.3	12	14.1	16.4	20.3	23.9	28.6	34.7
开口销		1.2×12	1.6×14	2×16	2.5×20	3.2×22	3.2×26	4×28	4×36	5×40	6.3×50	6.3×65

注：1. 尽可能不采用括号内的规格。

　　2. 表中 e 为圆整近似值。

　　3. A 级用于 $D \leqslant 16$ 的螺母；B 级用于 $D > 16$ 的螺母。

表 B-7　圆螺母（GB/T 812—1988）摘编

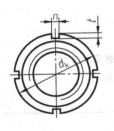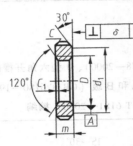

标记示例

螺纹规格 $D = M16 \times 1.5$，材料为 45 钢，槽或全部热处理后硬度 35～45HRC，表面氧化的圆螺母：

　　螺母　GB/T 812　M16×1.5

（单位：mm）

D	d_k	d_1	m	n	t	C	C_1	D	d_k	d_1	m	n	t	C	C_1
M10×1	22	16	8	4	2	0.5	0.5	M64×2	95	84	12	8	3.5	1.5	1
M12×1.25	25	19						M65×2*	95	84					
M14×1.5	28	20						M68×2	100	88					
M16×1.5	30	22						M72×2	105	93	15	10	4		
M18×1.5	32	24						M75×2*	105	93					
M20×1.5	35	27		5	2.5			M76×2	110	98					
M22×1.5	38	30						M80×2	115	103					
M24×1.5	42	34						M85×2	120	108					
M25×1.5*	42	34						M90×2	125	112					
M27×1.5	45	37	10			1		M95×2	130	117		12	5		
M30×1.5	48	40						M100×2	135	122	18				
M33×1.5	52	43						M105×2	140	127					
M35×1.5*	52	43						M110×2	150	135		14	6		
M36×1.5	55	46						M115×2	155	140					
M39×1.5	58	49		6	3			M120×2	160	145	22				
M40×1.5*	58	49						M125×2	165	150					
M42×1.5	62	53						M130×2	170	155					
M45×1.5	68	59						M140×2	180	165					
M48×1.5	72	61				1.5		M150×2	200	180	26				
M50×1.5*	72	61						M160×3	210	190		16	7	2	1.5
M52×1.5	78	67	12	8	3.5			M170×3	220	200					
M55×2*	78	67						M180×3	230	210					
M56×2	85	74					1	M190×3	240	220	30				
M60×2	90	79						M200×3	250	230					

注：1. 槽数 n：当 $D \leqslant M100 \times 2$ 时，$n = 4$；当 $D \geqslant M105 \times 2$ 时，$n = 6$。

　　2. 标有 * 者仅用于滚动轴承锁紧装置。

表 B-8　平垫圈　C 级（GB/T 95—2002）、大垫圈　A 和 C 级（GB/T 96—2002）、
平垫圈　A 级（GB/T 97.1—2002）、平垫圈、倒角型　A 级（GB/T 97.2—2002）、
小垫圈　A 级（GB/T 848—2002）摘编

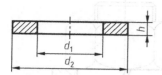

（GB/T 95—2002）、（GB/T 96—2002）、
（GB/T 97.1—2002）、（GB/T 848—2002）

标记示例

　　标准系列，规格 8mm，性能等级为 100HV 级，不经表面
处理的平垫圈：

　　　　垫圈　GB/T 95　8

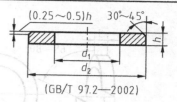

（GB/T 97.2—2002）

标记示例

　　标准系列、规格 8mm，性能等级为 140HV 级，倒角型、不经
表面处理的平垫圈；

　　　　垫圈　GB/T 97.2　8

　　标准系列、规格 8mm，性能等级为 A140 级、倒角型、不经
表面处理的平垫圈：

　　　　垫圈　GB/T 97.2　8　A140

（单位：mm）

规格（螺纹大径 d）	标准系列 GB/T 95、GB/T 97.1、GB/T 97.2				大系列 GB/T 96			小系列 GB/T 848		
	d_2（公称=max）	h（公称）	d_1（公称=min）（GB/T 95）	d_1（公称=min）（GB/T 97.1、GB/T 97.2）	d_1（公称=min）	d_2（公称=max）	h（公称）	d_1（公称=min）	d_2（公称=max）	h（公称）
1.6	4	0.3		1.7				1.7	3.5	0.3
2	5	0.3		2.2				2.2	4.5	0.3
2.5	6	0.5		2.7				2.7	5	0.5
3	7	0.5		3.2	3.2	9	0.8	3.2	6	0.5
4	9	0.8		4.3	4.3	12	1	4.3	8	0.5
5	10	1	5.5	5.3	5.3	15	1.2	5.3	9	1
6	12	1.6	6.6	6.4	6.4	18	1.6	6.4	11	1
8	16	1.6	9	8.4	8.4	24	2	8.4	15	1.6
10	20	2	11	10.5	10.5	30	2.5	10.5	18	1.6
12	24	2.5	13.5	13	13	37	3	13	20	2
14	28	2.5	15.5	15	15	44	3	15	24	2
16	30	3	17.5	17	17	50	3	17	28	2.5
20	37	3	22	21	22	60	4	21	34	3
24	44	4	26	25	26	72	5	25	39	3
30	56	4	33	31	33	92	5	31	50	4
36	66	5	39	37	39	110	8	37	60	5

　　注：1. GB/T 95、GB/T 97.2，d 的范围为 5~36mm；GB/T 96，d 的范围为 3~36mm；GB/T 848、GB/T 97.1，d 的范围为 1.6~36。

　　　　2. GB/T 848 主要用于带圆柱头的螺钉，其他用于标准的六角螺栓、螺钉和螺母。

表 B-9　标准弹簧垫圈（GB/T 93—1987）、轻型弹簧垫圈（GB/T 859—1987）、重型弹簧垫圈（GB/T 7244—1987）摘编

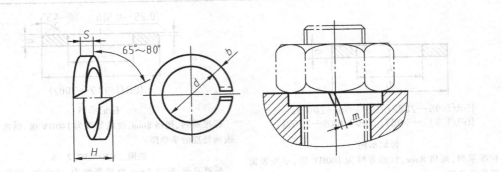

标记示例

规格 16mm，材料 65Mn，表面氧化的标准型弹簧垫圈：

垫圈　GB/T 93　16

（单位：mm）

规格 （螺纹大径）	d_{min}	GB/T 93—1987			GB/T 859—1987				GB/T 7244—1987			
		$S(b)$（公称）	H_{min}	$m\leqslant$	S（公称）	b （公称）	H_{min}	$m\leqslant$	S（公称）	b（公称）	H_{min}	$m\leqslant$
2	2.1	0.5	1	0.25	—	—	—	—	—	—	—	—
2.5	2.6	0.65	1.3	0.33	—	—	—	—	—	—	—	—
3	3.1	0.8	1.6	0.4	0.6	1	1.2	0.3	—	—	—	—
4	4.1	1.1	2.2	0.55	0.8	1.2	1.6	0.4	—	—	—	—
5	5.1	1.3	2.6	0.65	1.1	1.5	2.2	0.55	—	—	—	—
6	6.1	1.6	3.2	0.8	1.3	2	2.6	0.65	1.8	2.6	3.6	0.9
8	8.1	2.1	4.2	1.05	1.6	2.5	3.2	0.8	2.4	3.2	4.8	1.2
10	10.2	2.6	5.2	1.3	2	3	4	1	3	3.8	6	1.5
12	12.2	3.1	6.2	1.55	2.5	3.5	5	1.25	3.5	4.3	7	1.75
16	16.2	4.1	8.2	2.05	3.2	4.5	6.4	1.6	4.8	5.3	5.6	2.4
20	20.2	5	10	2.5	4	5.5	8	2	6	6.4	12	3
24	24.5	6	12	3	5	7	10	2.5	7.1	7.5	14.2	3.55
30	30.5	7.5	15	3.75	6	9	12	3	9	9.3	18	4.5
36	36.5	9	18	4.5	—	—	—	—	10.8	11	21.6	5.4

注：m 应大于零。

表 B-10 圆螺母用止动垫圈（GB/T 858—1988）摘编

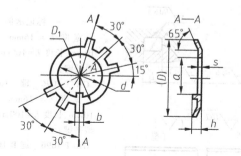

标记示例

规格 16mm，材料为 Q235，经退火表面氧化的圆螺母用止动垫圈：垫圈 GB/T 858 16

（单位：mm）

规格（螺纹大径）	d	(D)	D₁	s	b	a	h	轴端 b₁	轴端 t	规格（螺纹大径）	d	(D)	D₁	s	b	a	h	轴端 b₁	轴端 t
14	14.5	32	20	1	3.8	11	3	4	10	55*	56	82	67	1.5	7.7	52	6	8	—
16	16.5	34	22			13			12	56	57	90	74			53			52
18	18.5	35	24			15			14	60	61	94	79			57			56
20	20.5	38	27			17			16	64	65	100	84			61			60
22	22.5	42	30		4.8	19	4		18	65*	66	100	84			62			
24	24.5	45	34			21		5	20	68	69	105	88			65			64
25*	25.5	45	34			22			—	72	73	110	93		9.6	69			68
27	27.5	48	37			24			23	75*	76	110	93			71			
30	30.5	52	40			27			26	76	77	115	98			72			70
33	33.5	56	43			30			29	80	81	120	103			76			74
35*	35.5	56	43			32			—	85	86	125	108			81			79
36	36.5	60	46			33			32	90	91	130	112			86	7		84
39	39.5	62	49		5.7	36	5	6	35	95	96	135	117		11.6	91			89
40*	40.5	62	49	1.5		37			—	100	101	140	122			96		12	94
42	42.5	66	53			39			38	105	106	145	127			101			99
45	45.5	72	59			42			41	110	111	156	135	2		106			104
48	48.5	76	61			45			44	115	116	160	140		13.5	111			109
50*	50.5	76	61		7.7	47	8		—	120	120	166	145			116		14	114
52	52.2	82	67			49	6		48	125	126	170	150			121			119

注：标有*仅用于滚动轴承锁紧装置。

表 B-11 平键、键和键槽的剖面尺寸（GB/T 1095—2003）、普通平键型式及尺寸（GB/T 1096—2003）摘编

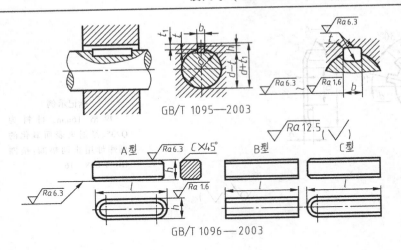

GB/T 1095—2003

GB/T 1096—2003

标记示例

宽度 $b = 16$mm、高度 $h = 10$mm、长度 $L = 100$mm 普通 A 型平键：

GB/T 1096 键 16×10×100

宽度 $b = 16$mm、高度 $h = 10$mm、长度 $L = 100$mm 普通 B 型平键：

GB/T 1096 键 B 16×10×100

宽度 $b = 16$mm、高度 $h = 10$mm、长度 $L = 100$mm 普通 C 型平键：

GB/T 1096 键 C 16×10×100

（单位：mm）

轴	键			键 槽								
				宽度 b 的极限偏差					深　　度			
公称直径 d	公称尺寸 $b \times h$	C 或 r	l 范围	较松键连接		一般键连接		较紧键连接	轴 t		毂 t_1	
				轴 H9	毂 D10	轴 N9	毂 Js9	轴和毂 P9	公称尺寸	极限偏差	公称尺寸	极限偏差
>12~17	5×5	0.25~0.40	10~56	+0.03 0	+0.078 +0.030	0 -0.030	±0.015	-0.012 -0.042	3.0	+0.1 0	2.3	+0.1 0
>17~22	6×6	0.25~0.40	14~70						3.5		2.8	
>22~30	8×7	0.25~0.40	18~90	+0.036 0	+0.098 +0.040	0 -0.036	±0.018	-0.0152 -0.051	4.0		3.3	
>30~38	10×8	0.40~0.60	22~110						5.0		3.3	
>38~44	12×8	0.40~0.60	28~140						5.0		3.3	
>44~50	14×9	0.40~0.60	36~160	+0.043 0	+0.120 +0.050	0 -0.043	±0.0215	-0.018 -0.061	5.5		3.8	
>50~58	16×10	0.40~0.60	45~180						6.0	+0.2 0	4.3	+0.2 0
>58~65	18×11	0.40~0.60	50~200						7.0		4.4	
>65~75	20×12	0.60~0.80	56~220						7.5		4.9	
>75~85	22×14	0.60~0.80	63~250	+0.052 0	+0.149 +0.065	0 -0.052	±0.026	-0.022 -0.074	9.0		5.4	
>85~95	25×14	0.60~0.80	70~280						9.0		5.4	
>95~110	28×16	0.60~0.80	80~326						10.5		6.4	
键的长度系列	10、12、14、16、18、20、22、25、28、32、40、45、50、56、63、70、80、90、100、110、125、140、160、180、200、220、250、280、320											

注：1. 在工作图中，轴槽深用 t 或 $(d-t)$ 标注，轮毂槽深用 $(d+t_1)$ 标注。

    2. $(d-t)$ 和 $(d+t_1)$ 两组组合尺寸的极限偏差按相应的 t 和 t_1 的极限偏差选取，但 $(d-t)$ 极限偏差值应取负号"-"。

    3. 平键长 l 公差为 h14，宽 b 公差为 h9，高 h 公差用 h11。

    4. 平键轴槽的长度公差用 H14。

    5. 轴槽、轮毂槽的键槽宽度 b 两侧面表面粗糙度参数 Ra 值推荐为 1.6~3.2μm，轴槽底面、轮毂槽底面的表面粗糙度参数 Ra 值为 6.3μm。

    6. 轴槽及轮毂槽对轴及轮毂轴线的对称度公差一般可按 GB/T 1184—2008 中的 7~9 级选取。

表 B-12　圆柱销　不淬硬钢和奥氏体不锈钢（GB/T 119.1—2000）、圆柱销　淬硬钢和马氏体不锈钢（GB/T 119.2—2000）摘编

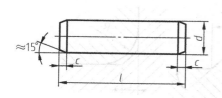

末端形状，由制造者确定，允许倒圆或凹

标记示例

公称直径 $d = 8mm$，公差为 m6，公称长度 $l = 30mm$，材料为钢，不经淬火，不经表面处理的圆柱销：

销 GB/T 119.1　6m6×30

公称直径 $d = 6mm$，公差为 m6，公称长度 $l = 30mm$，材料为钢，普通淬火（A型），表面氧化处理的圆柱销：

销 GB/T 119.2　6×30

（单位：mm）

公称直径 d		3	4	5	6	8	10	12	16	20	25	30	40	50
$c \approx$		0.5	0.63	0.80	1.2	1.6	2	2.5	3	3.5	4	5	6.3	8
公称长度 l	GB/T 119.1	8~30	8~40	10~50	12~60	14~80	18~95	22~140	26~180	35~200	50~200	60~200	80~200	95~200
	GB/T 119.2	8~30	10~40	12~50	14~60	18~100	22~100	26~100	40~100	50~100				
l 系列		8,10,12,14,16,18,20,22,24,26,28,30,32,35,40,45,50,55,60,65,70,75,80,85,90,95,100,120,140,160,180,200…												

注：1. GB/T 119.1—2000 规定圆柱销的公称直径 $d = 0.6 \sim 50 \mu m$，公称长度 $l = 2 \sim 200mm$，公差有 m6 和 h8。表中未列入 $d < 3mm$ 的圆柱销，需用时可查阅该标准。

　　2. GB/T 119.2—2000 规定圆柱销的公称直径 $d = 1 \sim 20 \mu m$，公称长度 $l = 3 \sim 100mm$，公差仅有 m6。表中未列入 $d < 3mm$ 的圆柱销，需用时可查阅该标准。

　　3. 圆柱销常用为 35 钢，当圆柱销公差为 h8 时，其表面粗糙度参数 $Ra \leq 1.6 \mu m$；公差为 m6 时，$Ra \leq 0.8 \mu m$。

表 B-13　圆锥销（GB/T 117—2000）摘编

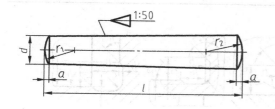

$r_1 \approx d$

$$r_2 \approx \frac{d}{2} + d + \frac{(0.021)^2}{8a}$$

标记示例

公称直径 $d = 6mm$，公称长度 $l = 30mm$，材料为 35 钢，热处理硬度 28~38HRC，表面氧化处理的 A 型圆锥销：

销 GB/T 117　6×30

（单位：mm）

公称直径 d		4	5	6	8	10	12	16	20	25	30	40	50
$a \approx$		0.5	0.63	0.8	1	1.2	1.6	2	2.5	3	4	5	6.3
公称长度 l	GB/T 117	14~55	18~60	22~90	22~120	26~160	32~180	40~200	45~200	50~200	55~200	60~200	65~200
l 系列		2,3,4,5,6,8,10,12,14,16,18,20,22,24,26,28,30,32,35,40,45,50,55,60,65,70,75,80,85,90,95,100,120,140,160,180,200…											

注：1. 国标规定圆锥销的公称直径 $d = 0.6 \sim 50 \mu m$。表中未列入 $d < 4mm$ 的圆锥销，需用时可查阅该标准。

　　2. 圆锥销有 A 型和 B 型。A 型为磨削，锥面表面粗糙度参数 $Ra = 0.8 \mu m$；B 型为切削或冷镦，锥面表面粗糙度参数 $Ra = 3.2 \mu m$。A 型和 B 型圆锥销端面的表面粗糙度参数都是 $Ra = 6.3 \mu m$。

　　3. 材料为钢或不锈钢，具体规定可查阅该标准，常用 35 钢。

附录 C　常用标准数据和标准结构

表 C-1　零件倒圆与倒角（GB/T 6403.4—2008）摘编

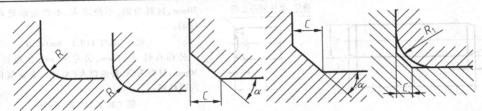

与直径 ϕ 相对应的倒角 C、倒圆 R_1 的推荐值　　　　　（单位：mm）

ϕ	<3	>3~6	>6~10	>10~18	>18~30	>30~50	>50~80
C 或 R_1	0.2	0.4	0.6	0.8	1.0	1.6	2.0
ϕ	>80~120	>120~180	>180~250	>250~320	>320~400	>400~500	>500~630
C 或 R_1	2.5	3.0	4.0	5.0	6.0	8	10
ϕ	>630~800	>800~1000	>1000~1250	>1250~1600			
C 或 R_1	12	16	20	25			

内角倒角、外角倒圆时 C 的最大值 C_{max} 与 R_1 的关系　　　　　（单位：mm）

R_1	0.1	0.2	0.3	0.4	0.5	0.6	0.8	1.0	1.2	1.6	2.0	2.5
C_{max}	—	0.1	0.1	0.2	0.2	0.3	0.4	0.5	0.6	0.8	1.0	1.2
R_1	3.0	4.0	5.0	6.0	8.0	10	12	16	20	25		
C_{max}	1.6	2.0	2.5	3.0	4.0	5.0	6.0	8.0	10	12		

表 C-2　砂轮越程槽（GB/T 6403.5—2008）摘编

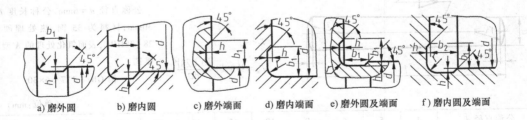

a) 磨外圆　　b) 磨内圆　　c) 磨外端面　　d) 磨内端面　　e) 磨外圆及端面　　f) 磨内圆及端面

回转面及端面砂轮越程槽的尺寸

（单位：mm）

b_1	0.6	1.0	1.6	2.0	3.0	4.0	5.0	8.0	10
b_2	2.0		3.0		4.0		5.0	8.0	10
h	0.1		0.2		0.3	0.4	0.6	0.8	1.2
r	0.2		0.5		0.8	1.0	1.6	2.0	3.0
d	~10			>10~50			>50~100		>100

表 C-3　10~100mm 标准尺寸系列（GB/T 2822—2005）摘编

（单位：mm）

R			R'		
R10	R20	R40	R'10	R'20	R'40
10.0	10.0		10	10	
	11.2			11	
12.5	12.5	12.5	12	12	12
		13.2			13
	14.0	14.0		14	14
		15.0			15
16.0	16.0	16.0	16	16	16
		17.0			17
	18.0	18.0		18	18
		19.0			19
20.0	20.0	20.0	20	20	20
		21.2			21
	22.4	22.4		22	22
		23.6			24
25.0	25.0	25.0	25	25	25
		26.5			26
	28.0	28.0		28	28
		30.0			30
31.5	31.5	31.5	32	32	32
		33.5			34
	35.5	35.5		36	36
		37.5			38
40.0	40.0	40	40	40	40
		42.5			42
	15.0	45.0		45	45
		47.5			48
50.0	50.0	50.0	50	50	50
		53.0			53
	56.0	56.0		56	56
		60.0			60
63.0	63.0	63.0	63	63	63
		67.0			67
	71.0	71.0		71	71
		75.0			75
80.0	80.0	80.0	80	80	80
		85.0			85
	90.0	90.0		90	90
		95.0			95
100.0	100.0	100.0	100	100	100
100	100	100	100	100	100

表 C.3　10～100mm 标准尺寸系列（GB/T 2822—2005） 续表　　　　（续）

（单位：mm）

R			R'		
R10	R20	R40	R'10	R'20	R'40
	112	106			105
		112		110	110
		118			120
125	125	125	125	125	125
		132			130
	140	140		140	140
		150			150
160	160	160	160	160	160
		170			170
	180	180		180	180
		190			190
200	200	200	200	200	200
		212			210
	224	224		220	220
		236			240
250	250	250	250	250	250
		265			260
	280	280		280	280
		300			300
315	315	315	320	320	320
		335			340
	355	355		360	360
		375			380
400	400	400	400	400	400
		425			420
	450	450		450	450
		475			480
500	500	500	500	500	500
		530			530
	560	560		560	560
		600			600
630	630	630	630		630
		670			670
	710	710		710	710
		750			750
800	800	800	800	800	800
		850			850
	900			900	900
		950			950
1000	1000	1000	1000	1000	1000

注：R'系列中的黑体字，为 R 系列相应各项优先数的化整值。

附录 D　极限与配合

表 D-1　轴的各种基本偏差的应用

配合种类	基本偏差	配合特征及应用
间隙配合	a,b	可得到特别大的间隙,很少应用
	d	配合一般用于 IT7~IT11 级,适用于松的转动配合,如密封盖、滑轮、空转带轮等与轴的配合;也适用于大直径滑动轴承配合,如透平机、球磨机、轧滚成型和重型弯曲机及其他重型机械中的一些滑动支承
	e	多用于 IT7~IT9 级,通常适用于要求有明显间隙、易于转动的支承配合,如大跨距、多支点支承等。高等级的 e 轴适用于大型、高速、重载支承配合,如涡轮发电机、大型电动机、内燃机、凸轮轴及摇臂支承等
	f	多用于 IT6~IT8 级的一般转动配合。当温度影响不大时,被广泛用于普通润滑油(或润滑脂)润滑的支承,如齿轮箱、小电动机、泵等的转轴与滑动支承的配合
	g	配合间隙很小,制造成本高,除很轻载荷的精密装置外,不推荐用于转动配合。多用于 IT5~IT7 级,最适用于不回转的精密滑动配合,也用于插销等定位配合,如精密连杆轴承、活塞、阀门及连杆销等
	h	多用于 IT4~IT11 级。广泛用于无相对转动的零件,作为一般的定位配合;若没有温度、变形影响,也用于精密滑动配合
过渡配合	js	为完全对称偏差(±IT/2),平均为稍有间隙的配合,多用于 IT4~IT7 级,要求间隙比 h 轴小,并允许略有过盈的定位配合,如联轴器。可用手或木锤装配
	k	平均为没有间隙的配合,适用于 IT4~IT7 级。推荐用于稍有过盈的定位配合,例如为了消除振动用的定位配合。一般用木锤装配
	m	平均为具有小过盈的过渡配合,适用 IT4~IT7 级,一般用木锤装配,但在最大过盈时,要求相当的压入力
	n	平均过盈比 m 轴稍大,很少得到间隙,适用 IT4~IT7 级,用锤或压力机装配,通常推荐用于紧密的组件配合。H6/n5 配合时为过盈配合
过盈配合	p	与 H6 或 H7 配合时是过盈配合,与 H8 孔配合时则为过渡配合。对非铁类零件,为较轻的压入配合,当需要时易于拆卸;对钢、铸铁或铜、钢组件装配,是标准压入配合
	r	对铁类零件,为中等打入配合;对非铁类零件,为轻打入的配合,当需要时可以拆卸。与 H8 孔配合,直径在 100mm 以上时,为过盈配合;直径小时为过渡配合
	s	用于钢和铁制零件的永久性和半永久装配,可产生相当大的结合力。当用弹性材料,如轻合金时,配合性质与铁类零件的 p 轴相当,例如套环压装在轴上、阀座等配合。尺寸较大时,为了避免损伤配合表面,需用热胀或冷缩法装配
	t,u,v k,y,z	过盈量依次增大,一般不推荐

表 D-2　公差等级与加工方法的关系

加工方法	公差等级(IT)																
	01	0	1	2	3	4	5	6	7	8	9	10	11	12	13	14	15	16
研磨																	
珩磨																	
圆磨、平磨																	
金钢石车、金钢石铣																	

（续）

加工方法	公差等级（IT）																	
	01	0	1	2	3	4	5	6	7	8	9	10	11	12	13	14	15	16
拉削							■	■	■									
铰孔								■	■	■	■	■						
车、镗									■	■	■	■	■					
铣										■	■	■	■					
刨、插											■	■	■					
钻孔												■	■	■				
滚压、挤压												■	■					
冲压												■	■	■	■	■		
压铸													■	■	■			
粉末冶金成型								■	■	■								
粉末冶金烧结									■	■	■							
砂型铸造、气割																	■	■
锻造																	■	■

表 D-3　优先配合特性及应用举例

配合代号		应用场合
$\dfrac{H11}{c11}$	$\dfrac{C11}{h11}$	间隙非常大，用于很松的、转动很慢的动配合；要求大公差与大间隙的外露组件；要求装配方便的很松的配合
$\dfrac{H9}{d9}$	$\dfrac{D9}{h9}$	间隙很大的自由转动配合，用于精度非主要要求时，或有大的温度变动、高转速或大的轴颈压力时
$\dfrac{H8}{f7}$	$\dfrac{F8}{h7}$	间隙不大的转动配合，用于中等转速与中等轴颈压力的精确转动，也用于装配较易的中等定位配合
$\dfrac{H7}{g6}$	$\dfrac{G7}{h6}$	间隙很小的滑动配合，用于不希望自由转动，但可自由移动和滑动并精密定位时，也可用于要求明确的定位配合
$\dfrac{H7}{h6}$ $\dfrac{H8}{h7}$ $\dfrac{H9}{h9}$ $\dfrac{H11}{h11}$	$\dfrac{K7}{h6}$ $\dfrac{H8}{h7}$ $\dfrac{H9}{h9}$ $\dfrac{H11}{h11}$	均为间隙定位配合，零件可自由装拆，而工作时一般相对静止不动，在最大实体条件下的间隙为零，在最小实体条件下的间隙由公差等级决定
$\dfrac{H7}{k6}$	$\dfrac{K7}{h6}$	过渡配合，用于精密定位
$\dfrac{H7}{n6}$	$\dfrac{N7}{h6}$	过渡配合，允许有较大过盈的更精密定位
$\dfrac{H7}{p6}$	$\dfrac{P7}{h6}$	过盈定位配合，即小过盈配合，用于定位精度特别重要时。能以最好的定位精度达到部件的刚性及对中性要求，而对内孔承受压力无特殊要求，不依靠配合的紧固性传递摩擦载荷
$\dfrac{H7}{s6}$	$\dfrac{S7}{h6}$	中等压入配合，适用于一般钢件，或用于薄壁件的冷缩配合。用于铸铁件可得到最紧的配合
$\dfrac{H7}{u6}$	$\dfrac{U7}{h6}$	压入配合，适用于可以承受大压入力的零件或不宜承受大压入力的冷缩配合

表 D-4　轴的极限偏差（GB/T 1800. 2—2009）摘编　　　（单位：μm）

公称尺寸 /mm		a*	b*		c			d				e		
大于	至	11	11	12	9	10	11	8	9	10	11	7	8	9
	3	−270 −330	−140 −200	−140 −240	−60 −85	−60 −100	−60 −120	−20 −34	−20 −45	−20 −60	−20 −80	−14 −24	−14 −28	−14 −30
3	6	−270 −345	−140 −215	−140 −260	−70 −100	−70 −118	−70 −145	−30 −48	−30 −60	−30 −78	−30 −105	−20 −32	−20 −38	−20 −50
6	10	−280 −370	−150 −240	−150 −300	−80 −116	−80 −138	−80 −170	−40 −62	−40 −76	−40 −98	−40 −130	−25 −40	−25 −47	−25 −61
10	14	−290 −400	−150 −260	−150 −330	−95 −138	−95 −165	−95 −205	−50 −77	−50 −93	−50 −120	−50 −160	−32 −50	−32 −59	−32 −75
14	18													
18	24	−300 −430	−160 −290	−160 −370	−110 −162	−110 −194	−110 −240	−65 −98	−65 −117	−65 −149	−65 −195	−40 −61	−40 −73	−40 −92
24	30													
30	40	−310 −470	−170 −330	−170 −420	−120 −182	−120 −220	−120 −280	−80 −119	−80 −142	−80 −180	−80 −240	−50 −75	−50 −189	−50 −112
40	50	−320 −480	−180 −340	−180 −430	−130 −192	−130 −230	−130 −290							
50	65	−340 −530	−190 −380	−190 −490	−140 −214	−140 −260	−140 −330	−100 −146	−100 −174	−100 −220	−100 −290	−60 −90	−60 −106	−60 −134
65	80	−360 −550	−200 −390	−200 −500	−150 −224	−150 −270	−150 −340							
80	100	−380 −600	−200 −440	−220 −570	−170 −257	−170 −310	−170 −390	−120 −174	−120 −207	−120 −260	−120 −340	−72 −107	−72 −126	−72 −159
100	120	−410 −630	−240 −460	−240 −590	−180 −267	−180 −320	−180 −400							
120	140	−460 −710	−260 −510	−260 −660	−200 −300	−200 −360	−200 −450	−145 −208	−145 −245	−145 −305	−145 −395	−85 −125	−85 −148	−85 −185
140	160	−520 −770	−280 −530	−280 −680	−210 −310	−210 −370	−210 −460							
160	180	−580 −830	−310 −560	−310 −710	−230 −330	−230 −390	−230 −480							
180	200	−660 −950	−340 −630	−340 −800	−240 −355	−240 −425	−240 −530	−170 −242	−170 −285	−170 −355	−170 −460	−100 −146	−100 −172	−100 −215
200	225	−740 −1030	−380 −670	−380 −840	−260 −375	−260 −445	−260 −550							
225	250	−820 −1110	−420 −710	−420 −880	−280 −395	−280 −465	−280 −570							
250	280	−920 −1240	−480 −800	−480 −1000	−300 −430	−300 −510	−300 −620	−190 −271	−190 −320	−190 −400	−190 −510	−110 −162	−110 −191	−110 −240
280	315	−1050 −1370	−540 −860	−540 −1060	−330 −460	−330 −540	−330 −650							
315	355	−1200 −1560	−600 −960	−600 −1170	−360 −500	−360 −590	−360 −720	−210 −299	−210 −350	−210 −440	−210 −570	−125 −182	−125 −214	−125 −265
355	400	−1350 −1710	−680 −1040	−680 −1250	−400 −540	−400 −630	−400 −760							
400	450	−1500 −1900	−760 −1160	−760 −1390	−440 −595	−440 −690	−440 −840	−230 −327	−230 −385	−230 −480	−230 −630	−135 −198	−135 −232	−135 −200
450	500	−1650 −2050	−840 −1240	−840 −1470	−480 −635	−480 −730	−480 −880							

表 D-4　轴的极限偏差（GB/T1800.3—2005）摘录　　　　　　单位：μm

| 公称尺寸/mm | | f | | | | | g | | | h | | | | | | | |
大于	至	5	6	7	8	9	5	6	7	5	6	7	8	9	10	11	12
—	3	−6 −10	−6 −12	−6 −16	−6 −20	−6 −31	−2 −6	−2 −8	−2 −12	0 −4	0 −6	0 −10	0 −14	0 −25	0 −40	0 −60	0 −100
3	6	−10 −15	−10 −18	−10 −22	−10 −28	−10 −40	−4 −9	−4 −12	−4 −16	0 −5	0 −8	0 −12	0 −18	0 −30	0 −48	0 −75	0 −120
6	10	−13 −19	−13 −22	−13 −28	−13 −35	−13 −49	−5 −11	−5 −14	−5 −20	0 −6	0 −9	0 −15	0 −22	0 −36	0 −58	0 −90	0 −150
10	14	−16 −24	−16 −27	−16 −34	−16 −43	−16 −59	−6 −14	−6 −17	−6 −24	0 −8	0 −11	0 −18	0 −27	0 −43	0 −70	0 −110	0 −180
14	18																
18	24	−20 −29	−20 −33	−20 −41	−20 −53	−20 −72	−7 −16	−7 −20	−7 −28	0 −9	0 −13	0 −21	0 −33	0 −52	0 −84	0 −130	0 −210
24	30																
30	40	−25 −36	−25 −41	−25 −50	−25 −64	−25 −87	−9 −20	−9 −25	−9 −34	0 −11	0 −16	0 −25	0 −39	0 −62	0 −100	0 −160	0 −250
40	50																
50	65	−30 −43	−30 −49	−30 −60	−30 −76	−30 −104	−10 −23	−10 −29	−10 −40	0 −13	0 −19	0 −30	0 −46	0 −74	0 −120	0 −190	0 −300
65	80																
80	100	−36 −51	−36 −58	−36 −71	−36 −90	−36 −123	−12 −27	−12 −34	−12 −47	0 −15	0 −22	0 −35	0 −54	0 −87	0 −140	0 −220	0 −350
100	120																
120	140	−43 −61	−43 −68	−43 −83	−43 −106	−43 −143	−14 −32	−14 −39	−14 −54	0 −18	0 −25	0 −40	0 −63	0 −100	0 −160	0 −250	0 −400
140	160																
160	180																
180	200	−50 −70	−50 −79	−50 −96	−50 −122	−50 −165	−15 −35	−15 −44	−15 −61	0 −20	0 −29	0 −46	0 −72	0 −115	0 −185	0 −290	0 −460
200	225																
225	250																
250	280	−56 −79	−56 −88	−56 −108	−56 −137	−56 −186	−17 −40	−17 −49	−17 −69	0 −23	0 −32	0 −52	0 −81	0 −130	0 −210	0 −320	0 −520
280	315																
315	355	−62 −87	−62 −98	−62 −119	−62 −151	−62 −202	−18 −43	−18 −54	−18 −75	0 −25	0 −36	0 −57	0 −89	0 −140	0 −230	0 −360	0 −570
355	400																
400	450	−68 −95	−68 −108	−68 −131	−68 −165	−68 −223	−20 −47	−20 −60	−20 −83	0 −27	0 −40	0 −63	0 −97	0 −155	0 −250	0 −400	0 −630
450	500																

（续）

js 5	js 6	js 7	k 5	k 6	k 7	m 5	m 6	m 7	n 5	n 6	n 7	p 5	p 6	p 7
±9	±3	±5	+4 / 0	+6 / 0	+10 / 0	+6 / +2	+8 / +2	+12 / +2	+8 / +4	+10 / +4	+14 / +4	+10 / +6	+12 / +6	+16 / +6
2.5	±4	±6	+6 / +1	+9 / +1	+13 / +1	+9 / +4	+12 / +4	+16 / +4	+13 / +8	+16 / +8	+20 / +8	+17 / +12	+20 / +12	+24 / +12
±3	±4.5	±7	+7 / +1	+10 / +1	+16 / +1	+12 / +6	+15 / +6	+21 / +6	+16 / +10	+19 / +10	+25 / +10	+21 / +15	+24 / +15	+30 / +15
±4	±5.5	±9	+9 / +1	+12 / +1	+19 / +1	+15 / +7	+18 / +7	+25 / +7	+20 / +12	+23 / +12	+30 / +12	+26 / +18	+29 / +18	+36 / +18
±4.5	±6.5	±10	+11 / +2	+15 / +2	+23 / +2	+17 / +8	+21 / +8	+29 / +8	+24 / +15	+28 / +15	+36 / +15	+31 / +22	+35 / +22	+43 / +22
±5.5	±8	±12	+13 / +2	+18 / +2	+27 / +2	+20 / +9	+25 / +9	+34 / +9	+28 / +17	+33 / +17	+42 / +17	+37 / +26	+42 / +26	+51 / +26
±6.5	±9.5	±15	+15 / +2	+21 / +2	+32 / +2	+24 / +11	+30 / +11	+41 / +11	+33 / +20	+39 / +20	+50 / +20	+45 / +32	+51 / +32	+62 / +32
±7.5	±11	±17	+18 / +3	+25 / +3	+38 / +3	+28 / +13	+35 / +13	+48 / +13	+38 / +23	+45 / +23	+58 / +23	+52 / +37	+59 / +37	+72 / +37
±9	±12.5	±20	+21 / +3	+28 / +3	+43 / +3	+33 / +15	+40 / +15	+55 / +15	+45 / +27	+52 / +27	+67 / +27	+61 / +43	+68 / +43	+83 / +43
±10	±14.5	±23	+24 / +4	+33 / +4	+50 / +4	+37 / +17	+46 / +17	+63 / +17	+54 / +31	+60 / +31	+77 / +31	+70 / +50	+79 / +50	+96 / +50
±11.5	±16	±26	+27 / +4	+36 / +4	+56 / +4	+43 / +20	+52 / +20	+72 / +20	+57 / +34	+66 / +34	+86 / +34	+79 / +56	+88 / +56	+108 / +56
±12.5	±18	±28	+29 / +4	+40 / +4	+61 / +4	+46 / +21	+57 / +21	+78 / +21	+62 / +37	+73 / +37	+94 / +37	+87 / +62	+98 / +62	+119 / +62
±13.5	±20	±31	+32 / +5	+45 / +5	+68 / +5	+50 / +23	+63 / +23	+86 / +23	+67 / +40	+80 / +40	+103 / +40	+95 / +68	+108 / +68	+131 / +68

（续）

公称尺寸/mm		r5	r6	r7	s5	s6	s7	t5	t6	t7	u6	u7	v6	x6	y6	z6
大于	至	5	6	7	5	6	7	5	6	7	6	7	6	6	6	6
—	3	+14 / +10	+16 / +10	+20 / +10	+18 / +14	+20 / +14	+24 / +14	—	—	—	+24 / +18	+28 / +18	—	+26 / +20	—	+32 / +26
3	6	+20 / +15	+23 / +15	+27 / +15	+24 / +19	+27 / +19	+31 / +19	—	—	—	+31 / +23	+35 / +23	—	+36 / +28	—	+43 / +35
6	10	+25 / +19	+28 / +19	+34 / +19	+29 / +23	+32 / +23	+38 / +23	—	—	—	+37 / +28	+43 / +28	—	+43 / +34	—	+51 / +42
10	14	+31 / +23	+34 / +23	+41 / +23	+36 / +28	+39 / +28	+46 / +28	—	—	—	+44 / +33	+51 / +33	—	+51 / +40	—	+61 / +50
14	18	+31 / +23	+34 / +23	+41 / +23	+36 / +28	+39 / +28	+46 / +28	—	—	—	+44 / +33	+51 / +33	+50 / +39	+56 / +45	—	+71 / +60
18	24	+37 / +28	+41 / +28	+49 / +28	+44 / +35	+48 / +35	+56 / +35	—	—	—	+54 / +41	+62 / +41	+60 / +47	+67 / +54	+76 / +63	+86 / +73
24	30	+37 / +28	+41 / +28	+49 / +28	+44 / +35	+48 / +35	+56 / +35	+50 / +41	+54 / +41	+62 / +41	+61 / +43	+69 / +48	+68 / +55	+77 / +64	+88 / +75	+101 / +88
30	40	+45 / +34	+50 / +34	+59 / +34	+54 / +43	+59 / +43	+68 / +43	+59 / +48	+64 / +48	+73 / +48	+76 / +60	+85 / +60	+84 / +68	+96 / +80	+110 / +94	+128 / +112
40	50	+45 / +34	+50 / +34	+59 / +34	+54 / +43	+59 / +43	+68 / +43	+65 / +54	+70 / +54	+79 / +54	+86 / +70	+95 / +70	+97 / +81	+113 / +97	+130 / +114	+152 / +136
50	65	+54 / +41	+60 / +41	+71 / +41	+66 / +53	+72 / +53	+83 / +53	+79 / +66	+85 / +66	+96 / +66	+106 / +87	+117 / +87	+121 / +102	+141 / +122	+163 / +144	+191 / +172
65	80	+56 / +43	+62 / +43	+73 / +43	+72 / +59	+78 / +59	+89 / +59	+88 / +75	+94 / +75	+105 / +75	+121 / +102	+132 / +102	+139 / +120	+165 / +146	+193 / +174	+229 / +210
80	100	+66 / +51	+73 / +51	+86 / +51	+86 / +71	+93 / +71	+106 / +71	+106 / +91	+113 / +91	+126 / +91	+146 / +124	+159 / +124	+168 / +146	+200 / +178	+236 / +214	+280 / +258
100	120	+69 / +54	+76 / +54	+89 / +54	+94 / +79	+101 / +79	+114 / +79	+119 / +104	+126 / +104	+139 / +104	+166 / +144	+179 / +144	+194 / +172	+232 / +210	+276 / +254	+332 / +310
120	140	+81 / +63	+88 / +63	+103 / +63	+110 / +92	+117 / +92	+132 / +92	+140 / +122	+147 / +122	+162 / +122	+195 / +170	+210 / +170	+227 / +202	+273 / +248	+325 / +300	+390 / +365
140	160	+83 / +65	+90 / +65	+105 / +65	+118 / +100	+125 / +100	+140 / +100	+152 / +134	+159 / +134	+174 / +134	+215 / +190	+230 / +190	+253 / +228	+305 / +280	+365 / +340	+440 / +415
160	180	+86 / +68	+93 / +68	+108 / +68	+126 / +108	+133 / +108	+148 / +108	+164 / +146	+171 / +146	+186 / +146	+235 / +210	+250 / +210	+277 / +252	+335 / +310	+405 / +380	+490 / +465
180	200	+97 / +77	+106 / +77	+123 / +77	+142 / +122	+151 / +122	+168 / +122	+186 / +166	+195 / +166	+212 / +166	+265 / +236	+282 / +236	+313 / +284	+379 / +350	+454 / +425	+549 / +520
200	225	+100 / +80	+109 / +80	+126 / +80	+150 / +130	+159 / +130	+176 / +130	+200 / +180	+209 / +180	+226 / +180	+287 / +258	+304 / +258	+339 / +310	+414 / +385	+494 / +470	+604 / +575
225	250	+104 / +84	+113 / +84	+130 / +84	+160 / +140	+169 / +140	+186 / +140	+216 / +196	+225 / +196	+242 / +196	+313 / +284	+330 / +284	+369 / +340	+454 / +425	+549 / +520	+669 / +640
250	280	+117 / +94	+126 / +94	+146 / +94	+181 / +158	+190 / +158	+210 / +158	+241 / +218	+250 / +218	+270 / +218	+347 / +315	+367 / +315	+417 / +385	+507 / +475	+612 / +580	+742 / +710
280	315	+121 / +98	+130 / +98	+150 / +98	+193 / +170	+202 / +170	+222 / +170	+263 / +240	+272 / +240	+292 / +240	+382 / +350	+402 / +350	+457 / +425	+557 / +525	+682 / +650	+822 / +790
315	355	+133 / +108	+144 / +108	+165 / +108	+215 / +190	+226 / +190	+247 / +190	+293 / +268	+304 / +268	+325 / +268	+426 / +390	+447 / +390	+511 / +475	+626 / +590	+766 / +730	+936 / +900
355	400	+139 / +114	+150 / +114	+171 / +114	+233 / +208	+244 / +208	+265 / +208	+319 / +294	+330 / +294	+351 / +294	+471 / +435	+492 / +435	+556 / +530	+696 / +660	+856 / +820	+1036 / +1000
400	450	+153 / +126	+166 / +126	+189 / +126	+259 / +232	+272 / +232	+295 / +232	+357 / +330	+370 / +330	+393 / +330	+530 / +490	+553 / +490	+635 / +595	+780 / +740	+960 / +920	+1140 / +1100
450	500	+159 / +132	+172 / +132	+195 / +132	+279 / +252	+292 / +252	+315 / +252	+387 / +360	+400 / +360	+423 / +360	+580 / +540	+603 / +540	+700 / +660	+860 / +820	+1040 / +1000	+1290 / +1250

表 D-5　孔的极限偏差 （GB/T 1800.2—2009）摘编　　　　（单位：μm）

公称尺寸/mm 大于	至	A* 11	B* 11	B* 12	C 11	C 12	D 8	D 9	D 10	D 11	E 8	E 9	F 6	F 7	F 8	F 9
—	3	+330 +270	+200 +140	+240 +140	+120 +60	+160 +60	+34 +20	+45 +20	+60 +20	+80 +20	+28 +14	+39 +14	+12 +6	+16 +6	+20 +6	+31 +6
3	6	+345 +270	+215 +140	+260 +140	+145 +70	+190 +70	+48 +30	+60 +30	+78 +30	+105 +30	+38 +20	+50 +20	+18 +10	+22 +10	+28 +10	+40 +10
6	10	+370 +280	+240 +150	+300 +150	+170 +80	+230 +80	+62 +40	+76 +40	+98 +40	+130 +40	+47 +25	+61 +25	+22 +13	+28 +13	+35 +13	+49 +13
10	14	+400 +290	+260 +150	+330 +150	+205 +95	+275 +95	+77 +50	+93 +50	+120 +50	+160 +50	+59 +32	+75 +32	+27 +16	+34 +16	+43 +16	+59 +16
14	18	+400 +290	+260 +150	+330 +150	+205 +95	+275 +95	+77 +50	+93 +50	+120 +50	+160 +50	+59 +32	+75 +32	+27 +16	+34 +16	+43 +16	+59 +16
18	24	+430 +300	+290 +160	+370 +160	+240 +110	+320 +110	+98 +65	+117 +65	+149 +65	+195 +65	+73 +40	+92 +40	+33 +20	+41 +20	+53 +20	+72 +20
24	30	+430 +300	+290 +160	+370 +160	+240 +110	+320 +110	+98 +65	+117 +65	+149 +65	+195 +65	+73 +40	+92 +40	+33 +20	+41 +20	+53 +20	+72 +20
30	40	+470 +310	+330 +170	+420 +170	+280 +120	+370 +120	+119 +80	+142 +80	+180 +80	+240 +80	+89 +50	+112 +50	+41 +25	+50 +25	+64 +25	+87 +25
40	50	+480 +320	+340 +180	+430 +180	+290 +130	+380 +130	+119 +80	+142 +80	+180 +80	+240 +80	+89 +50	+112 +50	+41 +25	+50 +25	+64 +25	+87 +25
50	65	+530 +340	+380 +190	+490 +190	+330 +140	+440 +140	+146 +100	+170 +100	+220 +100	+290 +100	+106 +60	+134 +60	+49 +30	+60 +30	+76 +30	+104 +30
65	80	+550 +360	+390 +200	+500 +200	+340 +150	+450 +150	+146 +100	+170 +100	+220 +100	+290 +100	+106 +60	+134 +60	+49 +30	+60 +30	+76 +30	+104 +30
80	100	+600 +380	+440 +220	+570 +220	+390 +170	+520 +170	+174 +120	+207 +120	+260 +120	+340 +120	+126 +72	+159 +72	+58 +36	+71 +36	+90 +36	+123 +36
100	120	+630 +410	+460 +240	+590 +240	+400 +180	+530 +180	+174 +120	+207 +120	+260 +120	+340 +120	+126 +72	+159 +72	+58 +36	+71 +36	+90 +36	+123 +36
120	140	+710 +460	+510 +260	+660 +260	+450 +200	+600 +200	+208 +145	+245 +145	+305 +145	+395 +145	+148 +85	+185 +85	+68 +43	+83 +43	+106 +43	+143 +43
140	160	+770 +520	+530 +280	+660 +260	+450 +200	+610 +210	+208 +145	+245 +145	+305 +145	+395 +145	+148 +85	+185 +85	+68 +43	+83 +43	+106 +43	+143 +43
160	180	+830 +580	+560 +310	+710 +310	+480 +230	+630 +230	+208 +145	+245 +145	+305 +145	+395 +145	+148 +85	+185 +85	+68 +43	+83 +43	+106 +43	+143 +43
180	200	+950 +660	+630 +340	+800 +340	+530 +240	+700 +240	+242 +170	+285 +170	+355 +170	+460 +170	+172 +100	+215 +100	+79 +50	+96 +50	+122 +50	+165 +50
200	225	+1030 +740	+670 +380	+840 +380	+550 +260	+720 +260	+242 +170	+285 +170	+355 +170	+460 +170	+172 +100	+215 +100	+79 +50	+96 +50	+122 +50	+165 +50
225	250	+1110 +820	+710 +420	+880 +420	+570 +280	+740 +280	+242 +170	+285 +170	+355 +170	+460 +170	+172 +100	+215 +100	+79 +50	+96 +50	+122 +50	+165 +50
250	280	+1240 +920	+800 +480	+1000 +480	+620 +300	+820 +300	+271 +190	+320 +190	+400 +190	+510 +190	+191 +110	+240 +110	+88 +56	+108 +56	+137 +56	+186 +56
280	315	+1370 +1050	+860 +540	+1060 +540	+650 +330	+850 +330	+271 +190	+320 +190	+400 +190	+510 +190	+191 +110	+240 +110	+88 +56	+108 +56	+137 +56	+186 +56
315	355	+1560 +1200	+960 +600	+1170 +600	+720 +360	+930 +360	+299 +210	+350 +210	+440 +210	+570 +210	+214 +125	+265 +125	+98 +62	+119 +62	+151 +62	+202 +62
355	400	+1710 +1350	+1040 +680	+1250 +680	+760 +400	+970 +400	+299 +210	+350 +210	+440 +210	+570 +210	+214 +125	+265 +125	+98 +62	+119 +62	+151 +62	+202 +62
400	450	+1900 +1500	+1160 +760	+1390 +760	+840 +440	+1070 +440	+327 +230	+385 +230	+480 +230	+630 +230	+232 +135	+290 +135	+108 +68	+131 +68	+165 +68	+223 +68
450	500	+2050 +1650	+1240 +840	+1470 +840	+880 +480	+1110 +488	+327 +230	+385 +230	+480 +230	+630 +230	+232 +135	+290 +135	+108 +68	+131 +68	+165 +68	+223 +68

表 D-5　孔的极限偏差（GB/T 1800.2—2009）摘录　　　　　（单位：μm）

公称尺寸/mm		G		H							JS			K			M		
大于	至	6	7	6	7	8	9	10	11	12	6	7	8	6	7	8	6	7	8
	3	+8/+2	+12/+2	+6/0	+10/0	+14/0	+25/0	+40/0	+60/0	+100/0	±3	±5	±7	0/−6	0/−10	0/−14	−2/−8	−2/−12	−2/−16
3	6	+12/+4	+16/+4	+8/0	+12/0	+18/0	+30/0	+48/0	+75/0	+120/0	±4	±6	±9	+2/−6	+3/−9	+5/−13	−1/−9	0/−12	+2/−16
6	10	+14/+5	+20/+5	+9/0	+15/0	+22/0	+36/0	+58/0	+90/0	+150/0	±4.5	±7	±11	+2/−7	+5/−10	+6/−16	−3/−12	0/−15	+1/−21
10	14	+17/+6	+24/+6	+11/0	+18/0	+27/0	+43/0	+70/0	+110/0	+180/0	±5.5	±9	±13	+2/−9	+6/−12	+8/−19	−4/−15	0/−18	+2/−25
14	18																		
18	24	+20/+7	+28/+7	+13/0	+21/0	+33/0	+52/0	+84/0	+130/0	+210/0	±6.5	±10	±16	+2/−11	+6/−15	+10/−23	−4/−17	0/−21	+4/−29
24	30																		
30	40	+25/+9	+34/+9	+16/0	+25/0	+39/0	+62/0	+100/0	+160/0	+250/0	±8	±12	±19	+3/−13	+7/−18	+12/−27	−4/−20	0/−25	+5/−34
40	50																		
50	65	+29/+10	+40/+10	+19/0	+30/0	+46/0	+74/0	+120/0	+190/0	+300/0	±9.5	±15	±23	+4/−15	+9/−21	+14/−32	−5/−24	0/−30	+5/−41
65	80																		
80	100	+34/+12	+47/+12	+22/0	+35/0	+54/0	+87/0	+140/0	+220/0	+350/0	±11	±17	±27	+4/−18	+10/−25	+16/−38	−6/−28	0/−35	+6/−48
100	120																		
120	140	+39/+14	+54/+14	+25/0	+40/0	+63/0	+100/0	+160/0	+250/0	+400/0	±12.5	±20	±31	+4/−21	+12/−28	+20/−43	−8/−33	0/−40	+8/−55
140	160																		
160	180																		
180	200	+44/+15	+61/+15	+29/0	+46/0	+72/0	+115/0	+185/0	+290/0	+460/0	±14.5	±23	±36	+5/−24	+13/−33	+22/−50	−8/−37	0/−46	+9/−63
200	225																		
225	250																		
250	280	+49/+17	+69/+17	+32/0	+52/0	+81/0	+130/0	+210/0	+320/0	+520/0	±16	±26	±40	+5/−27	+16/−36	+25/−56	−9/−41	0/−52	+9/−72
280	315																		
315	355	+54/+18	+75/+18	+36/0	+57/0	+89/0	+140/0	+230/0	+360/0	+570/0	±18	±28	±44	+7/−29	+17/−40	+28/−61	−10/−46	0/−57	+11/−78
355	400																		
400	450	+60/+20	+83/+20	+40/0	+63/0	+97/0	+155/0	+250/0	+400/0	+630/0	±20	±31	±48	+8/−32	+18/−45	+29/−68	−10/−50	0/−63	+11/−86
450	500																		

表D-5　轴的极限偏差公差（GB/T 1801—2000）摘选 （续）

N			P		R		S		T		U
6	7	8	6	7	6	7	6	7	6	7	7
-4 / -10	-4 / -14	-4 / -18	-6 / -12	-6 / -16	-10 / -16	-10 / -20	-14 / -20	-14 / -24	—	—	-18 / -28
-5 / -13	-4 / -16	-2 / -20	-9 / -17	-8 / -20	-12 / -20	-11 / -23	-16 / -24	-15 / -27	—	—	-19 / -31
-7 / -16	-4 / -19	-3 / -25	-12 / -21	-9 / -24	-16 / -25	-13 / -28	-20 / -29	-17 / -32	—	—	-22 / -37
-9 / -20	-5 / -23	-3 / -30	-15 / -26	-11 / -29	-20 / -31	-16 / -34	-25 / -36	-21 / -39	—	—	-26 / -44
-11 / -24	-7 / -28	-3 / -36	-18 / -31	-14 / -35	-24 / -37	-20 / -41	-31 / -44	-27 / -48	—	—	-33 / -54
									-37 / -50	-33 / -54	-40 / -61
-12 / -28	-8 / -33	-3 / -42	-21 / -37	-17 / -42	-29 / -45	-25 / -50	-38 / -54	-34 / -59	-43 / -59	-39 / -64	-51 / -76
									-49 / -65	-45 / -70	-61 / -86
-14 / -33	-9 / -39	-4 / -50	-26 / -45	-21 / -51	-35 / -54	-30 / -60	-47 / -66	-42 / -72	-60 / -79	-55 / -85	-76 / -106
					-37 / -56	-32 / -62	-53 / -72	-48 / -78	-69 / -88	-64 / -94	-91 / -121
-16 / -38	-10 / -45	-4 / -58	-30 / -52	-24 / -59	-44 / -66	-38 / -73	-64 / -86	-58 / -93	-84 / -106	-78 / -113	-111 / -146
					-47 / -69	-41 / -76	-72 / -94	-66 / -101	-97 / -119	-91 / -126	-131 / -166
-20 / -45	-12 / -52	-4 / -67	-36 / -61	-28 / -68	-56 / -81	-48 / -88	-85 / -110	-77 / -117	-115 / -140	-107 / -147	-155 / -195
					-58 / -83	-50 / -90	-93 / -118	-85 / -125	-127 / -152	-119 / -159	-175 / -215
					-61 / -86	-53 / -93	-101 / -126	-93 / -133	-139 / -164	-131 / -171	-195 / -235
-22 / -51	-14 / -60	-5 / -77	-41 / -70	-33 / -79	-68 / -97	-60 / -106	-113 / -142	-105 / -151	-157 / -186	-149 / -195	-219 / -265
					-71 / -100	-63 / -109	-121 / -150	-113 / -159	-171 / -200	-163 / -209	-241 / -287
					-75 / -104	-67 / -113	-131 / -160	-123 / -169	-187 / -216	-179 / -225	-267 / -313
-25 / -57	-14 / -66	-5 / -86	-47 / -79	-36 / -88	-85 / -117	-74 / -126	-149 / -181	-138 / -190	-209 / -241	-198 / -250	-295 / -347
					-89 / -121	-78 / -130	-161 / -193	-150 / -202	-231 / -263	-220 / -272	-330 / -382
-26 / -62	-16 / -73	-5 / -94	-51 / -87	-41 / -98	-97 / -133	-87 / -144	-179 / -215	-169 / -226	-257 / -293	-247 / -304	-369 / -426
					-103 / -139	-93 / -150	-197 / -233	-187 / -244	-283 / -319	-273 / -330	-414 / -471
-27 / -67	-17 / -80	-6 / -103	-55 / -95	-45 / -108	-113 / -153	-103 / -166	-219 / -259	-209 / -272	-317 / -357	-307 / -370	-467 / -530
					-119 / -159	-109 / -172	-239 / -279	-229 / -292	-347 / -387	-337 / -400	-517 / -580

表 D-6　线性尺寸的未注公差（GB/T 1804—2000）摘编

（单位：mm）

公差等级	线性尺寸的极限偏差数值								倒圆半径与倒角高度尺寸的极限偏差数值			
	尺寸分段								尺寸分段			
	0.5~3	>3~6	>6~30	>30~120	>120~400	>400~1000	>1000~2000	>2000~4000	0.5~3	>3~6	>6~30	>30
f(精密级)	±0.05	±0.05	±0.1	±0.15	±0.2	±0.3	±0.5		±0.2	±0.5	±1	±2
m(中等级)	±0.1	±0.1	±0.2	±0.3	±0.5	±0.8	±1.2	±2				
c(粗糙级)	±0.2	±0.3	±0.5	±0.8	±1.2	±2	±3	±4	±0.4	±1	±2	±4
v(最粗级)		±0.5	±1	±1.5	±2.5	±4	±6	±8				

在图样上、技术文件或标准中的表示方法示例：GB/T 1804—m（表示选用中等级）。

表 D-7　常用尺寸标准公差等级与表面粗糙度

标准公差等级	公称尺寸/mm							
	>6~10	>10~18	>18~30	>30~50	>50~80	>80~120	>120~180	>180~250
	表面粗糙度数值 Ra 不大于/μm							
IT6	0.2				0.4			0.8
IT7	0.8					1.6		
IT8	0.8		1.6					
IT9	1.6						3.2	
IT10	1.6			3.2				6.3
IT11	1.6	3.2					6.3	
IT12	3.2				6.3			
IT13	3.2			6.3			12.5	

附录 E　常用滚动轴承

表 E-1　深沟球轴承（GB/T 276—2013）摘编

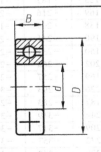

类型代号
6

标记示例

尺寸系列代号为(0)2、内径代号为06 的深沟球轴承：

滚动轴承　6206　GB/T 276—2013

（单位：mm）

（续）

轴承代号		外形尺寸		
		d	D	B
(1)0系列	6004	20	42	12
	6005	25	47	12
	6006	30	55	13
	6007	35	62	14
	6008	40	68	15
	6009	45	75	16
	6010	50	80	16
	6011	55	90	18
	6012	60	95	18
	6013	65	100	18
	6014	70	110	20
	6015	75	115	20
	6016	80	125	22
	6017	85	130	22
	6018	90	140	24
	6019	95	145	24
	6020	100	150	24
(0)2系列	6204	20	47	14
	6205	25	52	15
	6206	30	62	16
	6207	35	72	17
	6208	40	80	18
	6209	45	85	19
	6210	50	90	20
	6211	55	100	21
	6212	60	110	22
	6213	65	120	23
	6214	70	125	24
	6215	75	130	25
	6216	80	140	26
	6217	85	150	28
	6218	90	160	30
	6219	95	170	32
	6220	100	180	34
(0)3系列	6304	20	52	15
	6305	25	62	17
	6306	30	72	19
	6307	35	80	21
	6308	40	90	23
	6309	45	100	25
	6310	50	110	27
	6311	55	120	29
	6312	60	130	31
	6313	65	140	33
	6314	70	150	35
	6315	75	160	37
	6316	80	170	39
	6317	85	180	41
	6318	90	190	43
	6319	95	200	45
	6320	100	215	47
(0)4系列	6404	20	72	19
	6405	25	80	21
	6406	30	90	23
	6407	35	100	25
	6408	40	110	27
	6409	45	120	29
	6410	50	130	31
	6411	55	140	33
	6412	60	150	35
	6413	65	160	37
	6414	70	180	42
	6415	75	190	45
	6416	80	200	48
	6417	85	210	52
	6418	90	225	54
	6419	95	240	55
	6420	100	250	58

表 E-2　圆锥滚子轴承（GB/T 297—2015）摘编

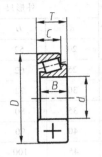

类型代号
3

标记示例
尺寸系列代号为 03、内径代号为 12 的圆锥滚子轴承：
滚动轴承　30312　GB/T 297—2015

（单位：mm）

轴承代号		d	D	T	B	C	轴承代号	d	D	T	B	C
				外形尺寸						外形尺寸		
02系列	30204	20	47	15.25	14	12	32204	20	47	19.25	18	15
	30205	25	52	16.25	15	13	32205	25	52	19.25	18	16
	30206	30	62	17.25	16	14	32206	30	62	21.25	20	17
	30207	35	72	18.25	17	15	32207	35	72	24.25	23	19
	30208	40	80	19.75	18	16	32208	40	80	24.75	23	19
	30209	45	85	20.75	19	16	32209	45	85	24.75	23	19
	30210	50	90	21.75	20	17	32210	50	90	24.75	23	19
	30211	55	100	22.75	21	18	32211	55	100	26.75	25	21
	30212	60	110	23.75	22	19	32212	60	110	29.75	28	24
	30213	65	120	24.75	23	20	32213	65	120	32.75	31	27
	30214	70	125	26.25	24	21	32214	70	125	33.25	31	27
	30215	75	130	27.25	25	22	32215	75	130	33.25	31	27
	30216	80	140	28.25	26	22	32216	80	140	35.25	33	28
	30217	85	150	30.50	28	24	32217	85	150	38.50	36	30
	30218	90	160	32.50	30	26	32218	90	160	42.50	40	34
	30219	95	170	34.50	32	27	32219	95	170	45.50	43	37
	30220	100	180	37	34	29	32220	100	180	49	46	39
03系列	30304	20	52	16.25	15	13	32304	20	52	22.25	21	18
	30305	25	62	18.25	17	15	32305	25	62	25.25	24	20
	30306	30	72	20.75	19	16	32306	30	72	28.75	27	23
	30307	35	80	22.75	21	18	32307	35	80	32.75	31	25
	30308	40	90	25.25	23	20	32308	40	90	35.25	33	27
	30309	45	100	27.25	25	22	32309	45	100	38.25	36	30
	30310	50	110	29.25	27	23	32310	50	110	42.25	40	33
	30311	55	120	31.50	29	25	32311	55	120	45.50	43	35
	30312	60	130	33.50	31	26	32312	60	130	48.50	46	37
	30313	65	140	36	33	28	32313	65	140	51	48	39
	30314	70	150	38	35	30	32314	70	150	54	51	42
	30315	75	160	40	37	31	32315	75	160	58	55	45
	30316	80	170	42.50	39	33	32316	80	170	61.50	58	48
	30317	85	180	44.50	41	34	32317	85	180	63.50	60	49
	30318	90	190	46.50	43	36	32318	90	190	67.50	64	53
	30319	95	200	49.50	45	38	32319	95	200	71.50	67	55
	30320	100	215	51.50	47	39	32320	100	215	77.50	73	60

注：22系列对应32204~32220，23系列对应32304~32320。

表 E-3 单向推力球轴承（GB/T 301—2015）摘编

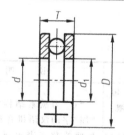

类型代号
5

标记示例
尺寸系列代号为13、内径代号为10的推力球轴承：
滚动轴承 51310 GB/T 301—2015

（单位：mm）

轴承代号	外形尺寸				轴承代号	外形尺寸			
	d	D	T	d_{1min}		d	D	T	d_{1min}
51104	20	35	10	21	51304	20	47	18	22
51105	25	42	11	26	51305	25	52	18	27
51106	30	47	11	32	51306	30	60	21	32
51107	35	52	12	37	51307	35	68	24	37
51108	40	60	13	42	51308	40	78	26	42
51109	45	65	14	47	51309	45	85	28	47
11系列 51110	50	70	14	52	13系列 51310	50	95	31	52
51111	55	78	16	57	51311	55	105	35	57
51112	60	85	17	62	51312	60	110	35	62
51113	65	90	18	67	51313	65	115	36	67
51114	70	95	18	72	51314	70	125	40	72
51115	75	100	19	77	51315	75	135	44	77
51116	80	105	19	82	51316	80	140	44	82
51117	85	110	19	87	51317	85	150	49	88
51118	90	120	22	92	51318	90	155	50	93
51120	100	135	25	102	51320	100	170	55	103
51204	20	40	14	22	51405	25	60	24	27
51205	25	47	15	27	51406	30	70	28	32
51206	30	52	16	32	51407	35	80	32	37
51207	35	62	18	37	51408	40	90	36	42
51208	40	68	19	42	51409	45	100	39	47
51209	45	73	20	47	51410	50	110	43	52
51210	50	78	22	52	51411	55	120	48	57
12系列 51211	55	90	25	57	14系列 51412	60	130	51	62
51212	60	95	26	62	51413	65	140	56	68
51213	65	100	27	67	51414	70	150	60	73
51214	70	105	27	72	51415	75	160	65	78
51215	75	110	27	77	51416	80	170	68	83
51216	80	115	28	82	51417	85	180	72	88
51217	85	125	31	88	51418	90	190	77	93
51218	90	135	35	93	51420	100	210	85	103
51220	100	150	38	103	51422	110	230	95	113

附录 F 常用材料

表 F-1 金属材料

标准	名称	牌号		应用举例	说明
GB/T 700—2006	普通碳素结构钢	Q215	A 级	金属结构件、拉杆、套圈、螺栓。短轴、心轴、凸轮(载荷不大的)、垫圈、渗碳零件及焊接件	"Q"为碳素结构钢屈服点"屈"字的汉语拼音首位字母,后面的数字表示屈服点的数值。如 Q235 表示碳素结构钢的屈服点为 $35N/mm^2$。
			B 级		
		Q235	A 级	金属结构件,心部强度要求不高的渗碳或氰化零件,吊钩、拉杆、套圈、汽缸、齿轮、螺栓、螺母、连杆、轮轴、楔、盖及焊接件	新旧牌号对照:
			B 级		Q215——A2
			C 级		Q235——A3
			D 级		Q275——A5
		Q275		轴、轴销、刹车杆、螺母、螺栓、垫圈、连杆、齿轮以及其他强度较高的零件	
GB/T 699—2015	优质碳素结构钢	10		用作拉杆、卡头、垫圈、铆钉及用作焊接零件	
		15		用于受力不大和韧性较高的零件、渗碳零件及紧固件(如螺栓、螺钉)、法兰盘和化工贮器	牌号的两位数字表示平均碳的质量分数,45 号钢即表示碳的质量分数为 0.45%。碳的质量分数 ≤0.25%的碳钢属低碳钢(渗碳钢);碳的质量分数在(0.25~0.6)%之间的碳钢属中碳钢(调质钢);碳的质量分数>0.6%的碳钢属高碳钢。
		35		用于制造曲轴、转轴、轴销、杠杆、连杆、螺栓、螺母、垫圈、飞轮(多在正火、调质下使用)	
		45		用作要求综合机械性能高的各种零件,通常经正火或调质处理后使用。用于制造轴、齿轮、齿条、链轮、螺栓、螺母、销钉、键、拉杆等	
		60		用于制造弹簧、弹簧垫圈、凸轮、轧辊等	锰的质量分数较高的钢,须加注化学元素符号"Mn"
		15Mn		制作心部机械性能要求较高且须渗碳的零件	
		65Mn		用作要求耐磨性高的圆盘、衬板、齿轮、花键轴、弹簧等	
GB/T 3077—2015	合金结构钢	20Mn2		用作渗碳小齿轮、小轴、活塞销、柴油机套筒、气门推杆、缸套等	
		15Cr		用于要求心部韧性较高的渗碳零件,如船舶主机用螺栓,活塞销,凸轮,凸轮轴,汽轮机套环,机车小零件等	钢中加入一定量的合金元素,提高了钢的力学性能和耐磨性,也提高了钢的淬透性,保证金属在较大截面上获得高的力学性能
		40Cr		用于受变载、中速、中载、强烈磨损而无很大冲击的重要零件,如重要的齿轮、轴、曲轴、连杆、螺栓、螺母等	
		35SiMn		耐磨、耐疲劳性均佳,适用于小型轴类、齿轮及 430℃ 以下的重要紧固件等	
		20CrMnTi		工艺性特优,强度、韧性均高,可用于承受高速、中等或重负荷以及冲击、磨损等的重要零件,如渗碳齿轮、凸轮等	

（续）

标准	名称	牌号	应用举例	说　明
GB/T 11352—2015	铸钢	ZG230-450	轧机机架、铁道车辆摇枕、侧梁、铁锭台、机座、箱体、锤轮、450℃以下的管路附件等	"ZG"为"铸钢"汉语拼音的首位字母，后面的数字表示屈服点和抗拉强度。如 ZG230-450 表示屈服点为 230N/mm²、抗拉强度为 450N/mm²
		ZG310-570	适用于各种形状的零件，如联轴器、齿轮、汽缸、轴、机架、齿圈等	
GB/T 9439—2010	灰铸铁	HT150	用于小负荷和对耐磨性无特殊要求的零件，如端盖、外罩、手轮、一般机床的底座、床身及其复杂零件、滑台、工作台和低压管件等	"HT"为"灰铁"的汉语拼音的首位字母，后面的数字表示抗拉强度。如 HT200 表示抗拉强度为 200N/mm² 的灰铸铁
		HT200	用于中等负荷和对耐磨性有一定要求的零件，如机床床身、立柱、飞轮、汽缸、泵体、轴承座、活塞、齿轮箱、阀体等	
		HT250	用于中等负荷和对耐磨性有一定要求的零件，如阀壳、油缸、汽缸、联轴器、机体、齿轮、齿轮箱外壳、飞轮、液压泵和滑阀的壳体等	
GB/T 1176—2013	5-5-5 锡	ZCuSn5	耐磨性和耐蚀性均好，易加工，铸造性和气密性较好。用于较高负荷、中等滑动速度下工作的耐磨、耐腐蚀零件，如轴瓦、衬套、缸套、活塞、离合器、蜗轮等	"Z"为"铸造"汉语拼音的首位字母，各化学元素后面的数字表示该元素含量的百分数，如 ZCuAl1Fe3 表示含 $w_{Al}=8.1\%\sim11\%$ $w_{Fe}=2\%\sim4\%$ 其余为 Cu 的铸造铝青铜
	10-3 铝青铜	ZCuAl10Fe3	机械性能高、耐磨性、耐蚀性、抗氧化性好，可以焊接，不易钎焊，大型铸件自 700℃ 空冷可防止变脆。可用于制造强度高、耐磨、耐蚀的零件，如蜗轮、轴承、衬套、管嘴、耐热管配件等	
	25-6-3-3 铝黄铜	ZCuZn25Al6Fe3Mn3	有很高的力学性能，铸造性良好、耐蚀性较好，有应力腐蚀开裂倾向，可以焊接。适用于高强耐磨零件，如桥梁支承板、螺母、螺杆、耐磨板、滑块、蜗轮等	
	58-2-2 锰黄铜	ZCuZn38Mn2Pb2	有较高的力学性能和耐蚀性，耐磨性较好，切削性良好。可用于一般用途的构件，船舶仪表等使用的外形简单的铸件，如套筒、衬套、轴瓦、滑块等	
GB/T 1173—2013	铸造铝合金	ZAlSi12 代号 ZL102	用于制造形状复杂，负荷小、耐腐蚀的薄壁零件和工作温度≤200℃的高气密性零件	$w_{Si}=10\%\sim13\%$ 的铝硅合金
GB/T 3190—2008	硬铝	2A12 （原 LY12）	焊接性能好，适于制作高载荷的零件及构件（不包括冲压件和锻件）	2A12 表示 $w_{Cu}=3.8\%\sim4.9\%$、$w_{Mg}=1.2\%\sim1.8\%$、$w_{Mn}=0.3\%\sim0.9\%$ 的硬铝
	工业纯铝	1060 （代 12）	塑性、耐腐蚀性高，焊接性好，强度低。适用于制作贮槽、热交换器、防污染及深冷设备等	1060 表示含杂质≤0.4% 的工业纯铝

（续）

表 F-2　非金属材料

标准	名称	牌号	说　　明	应用举例
GB/T 359—2008	耐油石棉橡胶板	NY250 HNY300	有 0.4～3.0mm 的十种厚度规格	供航空发动机用的煤油、润滑油及冷气系统结合处的密封衬垫材料
GB/T 5574—2008	耐酸碱橡胶板	2707 2807 2709	较高硬度 中等硬度	具有耐酸碱性能，在温度 −30～+60℃ 的 20% 浓度的酸碱液体中工作，适用于冲制密封性能较好的垫圈
	耐油橡胶板	3707 3807 3709 3809	较高硬度	可在一定温度的全损耗系统用油、变压器油、汽油等介质中工作，适用于冲制各种形状的垫圈
	耐热橡胶板	4708 4808 4710	较高硬度 中等硬度	可在 −30～+100℃ 且压力不大的条件下，于热空气、蒸汽介质中工作，适用于冲制各种垫圈及隔热垫板

参 考 文 献

[1] 何铭新，等. 机械制图 [M]. 7 版. 北京：高等教育出版社，2016.

[2] 侯洪生，等. 机械工程图学 [M]. 4 版. 北京：科学出版社，2018.

[3] 于春艳，等. 工程制图 [M]. 3 版. 北京：中国电力出版社，2015.

[4] 佟献英，等. 工程制图 [M]. 2 版. 北京：北京理工大学出版社，2012.

[5] 张大庆，等. 工程制图 [M]. 北京：清华大学出版社，2015.

[6] 王兰美，等. 画法几何及工程制图 [M]. 3 版. 北京：机械工业出版社，2014.

[7] 赵大兴. 工程制图习题集 [M]. 2 版. 北京：高等教育出版社，2009.

[8] 曾维川，孙兰凤. 工程制图习题集 [M]. 2 版. 北京：高等教育出版社，2010.

[9] 刘小年，等. 工程制图 [M]. 2 版. 北京：高等教育出版社，2010.

[10] 吴卓，等. 画法几何及机械制图 [M]. 北京：北京理工大学出版社，2010.

参考文献

[1] 何铭新，等. 机械制图[M]. 7版. 北京：高等教育出版社，2016.
[2] 钱可强，等. 机械工程图学[M]. 4版. 北京：科学出版社，2018
[3] 丁杉扬，等. 工程制图[M]. 3版. 北京：中国电力出版社，2015
[4] 徐健忠，等. 工程制图[M]. 2版. 北京：北京理工大学出版社，2017
[5] 张大水，等. 工程制图[M]. 北京：清华大学出版社，2015.
[6] 王志荣，等. 画法几何及工程制图[M]. 3版. 北京：机械工业出版社，2014
[7] 成大先，工程制图习题集[M]. 2版. 北京：高等教育出版社，2009
[8] 窦忠强，林玉祥，工程图学习题集[M]. 2版. 北京：高等教育出版社，2010.
[9] 刘本杰，等. 工程制图[M]. 2版. 北京：高等教育出版社，2010.
[10] 刘衍聪，等. 画法几何及机械制图[M]. 北京：北京理工大学出版社，2010.